建筑工程工程量清单计算实例

答疑与评析

工程造价员网校 编

中国建筑工业出版社

图书在版编目（CIP）数据

建筑工程工程量清单计算实例答疑与评析/工程造价员网校编. —北京：中国建筑工业出版社，2009
ISBN 978-7-112-10885-5

Ⅰ.建… Ⅱ.工… Ⅲ.①建筑工程-工程造价②建筑工程-建筑预算定额 Ⅳ.TU723.3

中国版本图书馆 CIP 数据核字（2009）第 050832 号

本书是以新颁布的《建设工程工程量清单计价规范》（GB 50500—2008）为基础编写的。其内容包括：土石方工程、桩与地基基础工程、砌筑工程、混凝土及钢筋混凝土工程、厂库房大门、木结构工程、金属结构工程、屋面及防水工程、防腐隔热、保温工程。

此书以编码释义形式编写。图、表、文并茂，对工程量清单中项目名称、项目特征、工程量计算规则、工程内容均做了全面、详细的解释，并对有关项目的工程量计算举例说明，有利于清单的实际应用。

本书可供建筑工程造价人员参考。

* * *

责任编辑：刘 江 周世明
责任设计：赵明霞
责任校对：兰曼利 孟楠

建筑工程工程量清单计算实例答疑与评析
工程造价员网校 编
*
中国建筑工业出版社出版、发行（北京西郊百万庄）
各地新华书店、建筑书店经销
北京红光制版公司制版
北京市书林印刷有限公司印刷
*
开本：787×1092毫米 1/16 印张：$15^{1}/4$ 字数：380千字
2009年7月第一版 2011年10月第三次印刷
印数：4201—5200册 定价：32.00元
ISBN 978-7-112-10885-5
(18123)

编　委　会

主　编　张国栋

参　编　张玉花　张清森　文辉武　张业翠　孙兰英

张麦妞　高松海　张国选　高继伟　张国喜

左新红　张浩杰　张慧芳　李海军

前　言

为了帮助建设工程造价工作者对新颁布的《建设工程工程量清单计价规范》(GB 50500—2008) 的理解和应用，我们特编写了此书。

我们在对此书质量严格把关的同时，突出其实用性、易掌握性，对工程量清单中的项目名称、项目特征、工程量计算规则、工程内容均做了全方位解释，并附有图、表，使文字更加生动、鲜明。

本书具有以下特点：

一、实用，即一切从造价工作者实际操作出发，力求在具体操作运算中助你一臂之力。

二、易懂，即删繁求简，突出重点，把图表插到文字中，使图文并茂，让读者有耳目一新的感觉，使读者更易掌握。

本书在编写过程中得到了许多同行的支持与帮助，借此表示感谢。由于编者水平有限和时间的限制，书中难免有错误和不妥之处，望广大读者批评指正。如有疑问，请登录 www.gclqd.com（工程量清单计价网）或 www.jbjsys.com（基本建设预算网）或 www.gczjy.com（工程造价员网校）或发邮件至 dlwhgs@tom.com 与编者联系。

编　者

目　录

一、建 筑 面 积

1. 如何计算单层建筑物建筑面积?

单层建筑物的建筑面积，应按其外墙勒脚以上结构外围水平面积计算，勒脚是墙根部很矮的一部分墙体加厚，不能代表整个外墙结构，因此要扣除勒脚墙体加厚的部分。

除以上规定外，单层建筑物建筑面积还应符合以下规定：

(1) 单层建筑物高度在 2.20m 及以上者应计算全面积；高度不足 2.20m 者应计算 1/2 面积。

(2) 利用坡屋顶内空间时净高超过 2.10m 的部位应计算全面积；净高在 1.20～2.10m 的部位应计算 1/2 面积；净高不足 1.20m 的部位不应计算面积。

【例 1-1】 如图 1-1 所示为单层建筑物示意图，试计算其建筑面积。

【解】 (1) 正确的计算方法：

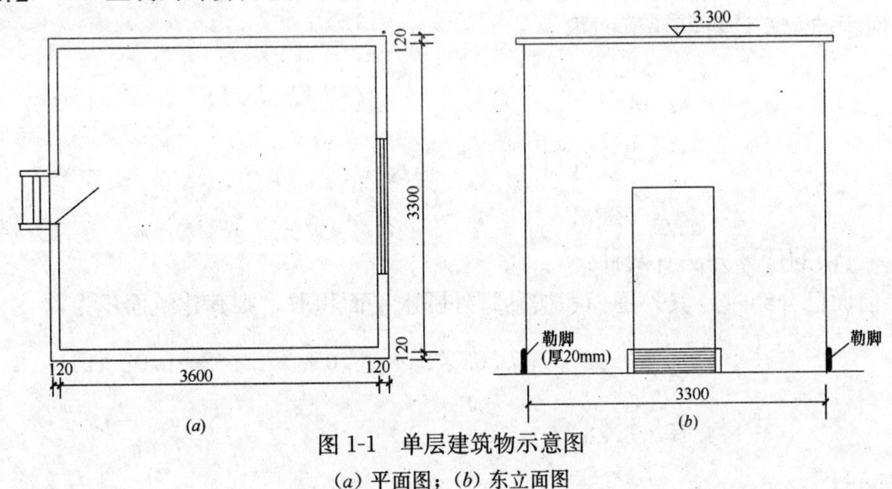

图 1-1 单层建筑物示意图

(*a*) 平面图；(*b*) 东立面图

因其高度 $H=3.30\text{m}>2.20\text{m}$，故应按其外墙勒脚以上结构外围水平面积计算全面积。

$$
\begin{aligned}
S &= (3.6+0.12\times2)\times(3.3+0.12\times2)\\
&= 3.84\times3.54\\
&= 13.59\text{m}^2
\end{aligned}
$$

(2) 错误的计算方法：

按勒脚外围水平面积计算。

$$
\begin{aligned}
S &= (3.6+0.12\times2+0.02\times2)\times(3.3+0.12\times2+0.02\times2)\\
&= 3.88\times3.58\\
&= 13.89\text{m}^2
\end{aligned}
$$

【分析】 第 2 种错误的计算方法的错误在于其外围水平面积取错了，不应按勒脚外围水平面积计算，应按勒脚以上外墙外围水平面积计算。

【例 1-2】 如图 1-2 所示，试求单层建筑物建筑面积。

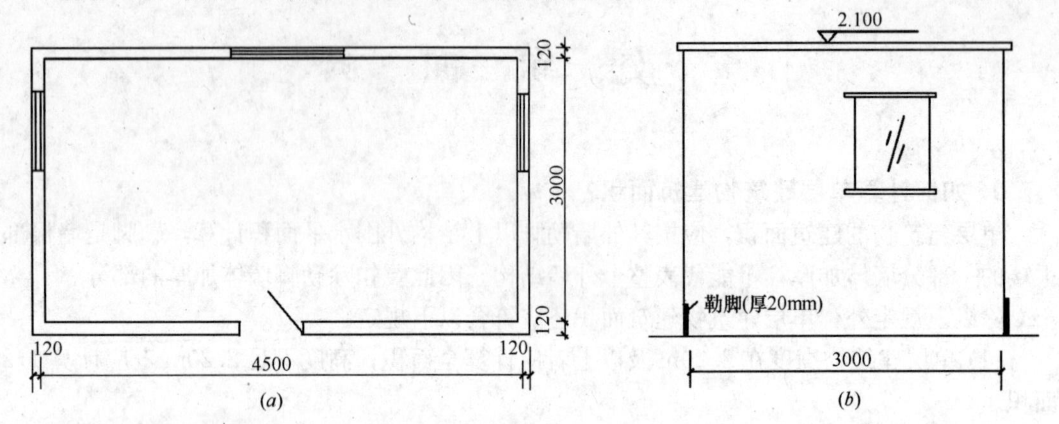

图 1-2 单层建筑物示意图

(a) 平面图；(b) 东立面图

【解】 (1) 正确的计算方法：

如图 1-2 所示，此单层建筑物高度 $H=2.10\text{m}<2.20\text{m}$，故应按外墙勒脚以上结构外围水平面积的 1/2 计算其建筑面积。

$$S=\frac{1}{2}\times(4.5+0.12\times2)\times(3.0+0.12\times2)$$

$$=\frac{1}{2}\times4.74\times3.24$$

$$=7.68\text{m}^2$$

(2) 错误的计算方法有两种：

1) 前面已介绍过，其外围面积按勒脚外围水平面积取，则其建筑面积为：

$$S=\frac{1}{2}\times(4.5+0.12\times2+0.02\times2)\times(3.0+0.12\times2+0.02\times2)$$

$$=\frac{1}{2}\times4.78\times3.28$$

$$=7.84\text{m}^2$$

2) 计算单层建筑物建筑面积时，不论其高度如何均按其外墙勒脚以上结构外围水平面积计算，即 1982 年出台的《建筑面积计算规则》和 1995 年出台的《全国统一建筑工程预算工程量计算规则》(土建工程)中对建筑面积的规定。

$$S=(4.5+0.12\times2)\times(3.0+0.12\times2)$$

$$=4.74\times3.24$$

$$=15.36\text{m}^2$$

【分析】 错误计算方法 2)主要是未对建筑物高度作划分，计算单层建筑物时应按不同的高度确定其建筑面积的计算方法，即 2005 年新颁布的《建筑工程建筑面积计算规范》(GB/T 50353—2005)中对单层建筑物的规定。

【例 1-3】 如图 1-3 所示，试求坡屋面建筑物建筑面积。

【解】 (1) 正确的计算方法：

根据最新颁布的《建筑工程建筑面积计算规范》(GB/T 50353—2005)，我们应按以下三种情况来计算利用坡屋顶建筑物建筑面积。

1) 净高 $H<1.2$m 的部位，不应计算建筑面积。

2) $1.2\text{m}\leqslant H\leqslant 2.1$m 的部位，计算 1/2 面积。

3) $H>2.1$m 的部位计算全面积。

综上所述，图 1-3 所示的建筑物建筑面积为：

$$
\begin{aligned}
S &= 0+\frac{1}{2}\times 1.8\times(6.0+0.12\times 2)+(1.5+0.12)\times(6.0+0.12\times 2)\\
&= 0+5.616+10.109\\
&= 15.73\text{m}^2
\end{aligned}
$$

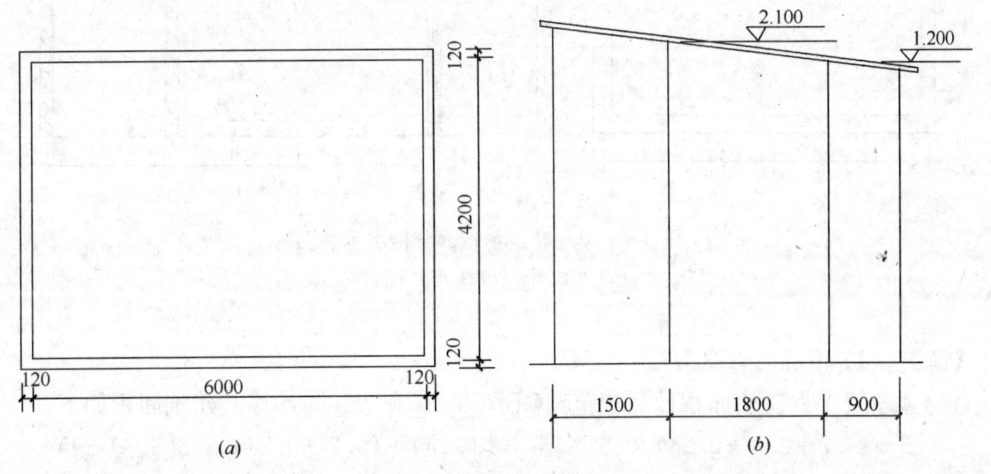

图 1-3 坡屋顶建筑物

(a) 平面图；(b) 东立面图

(2) 错误的计算方法：

1982 年颁布的《建筑面积计算规则》和 1995 年颁布的《全国统一建筑工程预算工程量计算规则》对坡屋面单层建筑物建筑面积均未做规定，只能按单层建筑物建筑面积计算方法计算。

$$
\begin{aligned}
S &= (6.0+0.12\times 2)\times(4.2+0.12\times 2)\text{m}^2\\
&= 6.24\times 4.44\text{m}^2\\
&= 27.71\text{m}^2
\end{aligned}
$$

【分析】 错误的计算方法(2)没有考虑坡屋面内各处净高不同，算法太粗略，而正确的计算方法(1)则根据坡屋顶内净高不同来分别计算建筑面积，比较科学合理。

2. 如果单层建筑物内设有局部楼层，该如何计算单层建筑物建筑面积？

《建筑工程建筑面积计算规范》(GB/T 50353—2005)规定：单层建筑物内设有局部楼层者，局部楼层的二层及以上楼层，有围护结构的应按其围护结构外围水平面积计算，无围护结构的应按其结构底板水平面积计算，层高在 2.20m 及以上者应计算全面积；层高不足 2.20m 者应计算 1/2 面积。

【例 1-4】 如图 1-4 所示为单层建筑物内设有部分楼层示意图，试求其建筑面积。

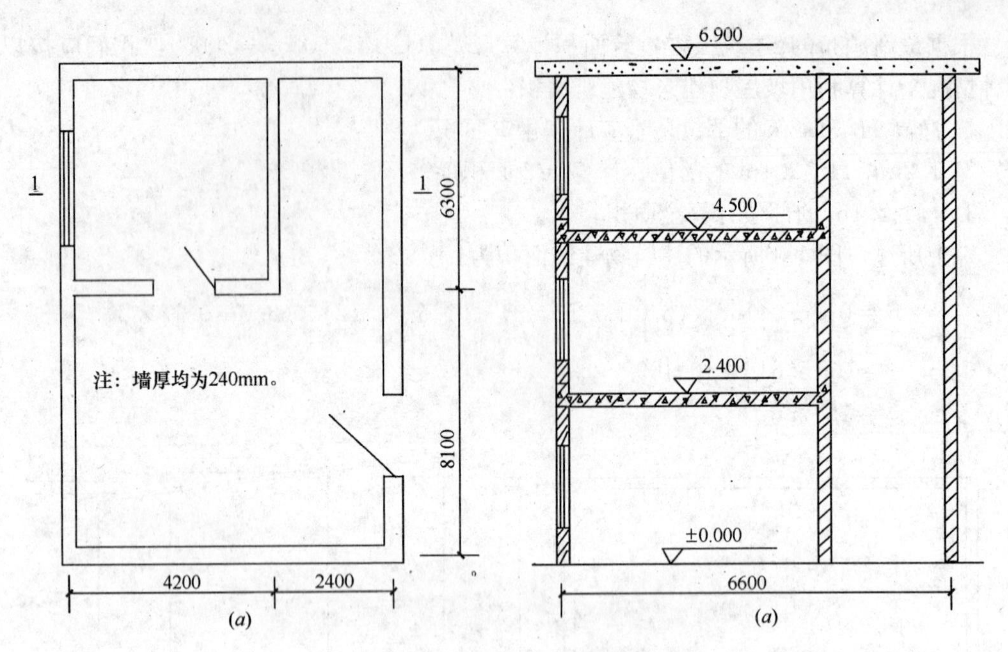

图 1-4 单层建筑物带部分楼层示意图
(a) 平面图；(b) Ⅰ—Ⅰ剖面图

【解】 (1) 正确的计算方法：

根据《建筑工程建筑面积计算规范》(GB/T 50353—2005)计算其建筑面积如下：

$$S=(4.2+2.4+0.24)\times(8.1+6.3+0.24)+(4.2+0.24)\times(6.3+0.24)\times\frac{1}{2}+(4.2+0.24)\times(6.3+0.24)$$

$$=100.14+14.52+29.04$$

$$=143.70\text{m}^2$$

(2) 错误的计算方法：

1982 年颁布的《建筑面积计算规则》和 1995 年颁布的《全国统一建筑工程预算工程量计算规则》(土建工程)(GJD_{GZ}—101—95)规定：单层建筑物内设有部分楼层者，首层已包括在单层建筑面积内，二层及二层以上应计算建筑面积。

$$S=(4.2+2.4+0.24)\times(8.1+6.3+0.24)+(4.2+0.24)\times(6.3+0.24)\times2$$

$$=100.14+29.04\times2$$

$$=158.22\text{m}^2$$

【分析】 错误的计算方法(2)即以前 1982 年和 1995 年旧规范对局部楼层的层高未区别对待，而正确的计算方法应该是根据局部楼层的层高来确定其建筑面积是按 1/2 面积计算还是按全面积计算。

3. 多层建筑物的建筑面积应该如何计算？

《建筑工程建筑面积计算规范》(GB/T 50353—2005)规定：多层建筑物首层应按其外墙勒脚以上结构外围水平面积计算，无围护结构的应按其结构底板水平面积计算。层高在

2.20m 及以上者应计算全面积；层高不足 2.20m 者应计算 1/2 面积。

【例 1-5】 如图 1-5 所示为三层小别墅，试求其建筑面积。

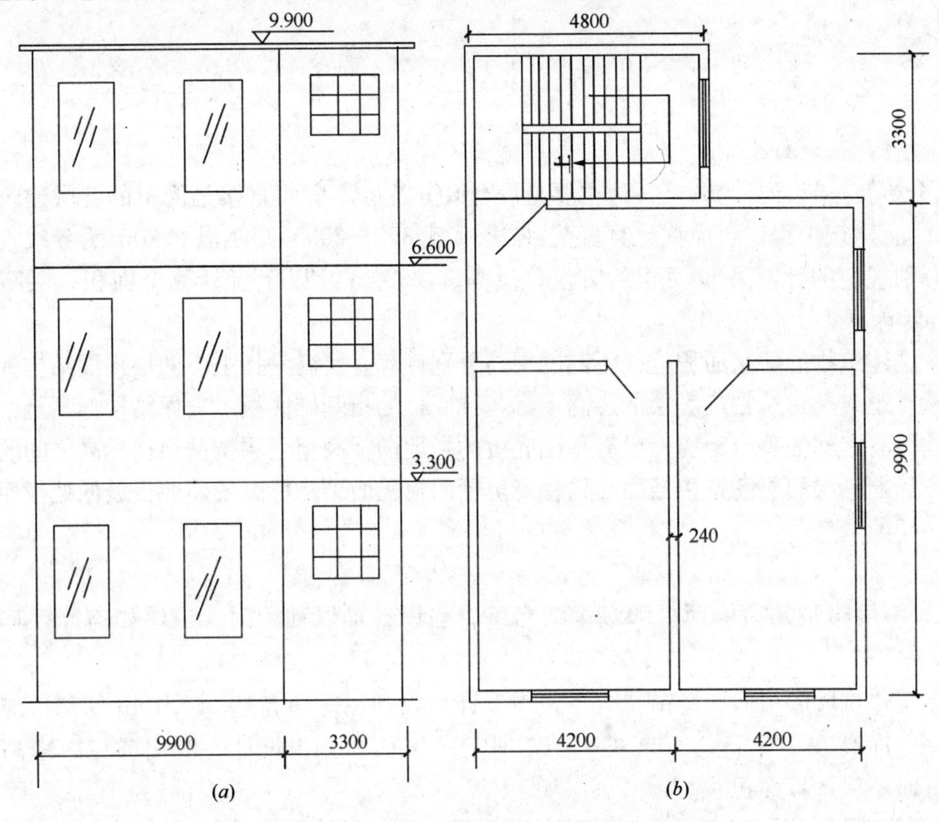

图 1-5 某别墅示意图

(a) 东立面图；(b) 二、三层平面图

【解】 根据《建筑工程建筑面积计算规范》(GB/T 50353—2005)计算其建筑面积为：

$$S=[(4.2+4.2+0.24)\times(9.9+0.24)+(4.8+0.24)\times3.3]\times3$$
$$=(87.61+16.63)\times3$$
$$=312.72\text{m}^2$$

【例 1-6】 如图 1-5 所示，若三层层高分别为 $H_1=2.10$m，$H_2=H_3=3.30$m，试求其建筑面积。

【解】 (1) 正确的计算方法：

根据其层高不同应分别应用不同的计算方法计算，$H_1=2.10\text{m}<2.20\text{m}$，故应按 1/2 面积计算，$H_2=H_3=3.30\text{m}>2.20\text{m}$，故应按全面积计算。

$$S=S_1+S_2+S_3$$
$$=[(4.2+4.2+0.24)\times(9.9+0.24)+(4.8+0.24)\times3.3]\times\frac{1}{2}+[(4.2+4.2+0.24)\times(9.9+0.24)+(4.8+0.24)\times3.3]\times2$$
$$=(87.61+16.63)\times\frac{1}{2}+(87.61+16.63)\times2=260.60\text{m}^2$$

(2) 错误的计算方法：

根据 1982 年颁布的《建筑面积计算规则》和《全国统一建筑工程预算工程量计算规则》(GJD_{GZ}—101—95)中对多层建筑物建筑面积规定，不论其高度如何，按各层建筑物面积之和计算。

$$S=[(4.2+4.2+0.24)\times(9.9+0.24)+(4.8+0.24)\times3.3]\times3$$
$$=(87.61+16.63)\times3$$
$$=312.72m^2$$

【分析】 错误的计算方法(2)主要是没有区分各层高度而直接是简单的各层建筑面积之和，而《建筑工程建筑面积计算规范》(GB/T 50353—2005)则是以 2.20m 为界线，根据层高分别规定的计算建筑面积的方法，层高在 2.20m 及以上者计算全面积；层高不足 2.20m者计算 1/2 面积。

多层建筑物的建筑面积应按不同的层高分别计算。层高是指上下两层楼面结构标高之间的垂直距离。建筑物最底层的层高，有基础底板的指基础底板上表面结构标高至上层楼面结构标高之间的垂直距离；没有基础底板的指地面标高至上层楼面结构标高之间的垂直距离。最上一层的层高是指楼面结构标高至屋面板板面结构标高或屋面板最低处板面结构标高之间的垂直距离。

4. 多层建筑物坡屋顶内和场馆看台下，当设计加以利用时，应该如何计算其建筑面积？

多层建筑坡屋顶内和场馆看台下，当设计加以利用时净高超过 2.10m 的部位应计算全面积；净高在 1.20～2.10m 的部位应计算 1/2 面积；当设计不利用或室内净高不足 1.20m 时不应计算面积。

【例 1-7】 如图 1-6 所示，某体育馆看台示意图，试计算其看台下建筑面积。

【解】 (1) 正确的计算方法：

根据最新颁布的《建筑工程建筑面积计算规范》(GB/T 50353—2005)计算如下 2 种情况：

1) 若此看台下设计不利用，则不应计算建筑面积。

$$S=0$$

2) 若设计加以利用则区分不同高度分别计算建筑面积。

如图 1-7 所示，看台下设计利用时建筑面积为：

$$S=49.5\times120.0+13.5\times120.0\times\frac{1}{2}+0$$
$$=5940+1620+0$$
$$=7560m^2$$

(2) 错误的计算方法：

当看台下设计利用时，按其水平投影面积计算建筑面积。

$$S=120.0\times81.0=9720.0m^2$$

【分析】 错误的计算方法(2)在于未分清看台下各个部位的净高，而统一按其水平投影面积计算的。多层建筑坡屋顶内和场馆看台下的空间应视为坡屋顶内的空间，设计加以利用时，应按其净高确定其面积的计算。设计不利用的空间，不应计算建筑面积。

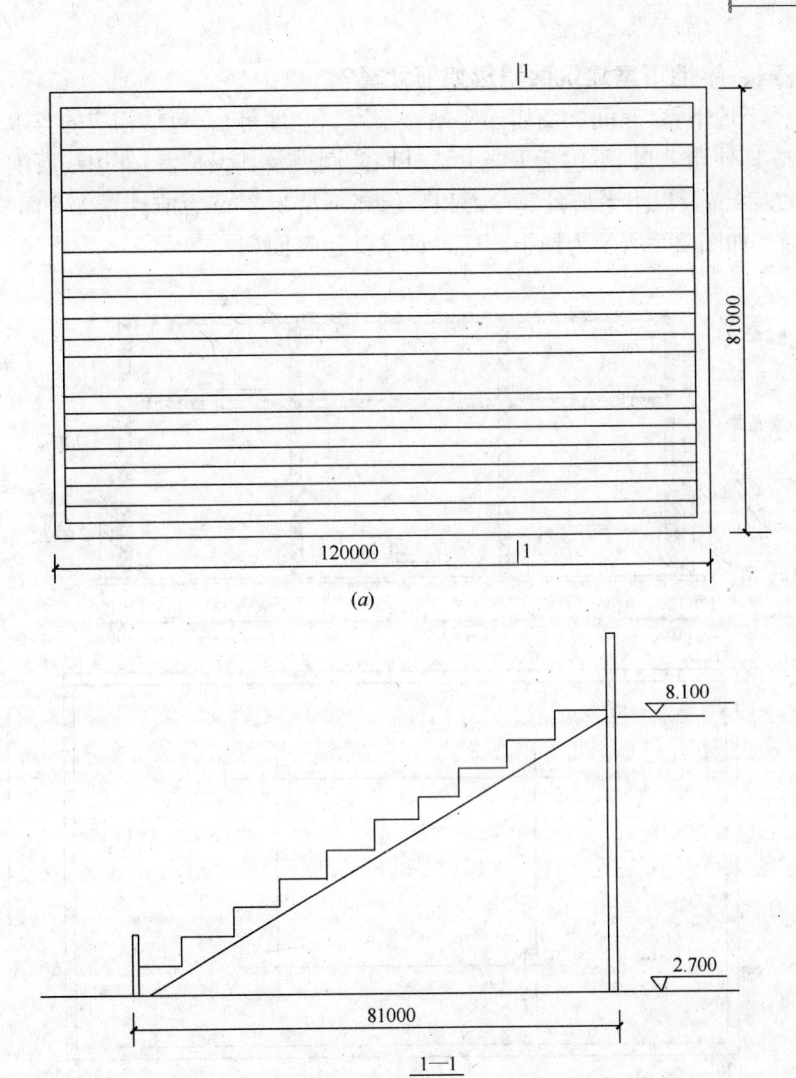

图 1-6　某体育馆看台示意图

(a)平面图；(b) 剖面图

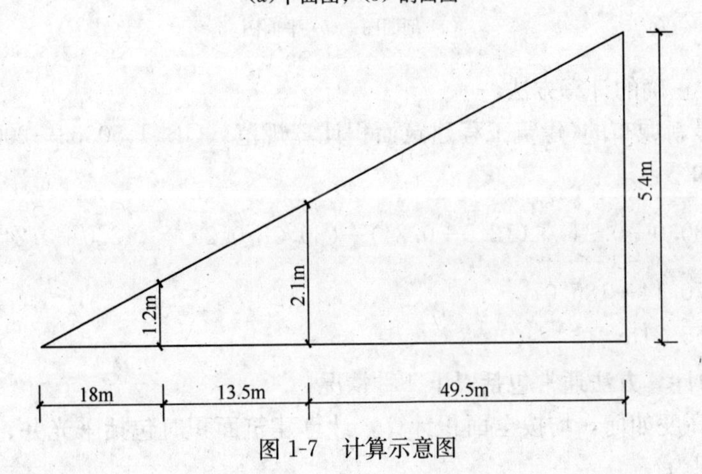

图 1-7　计算示意图

5. 地下室、半地下室建筑面积应如何计算？

地下室、半地下室(车间、商店、车站、车库、仓库等)，包括相应的有永久性顶盖的出入口，应按其外墙上口(不包括采光井、外墙防潮层及其保护墙)外边线所围水平面积计算。层高在 2.20m 及以上者应计算全面积；层高不足 2.20m 者应计算 1/2 面积。

【例 1-8】 如图 1-8 所示为地下商店，试求其建筑面积。

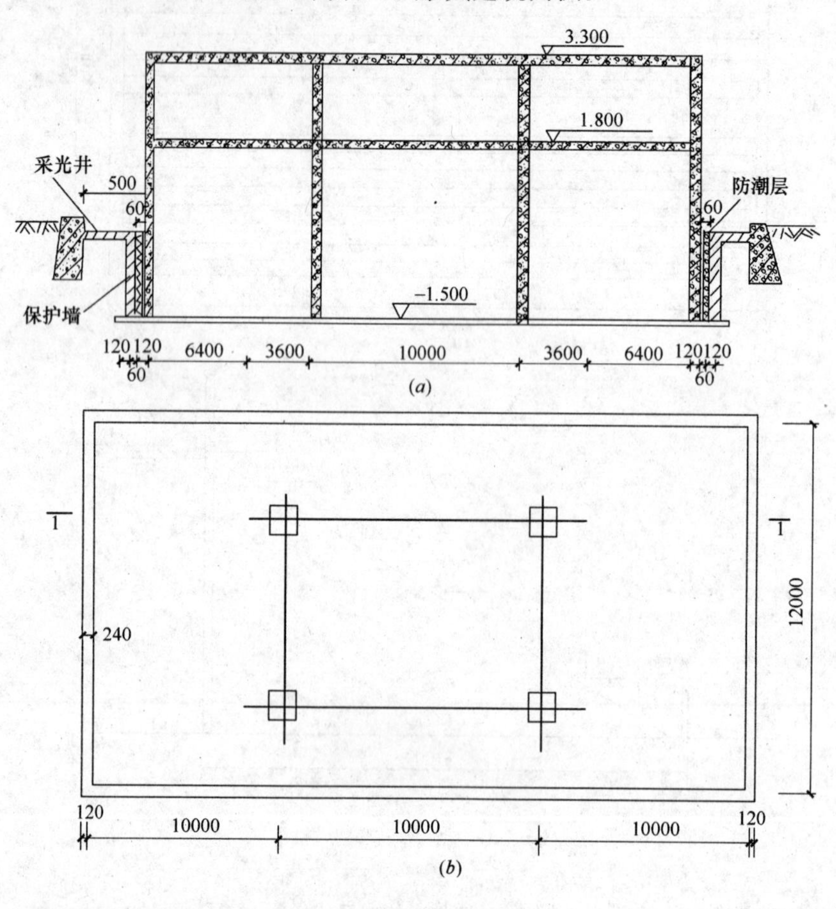

图 1-8 某商店示意图

(a) 剖面图；(b) 平面图

【解】 (1) 正确的计算方法：

根据国家最新颁布的《建筑工程建筑面积计算规范》(GB/T 50353—2005)计算该地下商店建筑面积如下：

$$S=(30.0+0.24)\times(12.0+0.24)+(30.0+0.24)\times(12.0+0.24)\times\frac{1}{2}$$

$$=370.14+185.07$$

$$=555.21\text{m}^2$$

(2) 错误的计算方法通常包括以下 4 种情况：

1) 无论其高度如何，均按全面积计算，计算建筑面积时包括采光井、保护墙、防潮层，其建筑面积为：

$$S=(30.0+0.24+0.5\times2)\times(12.0+0.24+0.5\times2)\times2$$
$$=31.24\times13.24\times2$$
$$=827.24\text{m}^2$$

2）按其保护墙外围水平面积计算如下：

$$S=[30.0+0.24+(0.06+0.12)\times2]\times[12.0+0.24+(0.06+0.12)\times2]\times2$$
$$=30.6\times12.6\times2$$
$$=771.12\text{m}^2$$

3）按防潮层外围水平面积，根据其高度不同分别计算：

$$S=(30.0+0.24+0.06\times2)\times(12.0+0.24+0.06\times2)+(30.0+0.24+0.06\times2)\times(12.0+0.24+0.06\times2)\times\frac{1}{2}$$
$$=375.25+187.62$$
$$=562.87\text{m}^2$$

4）若地下室上面建筑物平面图如图1-9所示，计算过程中经常会误把上层建筑物外墙当成地下室外墙而把建筑面积算错，错误算法如下：

$$S=(29.76+0.24)\times(11.76+0.24)\times2$$
$$=30.0\times12.0\times2$$
$$=720\text{m}^2$$

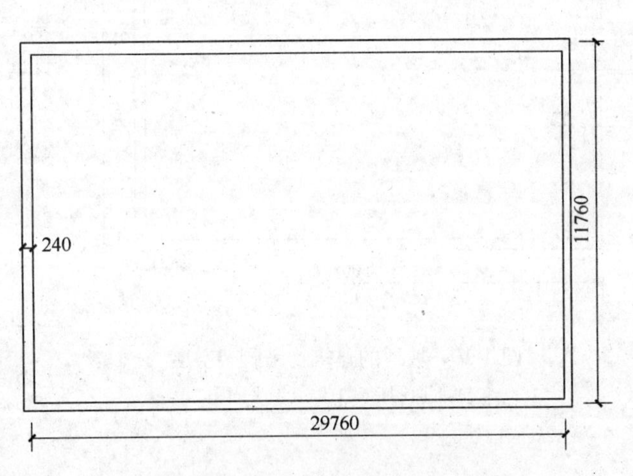

图1-9 地下室上面建筑物平面示意图

【分析】 错误算法1)有两点错误：①不应包括采光井、保护墙和防潮层，应按地下室外墙上口外边线所围水平面积计算。②应区分不同高度分别计算。

错误算法2)同样有两点错误：①不应按保护墙外围水平面积计算，而应按地下室外墙上口外边线所围水平面积计算。②与错误算法1)相同，都没有区分其高度均按全面积计算，国家最新规范规定：层高不足2.20m者计算1/2面积；层高在2.20m及以上者计算全面积。

错误算法3)的错误是其外围水平面积不应取防潮层的(即不包括防潮层)，而应按其外墙上口外边线所围水平面积计算。

错误算法4)有两点错误：①外围水平面积取错了，不应该取地下室上层建筑物外墙外围水平面积，通常情况下地下室上一层建筑物外墙与地下室墙的中心线不是重合的，而是凸出或凹进地下室外墙中心线的。②与1)、2)的错误一样，没有区分其层高分别计算建筑面积。

6. 如何计算坡地的建筑物吊脚架空层，深基础架空层的建筑面积？

坡地的建筑物吊脚架空层、深基础架空层，设计加以利用并有围护结构的，层高在

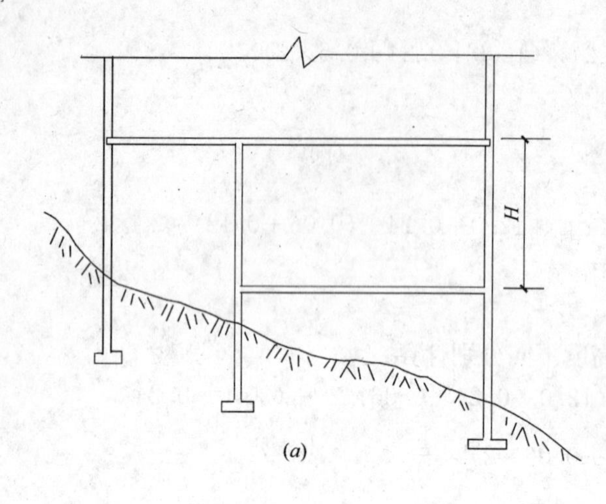

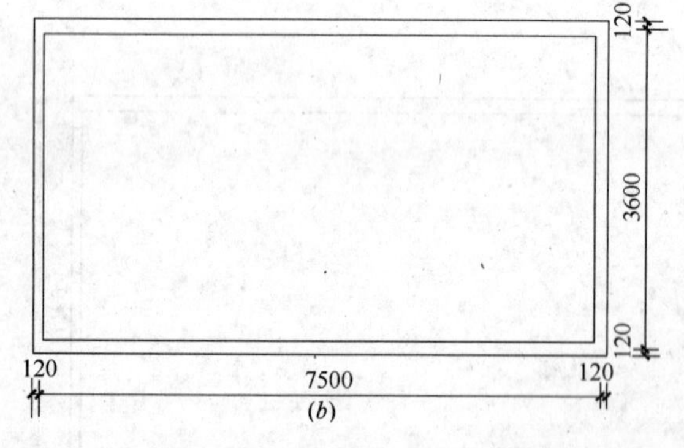

图 1-10 坡地的建筑物吊脚架空层
(a) 剖面图；(b) 架空层平面图

2.20m 及以上的部位应计算全面积；层高不足 2.20m 的部位应计算 1/2 面积。设计加以利用、无围护结构的建筑吊脚架空层，应按其利用部位水平面积的 1/2 计算；设计不利用的深基础架空层，坡地吊脚架空层不应计算建筑面积。

【例 1-9】 如图 1-10 所示，利用坡地做吊脚架空层，试求其架空层建筑面积。

【解】 (1) 正确的计算方法：

根据最新的国家颁布《建筑工程建筑面积计算规范》(GB/T 50353—2005) 由架空层高度不同以及利用与否，而分别计算其建筑面积。

1) 架空层设计加以利用且层高 $H \geqslant 2.20$m，则其建筑面积为：

$$S=(7.5+0.24)\times(3.6+0.24)=29.72\text{m}^2$$

2) 架空层设计加以利用，层高 $H<2.20$m，则其建筑面积为：

$$S=(7.5+0.24)\times(3.6+0.24)\times\frac{1}{2}=7.74\times3.84\times\frac{1}{2}\text{m}^2=14.86\text{m}^2$$

3) 当架空层设计不利用时，不应计算建筑面积，即其建筑面积为：$S=0$

(2) 错误的计算方法：

1) 设计加以利用时，不论其高度如何，均按全面积计算。

$$S=(7.5+0.24)\times(3.6+0.24)=29.72\text{m}^2$$

2) 设计加以利用时，架空层高度 $H \geqslant 2.20$m 时，计算全面积；层高 $H<2.20$m 时不计算建筑面积。

① $H \geqslant 2.20$m 时，建筑面积：

$$S=(7.5+0.24)\times(3.6+0.24)=29.72\text{m}^2$$

② $H<2.20$m 时，建筑面积：

$$S=0$$

【分析】 错误计算方法 1)的错误在于未区别架空层的高度分别计算建筑面积。

错误计算方法 2)虽区别架空层的高度分别计算其建筑面积了，但是当架空层高度 $H<2.20$m 时，其建筑面积应按其围护结构的 1/2 面积计算，而不是不计算建筑面积。

【例 1-10】 如图 1-11 所示，为深基础架空层示意图，试计算其建筑面积。

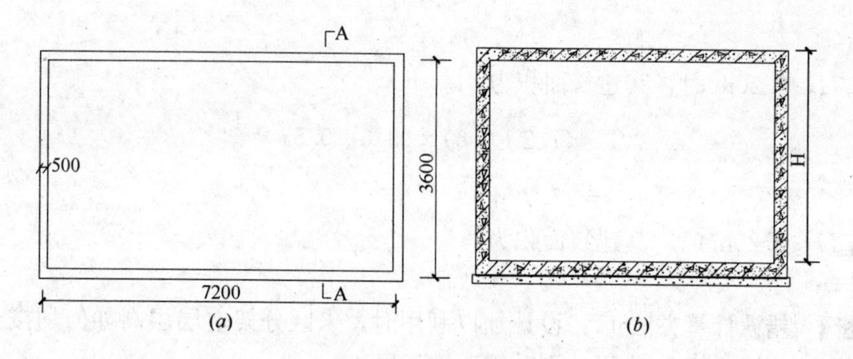

图 1-11　深基础架空层

(a) 平面图；(b) A—A 剖面图

【解】 (1) 正确的计算方法：

根据《建筑工程建筑面积计算规范》(GB/T 50353—2005)计算如下：

1) 深基础架空层设计加以利用且层高 $H \geqslant 2.20$m 时，其建筑面积为：

$$S=(7.2+0.5)\times(3.6+0.5)$$
$$=31.57\text{m}^2$$

2)设计加以利用，层高 $H<2.20$m 时，其建筑面积为：

$$S=(7.2+0.5)\times(3.6+0.5)\times\frac{1}{2}$$
$$=7.7\times4.1\times\frac{1}{2}$$
$$=15.79\text{m}^2$$

3) 设计不利用时，不论其层高 H 如何，均不应计算建筑面积，即其建筑面积为：$S=0$。

(2) 错误的计算方法：

1) 设计加以利用，不论其层高 H 如何，均按全面积计算。

$$S=(7.2+0.5)\times(3.6+0.5)$$
$$=31.57\text{m}^2$$

2) 设计加以利用，当 $H \geqslant 2.20$m 时，计算全面积，当 $H<2.20$m 时，不计算建筑面积。

①$H \geqslant 2.20$m 时，建筑面积为：

$$S=(7.2+0.5)\times(3.6+0.5)$$
$$=31.57\text{m}^2$$

②$H<2.20$m 时，建筑面积为：

$$S=0$$

3) 不管设计利用与否，层高 H 如何，均按全面积计算其建筑面积。

$$S=(7.2+0.5)\times(3.6+0.5)$$
$$=7.7\times4.1$$
$$=31.57\text{m}^2$$

4) 设计加以利用，当 $H \geqslant 2.20$m 时，按 1/2 面积计算；当 $H<2.20$m 时，不计算建

筑面积。

①当 $H \geqslant 2.20$m 时，其建筑面积为：

$$S=(7.2+0.5)\times(3.6+0.5)\times\frac{1}{2}$$
$$=15.79\text{m}^2$$

②当 $H<2.20$m 时，其建筑面积为：

$$S=0$$

【分析】 错误计算方法 1)：设计加以利用时，未区分架空层层高如何均按全面积计算建筑面积，应以 2.20m 为界分别计算建筑面积。

错误计算方法 2)：架空层设计加以利用时，虽以 2.20m 为界分开计算建筑面积了，但当$H<2.20$m 时，不应不计算建筑面积，应按其围护结构外围水平面积的 1/2 计算建筑面积。

错误计算方法 3)：设计不利用时不应计算建筑面积。设计加以利用时，应根据其层高 H 决定其建筑面积计算方法。

错误计算方法 4)：当 $H \geqslant 2.20$m 时，不是按 1/2 面积计算而是按全面积计算；当 $H<2.20$m时，不应不计算面积，而应按 1/2 面积计算架空层建筑面积。

7. 建筑物门厅、大厅建筑面积如何计算？

建筑物的门厅、大厅按一层计算建筑面积。门厅、大厅内设有回廊时，应按其结构底板水平面积计算。回廊层高在 2.20m 及以上者应计算全面积；层高不足 2.20m 者应计算 1/2 面积。

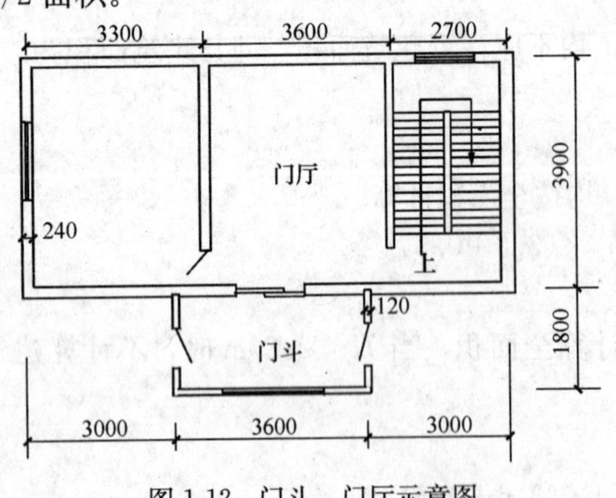

图 1-12 门斗、门厅示意图

【例 1-11】 如图 1-12 所示，试求门厅建筑面积。

【解】 (1) 正确的计算方法：

根据《建筑工程建筑面积计算规范》(GB/T 50353—2005)计算门厅建筑面积如下：

$$S=(3.6+0.24)\times(3.9+0.24)$$
$$=3.84\times4.14$$
$$=15.90\text{m}^2$$

(2) 错误的计算方法：

$$S=(3.6-0.24)\times(3.9-0.24)$$
$$=3.36\times3.66$$
$$=12.30\text{m}^2$$

【分析】 错误的计算方法(2)计算的是门厅的净面积，而其建筑面积应按其结构外围水平面积计算。但计算首层建筑面积时，墙体不能重复计算。

【例 1-12】 如图 1-13 所示，某大厅内设有回廊，试求大厅和回廊的建筑面积。

【解】 (1) 正确的计算方法：

根据《建筑工程建筑面积计算规范》(GB/T 50353—2005)计算大厅、回廊建筑面积如下：

1）大厅的建筑面积

$S=(3.3+2.1+1.2+2.1+0.24)\times(6.0+0.24)$

$=8.94\times6.24$

$=55.79\text{m}^2$

2）回廊的建筑面积

①当回廊层高 $H\geqslant2.20\text{m}$ 时，按全面积计算。

$S=(1.2-0.12)\times[(6.0-0.24)+(2.1+2.1+1.2)]$

$=1.08\times11.16=12.05\text{m}^2$

②当回廊层高 $H<2.20\text{m}$ 时，按 1/2 面积计算。

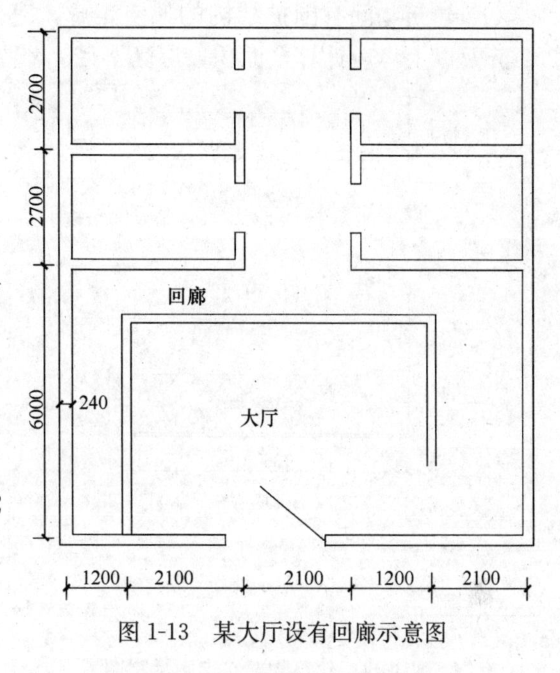

图 1-13　某大厅设有回廊示意图

$S=\frac{1}{2}\times(1.2-0.12)\times[(6.0-0.24)+(2.1+2.1+1.2)]$

$=\frac{1}{2}\times1.08\times11.16$

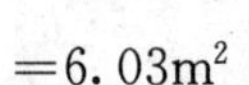
$=6.03\text{m}^2$

（2）错误的计算方法：

1）大厅的建筑面积

$S=(6.0-0.24)\times(1.2\times2+2.1\times3-0.24)+(2.1-0.24)\times2.7\times2$

$=5.76\times8.46+1.86\times2.7\times2$

$=48.73+10.044$

$=58.774\text{m}^2$

2）回廊的建筑面积

不论其层高如何，均按其结构底板水平面积计算。

$S=(1.2-0.12)\times[(6.0-0.24)+(2.1+2.1+1.2)]$

$=1.08\times11.16$

$=12.05\text{m}^2$

【分析】 错误计算方法 1)大厅的建筑面积计算不应包括建筑物内部的走廊，且计算时应按其围护结构外围水平面积计算，但在计算首层建筑面积时内墙水平面积不能重复计算。

错误计算方法 2)回廊的建筑面积计算应按其层高不同分别计算建筑面积，而不是均按其结构底板水平面积计算。

8. 如何计算架空走廊的建筑面积?

架空走廊分为以下三种情况：

(1) 建筑物间有围护结构的架空走廊，应按其围护结构外围水平面积计算。层高在2.20m及以上者应计算全面积；层高不足2.20m者应计算1/2面积。

(2) 有永久性顶盖无围护结构的应按其结构底板水平面积的1/2计算。

(3) 无永久性顶盖的架空走廊不应计算建筑面积。

【例1-13】 如图1-14所示为建筑物间架空走廊示意图，试计算其建筑面积。

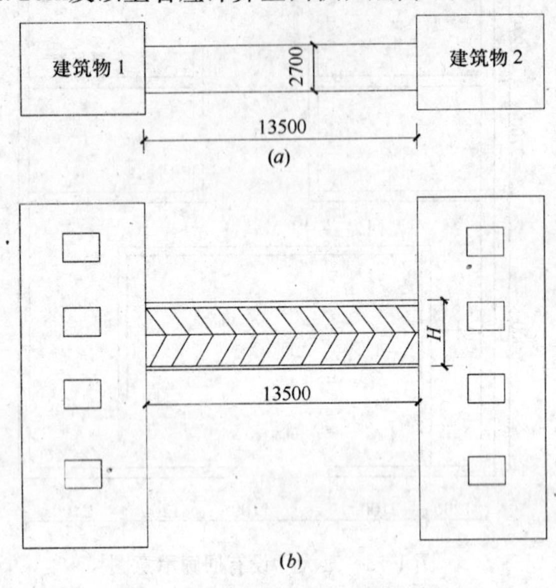

图1-14 建筑物架空走廊示意图
(a) 平面图；(b) 立面图

【解】 (1) 正确的计算方法：

根据《建筑工程建筑面积计算规范》(GB/T 50353—2005)可知架空走廊有以下三种情况：

1) 架空走廊有围护结构

①当其层高≥2.20m时，计算全面积。

$$S=2.7\times13.5=36.45\text{m}^2$$

②当其层高 $H<2.20$m时，计算1/2面积。

$$S=\frac{1}{2}\times2.7\times13.5=18.23\text{m}^2$$

2) 若此架空走廊有永久性顶盖无围护结构，则应按结构底板水平面积的1/2计算。

$$S=\frac{1}{2}\times2.7\times13.5=18.23\text{m}^2$$

3) 若此架空走廊无永久性顶盖，则不应计算面积。

$$S=0$$

(2) 错误的计算方法：

1) 若此架空走廊有永久性顶盖无围护结构，按其顶盖水平投影面积计算。

$$S=2.7\times13.5=36.45\text{m}^2$$

2) 若此架空走廊有围护结构，不论其层高如何，均按其结构底板水平面积计算。

$$S=2.7\times13.5=36.45\text{m}^2$$

3) 若此架空走廊无永久性顶盖，按1/2投影面积计算。

$$S=\frac{1}{2}\times2.7\times13.5=18.23\text{m}^2$$

【分析】 错误计算方法1)：有永久性顶盖无围护结构的架空走廊不应按全面积计算，而应按其结构底板水平面积的1/2计算。

错误计算方法2)：当架空走廊有围护结构时，应按其高度不同分别计算建筑面积。

错误计算方法3)：无永久性顶盖的架空走廊不应计算建筑面积。

9. 立体书库、立体仓库、立体车库的建筑面积应如何计算？

立体书库、立体仓库、立体车库的建筑面积计算分为以下两种情况：

(1) 无结构层的应按一层计算建筑面积。

(2) 有结构层的应按其结构层面积分别计算。

1) 当层高 $H \geqslant 2.20$m 时，计算全面积。

2) 当层高 $H < 2.20$m 时，计算 1/2 面积。

【例 1-14】 如图 1-15 所示为某立体书库示意图，试计算其建筑面积。

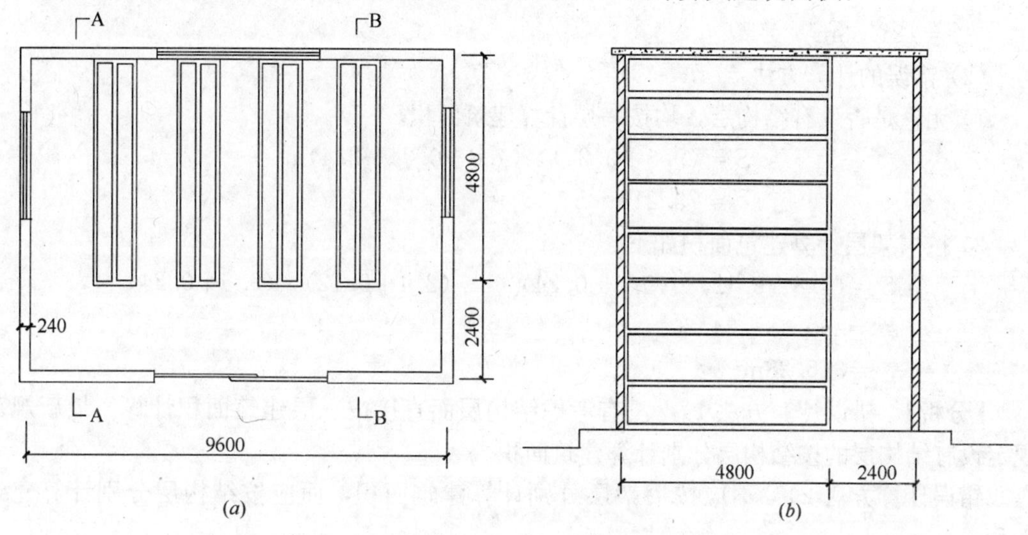

图 1-15 立体书库示意图

(a) 平面图；(b) A—A 剖面图

【解】 (1) 正确的计算方法：

如图 1-15 所示，该立体书库无结构层，则应按一层计算建筑面积。

$$
\begin{aligned}
S &= (9.6+0.24)\times(2.4+4.8+0.24) \\
&= 9.84\times7.44 \\
&= 73.21\text{m}^2
\end{aligned}
$$

(2) 错误的计算方法：

$$
\begin{aligned}
S &= (4.8+0.12)\times(9.6+0.24)\times7+(4.8+2.4+0.24)\times(9.6+0.24) \\
&= 338.89+73.21 \\
&= 412.1\text{m}^2
\end{aligned}
$$

【分析】 错误的计算方法(2)计算时多算了二层及二层以上书架所占建筑面积，由于该书库没有结构层，不能算书架二层及二层以上面积，只能按一层建筑面积计算。设有结构层的书库见下例中计算方法。

【例 1-15】 如图 1-16 所示为某书库剖面图，平面图如图 1-15(a)所示，试计算该书库建筑面积。

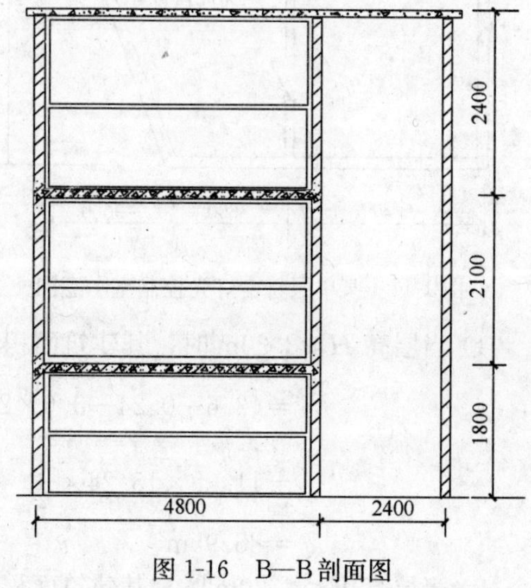

图 1-16 B—B 剖面图

【解】 (1) 正确的计算方法：

如图 1-16 所示，该立体书库设有结构层，一、二层层高 $H_1 = 1.8\text{m} < 2.20\text{m}$，$H_2$

$=2.10m<2.20m$；三层层高 $H_3=2.40m>2.20m$，根据《建筑工程建筑面积计算规范》(GB/T 50353—2005)计算其建筑面积如下：

$$S=(2.4+0.12)\times(9.6+0.24)+(4.8+0.12)\times(9.6+0.24)\times\left(\frac{1}{2}+\frac{1}{2}+1\right)$$
$$=24.80+96.83$$
$$=121.63m^2$$

(2) 错误的计算方法：

1) 无论是否设有结构层，均按一层计算建筑面积。

$$S=(9.6+0.24)\times(4.8+0.24+2.4)m^2$$
$$=73.21m^2$$

2) 按书架层计算建筑面积如下：

$$S=(4.8+0.12)\times(9.6+0.24)\times6+(2.4+0.12)\times(9.6+0.24)$$
$$=290.48+24.80$$
$$=315.28m^2$$

【分析】 错误计算方法1)：没有考虑结构层而直接按一层建筑面积计算，最新规范规定设有结构层的按结构层分别计算建筑面积。

错误计算方法2)：不应按书架层分别计算建筑面积，而应按结构层分别计算建筑面积。

10. 如何计算有围护结构的舞台灯光控制室的建筑面积？

有围护结构的舞台灯光控制室，应按其围护结构外围水平面积计算。计算时分以下两种情况：

(1) 当层高 $H\geqslant2.20m$ 时，计算全面积。

(2) 当层高 $H<2.20m$ 时，计算1/2面积。

【例1-16】 如图1-17所示为某单层舞台灯光控制室示意图，试求灯光控制室建筑面积。

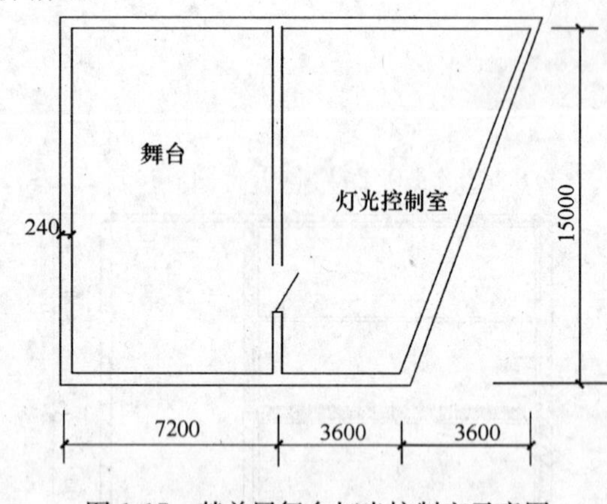

图1-17 某单层舞台灯光控制室示意图

【解】 (1) 正确的计算方法：

根据《建筑工程建筑面积计算规范》(GB/T 50353—2005)，可分以下两种情况计算：

1) 当层高 $H\geqslant2.20m$ 时，其建筑面积为：

$$S=(3.6+0.24+3.6\times2+0.24)\times(15.0+0.24)\times\frac{1}{2}$$
$$=11.28\times15.24\times\frac{1}{2}$$
$$=85.95m^2$$

2) 当层高 $H<2.20m$ 时，其建筑面积为：

$$S=85.95\times\frac{1}{2}=42.98\text{m}^2$$

(2) 错误的计算方法：

不论其层高如何，均按一层面积乘以层数计算建筑面积。

$$S=(3.6+0.24+3.6\times2+0.24)\times(15.0+0.24)\times\frac{1}{2}$$

$$=11.28\times15.24\times\frac{1}{2}$$

$$=85.95\text{m}^2$$

【分析】 错误的计算方法(2)没有区分舞台灯光控制室的高度直接按全面积计算。而《建筑工程建筑面积计算规范》(GB/T 50353—2005)规定应按其层高不同分别计算建筑面积。

11. 建筑物外有围护结构的落地橱窗、门斗、挑廊、走廊、檐廊应如何计算建筑面积?

应按其围护结构外围水平面积计算。分为以下两种情况：

(1) 当其层高 $H\geqslant2.20$m 时，应计算全面积。

(2) 当其层高 $H<2.20$m 时，应计算 1/2 面积。

【例 1-17】 如图 1-18 所示为落地橱窗示意图，求其建筑面积。

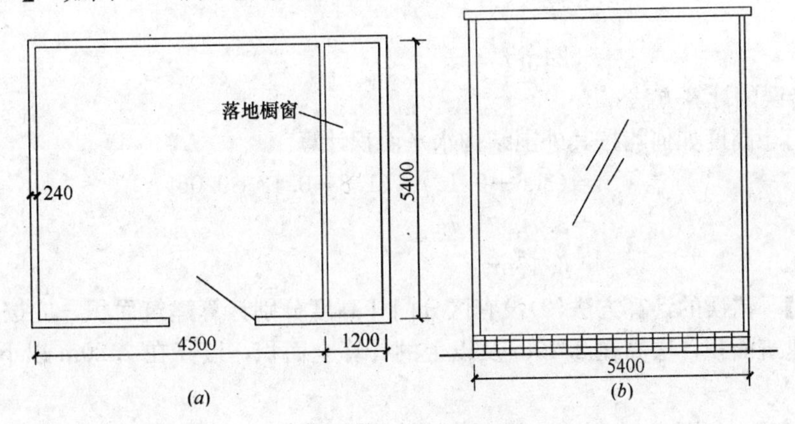

图 1-18　落地橱窗示意图

(a) 平面图；(b) 东立面图

【解】 (1) 正确的计算方法：

根据《建筑工程建筑面积计算规范》(GB/T 50353—2005)可分为以下两种情况：

1) 当其层高 $H\geqslant2.20$m 时，其建筑面积为：

$$S=(1.2+0.12)\times(5.4+0.24)$$

$$=1.32\times5.64$$

$$=7.44\text{m}^2$$

2) 当其层高 $H<2.20$m 时，其建筑面积为：

$$S=(1.2+0.12)\times(5.4+0.24)\times\frac{1}{2}$$

$$=1.32\times5.64\times\frac{1}{2}=3.72\text{m}^2$$

(2) 错误的计算方法：

不论落地橱窗层高如何均按全面积计算。

$$S=(1.2+0.12)\times(5.4+0.24)$$
$$=7.44\text{m}^2$$

【分析】 错误计算方法(2)没有区分其层高分别计算建筑面积，国家颁布的最新规范规定应以 2.20m 为界分别计算建筑面积。

【例 1-18】 如图 1-12 所示，计算门斗建筑面积。

【解】 (1) 正确的计算方法：

按其围护结构外围水平面积计算，分以下两种情况：

1) 当门斗层高 $H\geqslant2.20$m 时，按全面积计算。

$$S=(3.6+0.12)\times(1.8-0.12+0.06)$$
$$=3.72\times1.74$$
$$=6.47\text{m}^2$$

2) 当门斗层高 $H<2.20$m 时，按 1/2 面积计算。

$$S=(3.6+0.12)\times(1.8-0.12+0.06)\times\frac{1}{2}$$
$$=3.72\times1.74\times\frac{1}{2}$$
$$=3.24\text{m}^2$$

(2) 错误的计算方法：

不论门斗高度如何均按其外围结构水平面积计算。

$$S=(3.6+0.12)\times(1.8-0.12+0.06)$$
$$=3.72\times1.74$$
$$=6.47\text{m}^2$$

【分析】 错误的计算方法(2)没有区分门斗高度分别计算建筑面积，应按其高度不同分别计算建筑面积，层高在 2.20m 及以上的计算全面积，层高在 2.20m 以下的计算 1/2 面积。

【例 1-19】 如图 1-19 所示，某小学教学楼示意图，试计算挑廊建筑面积。

【解】 (1) 正确的计算方法：

根据国家最新颁布的规范《建筑工程建筑面积计算规范》(GB/T 50353—2005)计算该挑廊建筑面积如下：

由于挑廊层高 H 均为 3.0m，大于 2.20m，故应按全面积计算其建筑面积。

$$S=(2.4+0.24)\times(21.0+0.24)\times5=56.07\times5=280.37\text{m}^2$$

(2) 错误的计算方法：

$$S=2.4\times(21.0+0.24)\times5$$
$$=50.98\times5=254.88\text{m}^2$$

【分析】 错误计算方法(2)是按其挑出宽度乘以总长度计算的建筑面积，而正确的计算方法应该是按挑廊围护结构的外围水平面积计算。

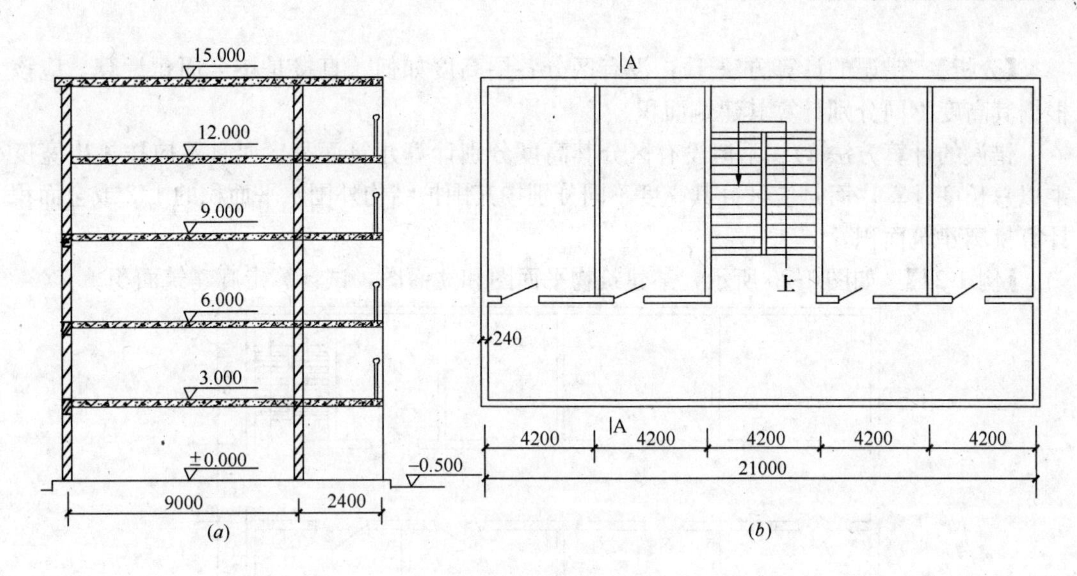

图 1-19 某小学教学楼

(a) 剖面图；(b) 平面图

【例 1-20】 如图 1-19 所示，若此建筑物五层层高 $H_5=2.10$m，下面四层层高均为 3.0m 即 $H_1=H_2=H_3=H_4=3.0$m，试计算挑廊建筑面积。

【解】 (1) 正确的计算方法：

1) 因为 $H_5=2.10\text{m}<2.20\text{m}$，故第五层挑廊建筑面积应按其围护结构外围水平面积的 1/2 计算。

$$
\begin{aligned}
S_5 &= (2.4+0.24)\times(21.0+0.24)\times\frac{1}{2} \\
&= 2.64\times21.24\times\frac{1}{2} \\
&= 28.037\text{m}^2
\end{aligned}
$$

2) 因为 $H_1=H_2=H_3=H_4=3.0\text{m}>2.20\text{m}$，故一至四层挑廊建筑面积应按其围护结构外围水平面积计算。

$$
\begin{aligned}
S_1 &= S_2=S_3=S_4=(2.4+0.24)\times(21.0+0.24) \\
&= 2.64\times21.24 \\
&= 56.074\text{m}^2
\end{aligned}
$$

3) 综上所述，挑廊建筑面积为：

$$
\begin{aligned}
S &= S_1+S_2+S_3+S_4+S_5 \\
&= 56.074\times4+28.037 \\
&= 252.33\text{m}^2
\end{aligned}
$$

(2) 错误的计算方法：

1) 不论其高度如何，均按其围护结构外围水平面积计算。

$$S=56.074\times5=280.37\text{m}^2$$

2) 不论其高度如何，均按其挑出宽度乘以总长度计算其建筑面积。

$$
\begin{aligned}
S &= 2.4\times(21.0+0.24)\times5 \\
&= 254.88\text{m}^2
\end{aligned}
$$

【分析】 错误的计算方法1)：没有区分各层高度如何，直接是按全面积计算，应该根据其高度不同分别计算其建筑面积。

错误的计算方法2)：不但没有区分其高度分别计算建筑面积，而且不应按挑出宽度乘以总长度计算，而是应区分其高度不同分别按其围护结构外围水平面积的1/2或全面积计算挑廊建筑面积。

【例1-21】 如图1-20所示，某建筑物平面图和立面图，试计算走廊建筑面积。

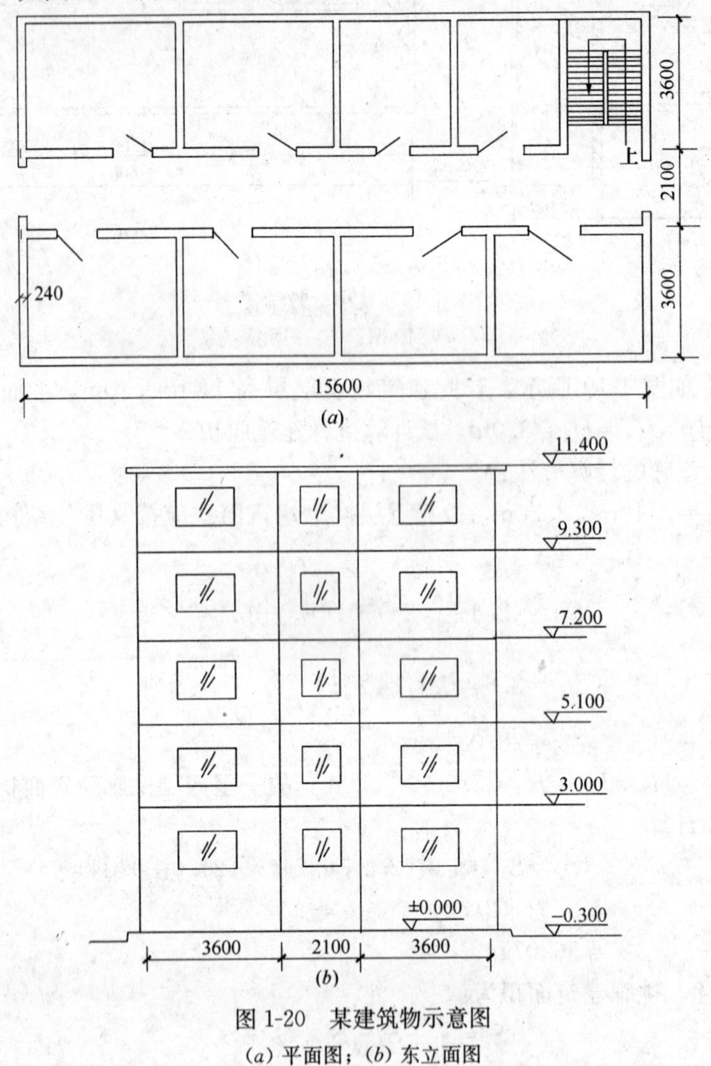

图1-20 某建筑物示意图

(a) 平面图；(b) 东立面图

【解】 (1) 正确的计算方法：

根据国家颁布的最新规范《建筑工程建筑面积计算规范》(GB/T 50353—2005)计算如下：

$$S=\left(2.1+0.24\right)\times(15.6+0.24)\times\left(1+\frac{1}{2}\times4\right)$$

$$=2.34\times15.84\times3$$

$$=111.20\text{m}^2$$

(2) 错误的计算方法：

1) $S=(2.1-0.24)\times(15.6-0.24)\times\left(1+\frac{1}{2}\times4\right)$

$=1.86\times15.36\times3$

$=85.71\text{m}^2$

2) $S=(2.1-0.24)\times(15.6+0.24)\times\left(1+\frac{1}{2}\times4\right)$

$=1.86\times15.84\times3$

$=88.39\text{m}^2$

3) 不论其层高如何，均按外围水平面积计算。

$$S=(2.1+0.24)\times(15.6+0.24)\times5$$
$$=2.34\times15.84\times5$$
$$=185.33\text{m}^2$$

【分析】 错误的计算方法 1)和 2)均是结构外围水平面积取错了，应按走廊围护结构外围水平面积计算。

错误计算方法 3)：没有区分高度均按全面积进行计算，而新规范规定：层高 $H\geqslant2.20$ 者，计算全面积；层高 $H<2.20\text{m}$ 者，计算 1/2 面积。

【例 1-22】 如图 1-21 所示，某带檐廊建筑物示意图，试计算檐廊建筑面积。

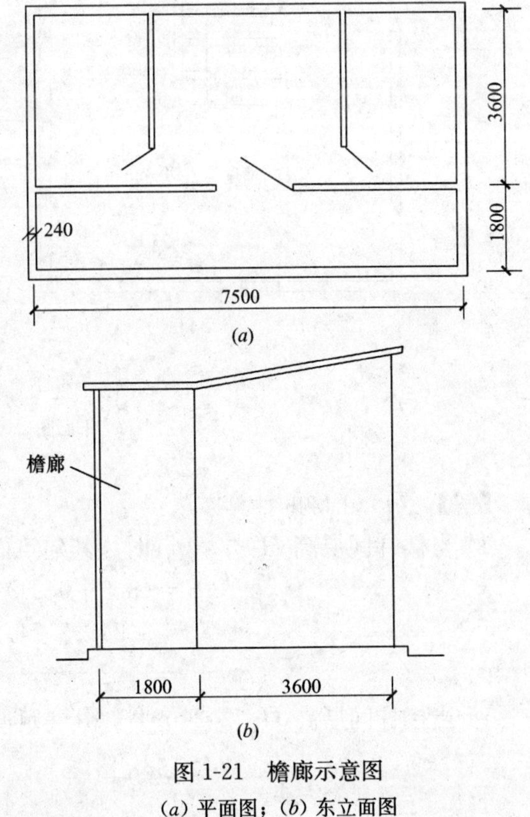

图 1-21 檐廊示意图

(a) 平面图；(b) 东立面图

【解】 (1) 正确的计算方法：

根据《建筑工程建筑面积计算规范》(GB/T 50353—2005)计算檐廊建筑面积如下：

1) 若檐廊层高 $H\geqslant2.20\text{m}$，其建筑面积为：

$S=(7.5+0.24)\times(1.8+0.12)$

$=14.86\text{m}^2$

2) 若檐廊层高 $H<2.20\text{m}$，其建筑面积为：

$S=(7.5+0.24)\times(1.8+0.12)\times\frac{1}{2}$

$=7.74\times1.92\times\frac{1}{2}$

$=7.43\text{m}^2$

(2) 错误的计算方法：

1) 不论檐廊层高如何，均按其外围水平面积计算。

$$S=(7.5+0.24)\times(1.8+0.12)$$
$$=7.74\times1.92$$
$$=14.86\text{m}^2$$

2）$S=(7.5+0.24)\times(1.8+0.24)$

$=7.74\times2.04$

$=15.79\text{m}^2$

【分析】 错误计算方法1)：没有区分檐廊的高度分别计算建筑面积。

错误计算方法2)：檐廊外围水平面积取错了，因檐廊的高度小于主体高度，故墙体应算入主体结构建筑面积中，而不是算入檐廊建筑面积。

12. 如何计算建筑物顶部有围护结构的楼梯间、水箱间、电梯机房等的建筑面积？

根据最新规范《建筑工程建筑面积计算规范》(GB/T 50353—2005)规定应按其围护结构外围水平面积计算，可分以下两种情况进行计算：

(1) 层高 $H\geqslant2.20$m 时，计算全面积。

(2) 层高 $H<2.20$m 时，计算 1/2 面积。

【例 1-23】 如图 1-22 所示，试计算楼梯间的建筑面积。

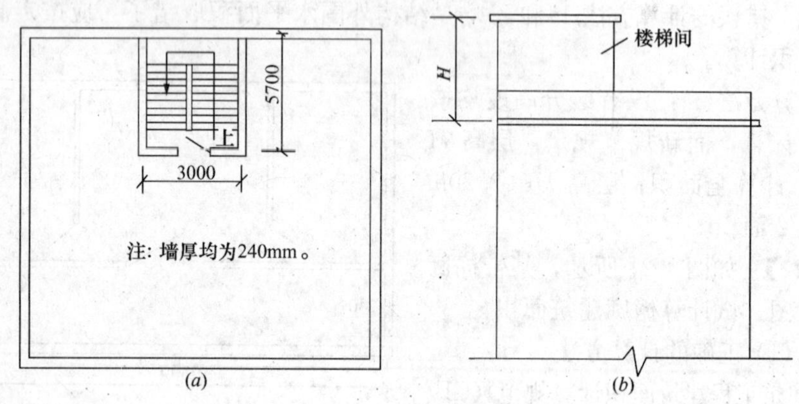

图 1-22 屋顶楼梯间

(a) 平面图；(b) 西立面图

【解】 (1) 正确的计算方法：

1) 当楼梯间层高 $H\geqslant2.20$m 时，其建筑面积为：

$$S=(3.0+0.24)\times(5.7+0.24)$$
$$=3.24\times5.94$$
$$=19.25\text{m}^2$$

2) 当楼梯间层高 $H<2.20$m 时，其建筑面积为：

$$S=(3.0+0.24)\times(5.7+0.24)\times\frac{1}{2}$$
$$=3.24\times5.94\times\frac{1}{2}$$
$$=9.62\text{m}^2$$

(2) 错误的计算方法：

1) 不论其高度如何均按全面积计算

$$S=(3.0+0.24)\times(5.7+0.24)$$
$$=3.24\times5.94$$
$$=19.25m^2$$

2) $$S=(3.0+0.24)\times5.7$$
$$=3.24\times5.7$$
$$=18.47m^2$$

【分析】 错误计算方法1)：没有区分楼梯间层高如何，直接按全面积计算是不对的。正确的计算方法见(1)中应该区分楼梯间高度分别计算建筑面积。

错误计算方法2)：不但没区分楼梯间高度，而且楼梯间围护结构外围水平面积也取错了，应区分不同高度按楼梯间围护结构外围水平面积的全面积或1/2面积计算其建筑面积。

注：建筑物顶部有围护结构的水箱间和电梯机房的建筑面积计算方法与屋顶有围护结构的楼梯间的建筑面积计算方法相同。

13. 设有围护结构不垂直于水平面而超出底板外沿的建筑物，应该如何计算其建筑面积？

应按其底板面的外围水平面积计算，分以下两种情况：

(1) 当其层高 $H\geqslant2.20m$ 时，计算全面积。

(2) 当其层高 $H<2.20m$ 时，计算1/2面积。

14. 建筑物内的室内楼梯间、电梯井、观光电梯井、提物井、管道井、通风排气竖井、垃圾道、附墙烟囱等应如何计算其建筑面积？

应按建筑物的自然层计算其建筑面积。

【例1-24】 如图1-19所示，试计算楼梯间的建筑面积。

【解】 (1) 正确的计算方法：

根据最新规范《建筑工程建筑面积计算规范》(GB/T 50353—2005)可知其建筑面积为：

$$S=(9.0+0.24)\times(4.2+0.24)\times5$$
$$=9.24\times4.44\times5$$
$$=41.03\times5$$
$$=205.13m^2$$

(2) 错误的计算方法：

$$S=(9.0+0.24)\times(4.2+0.24)\times4$$
$$=9.24\times4.44\times4$$
$$=164.10m^2$$

【分析】 室内楼梯间的面积计算，应按楼梯依附的建筑物的自然层计算并在建筑物面积内。遇跃层建筑，其共用的室内楼梯应按自然层计算面积；上下两错层户室共用的室内楼梯，应选上一层的自然层计算面积，如图1-23所示。

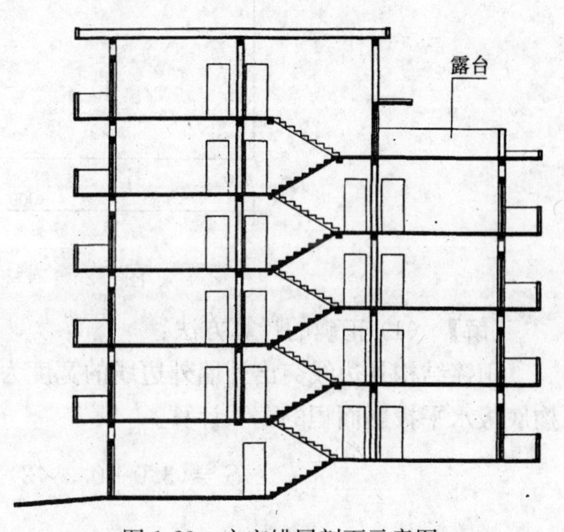

图1-23 户室错层剖面示意图

注：建筑物室内的观光电梯井、提物井、管道井、通风排气竖井、垃圾道、附墙烟囱建筑面积计算方法与室内楼梯间相同。

15. 如何计算雨篷的建筑面积?

雨篷建筑面积计算分以下两种情况：

(1)雨篷结构的外边线至外墙结构外边线的宽度超过 2.10m 时，按雨篷结构板的水平投影面积的 1/2 计算。

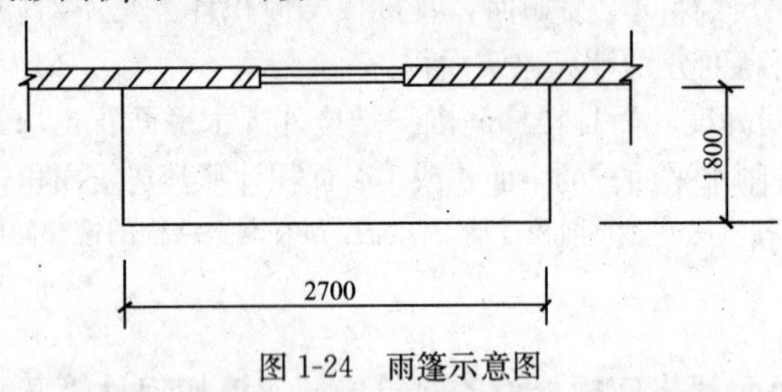

图 1-24　雨篷示意图

(2) 雨篷结构外边线至外墙结构外边线的宽度在 2.10m 及以内的不应计算建筑面积。

【例 1-25】 如图 1-24 所示，求雨篷建筑面积。

【解】 (1) 正确的计算方法：

根据国家颁布的最新规范《建筑工程建筑面积计算规范》(GB/T 50353—2005)可知：由于该雨篷结构外边线至外墙外边线的距离为 1.80m<2.10m，故该雨篷不应计算建筑面积。

(2) 错误的计算方法：

$$S=2.7\times1.8\times\frac{1}{2}=2.43\text{m}^2$$

【分析】 由于最新规范规定雨篷结构外边线突出外墙外边线的距离不大于 2.10m 时不应计算建筑面积。

雨篷均以其宽度超过 2.10m 或不超过 2.10m 衡量，超过 2.10m 者应按雨篷的结构板水平投影面积的 1/2 计算。有柱雨篷和无柱雨篷计算应一致。

【例 1-26】 如图 1-25 所示为有柱雨篷，试计算其建筑面积。

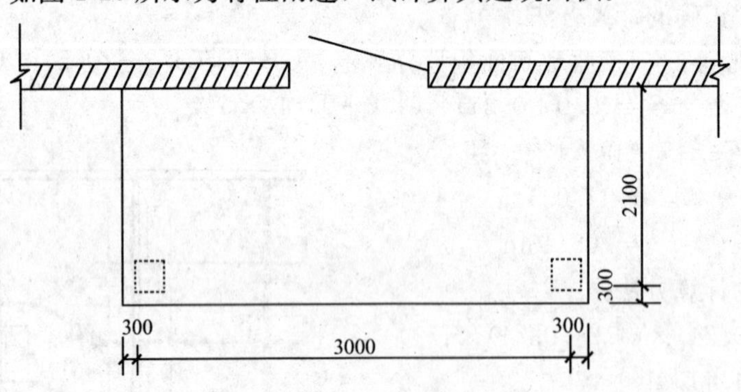

图 1-25　有柱雨篷示意图

【解】 (1) 正确的计算方法：

雨篷结构外边线突出外墙外边线的宽度为 $L=2.1+0.3=2.4\text{m}>2.10\text{m}$，故应按其结构底板水平投影面积的 1/2 计算。

$$S=(3.0+0.3\times2)\times(2.1+0.3)\times\frac{1}{2}$$

$$=3.6\times2.4\times\frac{1}{2}$$

$$=8.64\times\frac{1}{2}=4.32\text{m}^2$$

(2) 错误的计算方法：

1) 根据 1982 年颁布的《建筑面积计算规则》和 1995 年颁布的《全国统一建筑工程预算工程量计算规则》(GJD_{GZ}—101—95)，有柱雨篷按柱外围水平面积计算。

$$S=3.0\times2.1=6.3\text{m}^2$$

2) 若此雨篷只有一个柱子，则应按其顶盖水平投影面积的一半计算。

$$S=4.32\text{m}^2$$

【分析】 同上例中的分析。

16. 如何计算有永久性顶盖的室外楼梯的建筑面积？

有永久性顶盖的室外楼梯应按建筑物自然层的水平投影面积的 1/2 计算。

【例 1-27】 如图 1-26 所示，求该五层建筑物室外楼梯的建筑面积。

【解】 (1) 正确的计算方法：

1)当顶层楼梯也有顶盖时，其建筑面积为：

$$S=(3.9+0.24)\times2.7\times5\times\frac{1}{2}$$

$$=4.14\times2.7\times5\times\frac{1}{2}$$

$$=55.89\times\frac{1}{2}=27.95\text{m}^2$$

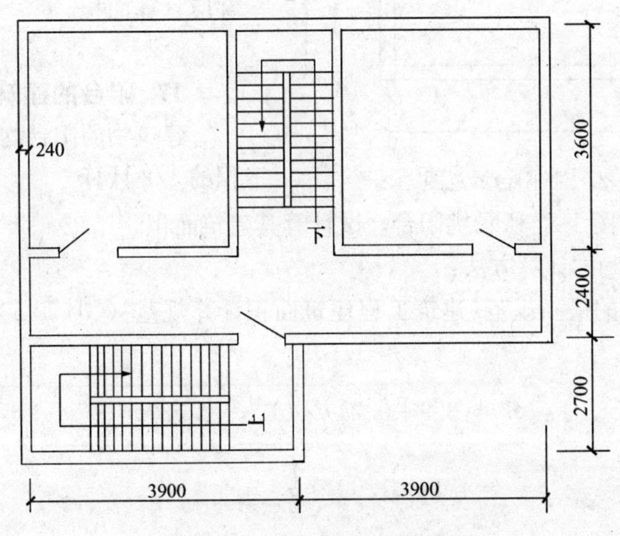

图 1-26 某建筑物平面图(标准层)

2) 当顶层无顶盖时，其建筑面积为：

$$S=(3.9+0.24)\times2.7\times4\times\frac{1}{2}$$

$$=4.14\times2.7\times4\times\frac{1}{2}$$

$$=44.71\times\frac{1}{2}=22.36\text{m}^2$$

(2) 错误的计算方法：

1) 不论顶层是否有顶盖，均按自然层水平投影面积计算，《全国统一建筑工程预算工程量计算规则》(土建工程)

$$S=(3.9+0.24)\times2.7\times5$$

$$=4.14\times2.7\times5\text{m}^2=55.89\text{m}^2$$

2) 根据1982年颁布的《建筑面积计算规则》，室外楼梯作为主要通道和用于疏散的均按每层水平投影面积计算建筑面积；楼内有楼梯时，室外楼梯按其水平投影面积的一半计算。

如图1-26所示，该建筑物有室内楼梯，则室外楼梯建筑面积为：

$$S=(3.9+0.24)\times2.7\times5\times\frac{1}{2}$$

$$=4.14\times2.7\times5\times\frac{1}{2}$$

$$=27.95\text{m}^2$$

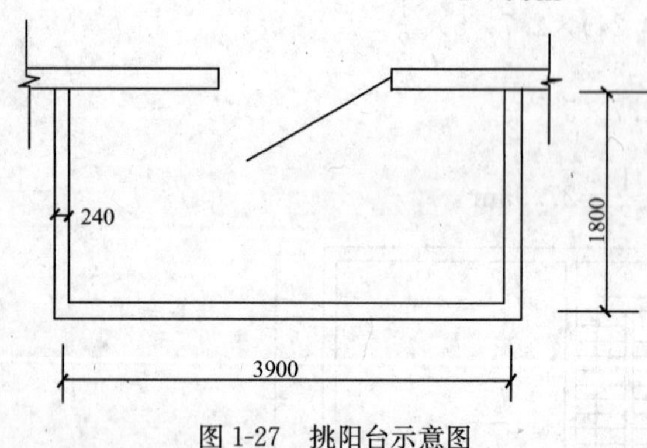

图1-27 挑阳台示意图

【分析】 室外楼梯，最上一层楼梯无永久性顶盖，或不能完全遮盖楼梯的雨篷，上层楼梯不计算面积，上层楼梯可视为下层楼梯的永久性顶盖，下层楼梯应计算面积。

17. 阳台的建筑面积应如何计算？

建筑物的阳台均应按其水平投影面积的1/2计算。

【例1-28】 如图1-27所示挑阳台，试计算其建筑面积。

【解】 (1) 正确的计算方法：

根据国家颁布的最新规范《建筑工程建筑面积计算规范》(GB/T 50353—2005)计算其建筑面积如下：

$$S=(3.9+0.24)\times(1.8+0.12)\times\frac{1}{2}$$

$$=4.14\times1.92\times\frac{1}{2}$$

$$=3.97\text{m}^2$$

(2) 错误的计算方法：

1) 有围护结构的阳台，按自然层计算建筑面积，即阳台建筑面积为：

$$S=(3.9+0.24)\times(1.8+0.12)$$

$$=4.14\times1.92$$

$$=7.95m^2$$

2）当该阳台无围护结构时，按其水平面积一半计算建筑面积。

$$S=(3.9+0.24)\times(1.8+0.12)\times\frac{1}{2}$$
$$=4.14\times1.92\times\frac{1}{2}$$
$$=3.97m^2$$

【分析】 最新规范规定，建筑物的阳台，不论是凹阳台、挑阳台、封闭阳台、不封闭阳台均按其水平投影面积的一半计算。

18. 有永久性顶盖无围护结构的车棚、货棚、站台、加油站、收费站等，应如何计算建筑面积？

《建筑工程建筑面积计算规范》(GB/T 50353—2005)规定有永久性顶盖无围护结构的车棚、货棚、站台、加油站、收费站等，应按其顶盖水平投影面积的1/2计算。

【例 1-29】 如图1-28所示，试计算该站台建筑面积。

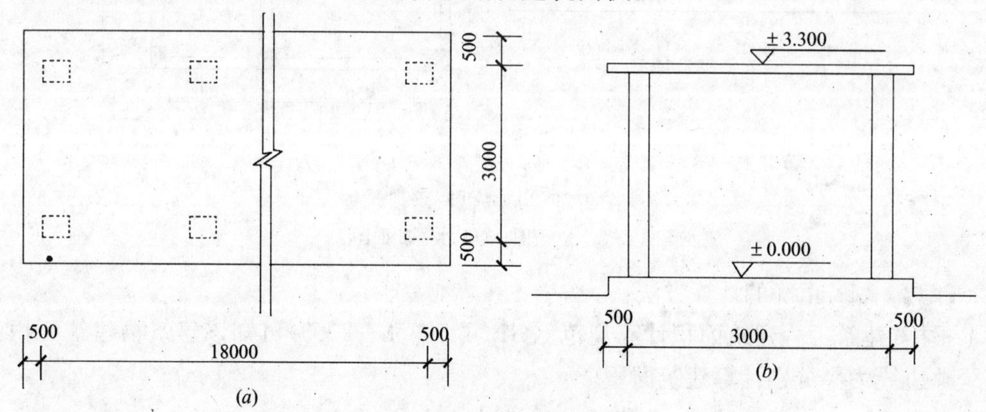

图1-28　某火车站站台

(a) 平面图；(b) 东立面图

【解】 (1) 正确的计算方法：

根据《建筑工程建筑面积计算规范》(GB/T 50353—2005)可知该站台建筑面积为：

$$S=(3.0+0.5\times2)\times(18.0+0.5\times2)\times\frac{1}{2}$$
$$=4.0\times19.0\times\frac{1}{2}$$
$$=38.0m^2$$

(2) 错误的计算方法：

根据1982年颁布的《建筑面积计算规则》和1995年颁布的《全国统一建筑工程预算工程量计算规则》(土建工程)GJD_{GZ}—101—95规定计算该站台建筑面积如下：

$$S=3.0\times18.0m^2=54.0m^2$$

【分析】 由于建筑技术的发展，出现许多新型结构，如柱不再是单纯的直立的柱，而出现正V形柱、倒V形柱等不同类型的柱，给面积计算带来许多争议，因此，我们现在不以柱来确定面积的计算，而依据顶盖的水平投影面积计算。在车棚、货棚、站台、加油站、收费站内设有围护结构的管理室、休息室等，另按《建筑工程建筑面积计算规范》(GB/T 50353—2005)相关条款计算面积。

19. 高低联跨的建筑物的建筑面积如何计算？

高低联跨的建筑物，应以高跨结构外边线为界分别计算建筑面积。

【例 1-30】 如图 1-29 所示高低联跨建筑物，试计算其建筑面积。

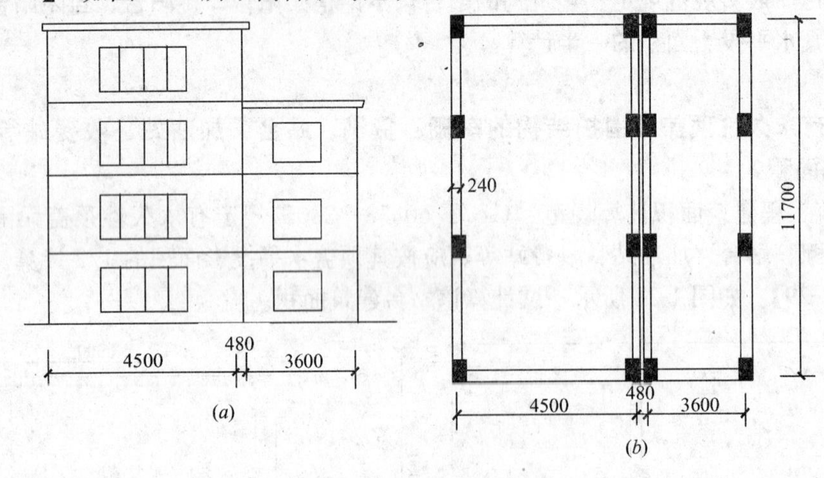

图 1-29 某高低联跨建筑物

(a) 立面图；(b) 水平断面图

【解】 (1) 正确的计算方法：

根据《建筑工程建筑面积计算规范》(GB/T 50353—2005)可知该建筑物建筑面积应以高跨外边线为界分别计算建筑面积。

$$
\begin{aligned}
S_{高} &= (4.5+0.24)\times(11.7+0.24)\times 4 \\
&= 56.60\times 4 \\
&= 226.40\text{m}^2
\end{aligned}
$$

$$
\begin{aligned}
S_{低} &= (3.6+0.24)\times(11.7+0.24)\times 3 \\
&= 3.84\times 11.94\times 3 \\
&= 45.84\times 3 = 137.55\text{m}^2
\end{aligned}
$$

伸缩缝的建筑面积：

$$
\begin{aligned}
S_{伸} &= (0.48-0.24)\times(11.7+0.24) \\
&= 0.24\times 11.94 \\
&= 2.87\text{m}^2
\end{aligned}
$$

故该高低联跨的建筑物的建筑面积为：

$$
S_{高} = 226.40\text{m}^2
$$

$$
\begin{aligned}
S_{总低} &= S_{低} + S_{伸}\times 3 \\
&= 137.55+2.87\times 3 \\
&= 146.16\text{m}^2
\end{aligned}
$$

$$
\begin{aligned}
S_{总} &= S_{高} + S_{总低} \\
&= 226.4 + 146.16 \\
&= 372.56\text{m}^2
\end{aligned}
$$

(2) 错误的计算方法：

该建筑物建筑面积为：

$$
\begin{aligned}
S_{总} &= S_{高} + S_{低} \\
&= 226.40 + 137.55 \\
&= 363.95\text{m}^2
\end{aligned}
$$

【分析】 错误计算方法(2)没有把变形缝的建筑面积合并在建筑物面积内。且此处伸缩缝建筑面积应并在低跨建筑面积内，高、低跨建筑物建筑面积分开计算建筑面积。

20. 伸缩缝建筑面积应如何计算？

建筑物的变形缝，应按其自然层合并在建筑物面积内计算：高低联跨的建筑物，若内部连通，则变形缝应计算在低跨面积内。

二、土（石）方工程

1. 爆破岩石工程量如何计算？

爆破岩石工程量按图示尺寸以立方米计算，其沟槽、基坑深度、宽允许超挖量：次坚石：200mm，特坚石：150mm，并且超挖部分岩石并入岩石挖方量之内计算。

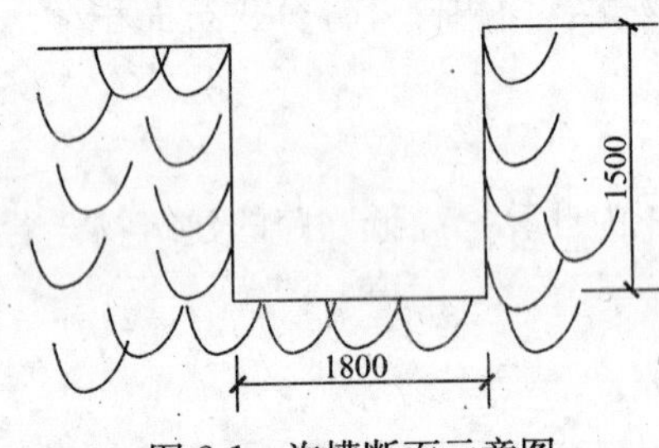

图 2-1 沟槽断面示意图

【例 2-1】 已知岩石类别为次坚石，欲爆破开挖一长约 190m 的沟槽，其断面如图 2-1 所示，求爆破开挖岩石工程量。

【解】 (1) 正确的计算方法：

1) 爆破岩石沟槽深度、宽允许超挖量：次坚石：200mm，特坚石：150mm

2) 此开挖岩石为次坚石，所以允许超挖量为 200mm

3) 断面面积＝(1.5＋0.2)×(1.8＋0.2)＝3.4m^2

4)开挖岩石工程量＝断面面积×沟槽长度

＝3.4×190＝646m^3

套用基础定额 1-92

清单工程量计算见下表：

清单工程量计算表

项目编码	项目名称	项目特征描述	计量单位	工程量
010102002001	石方开挖	岩石类别为次坚石	m^3	646

(2) 错误的计算方法：

1) 断面面积＝1.8×1.5＝2.7m^2

2) 开挖岩石工程量＝断面面积×沟槽长度＝2.7×190＝513m^3

套用基础定额 1-92

【分析】 爆破岩石的工程量计算时，应计算超挖部分的岩石，此点应引起广大工程人员的广泛关注，是许多工程人员最易犯的一个原则性错误，所以值得引起重视。

2. 建筑物室内回填土工程量如何计算？

室内回填土工程量按主墙间净面积乘以回填厚度，以立方米计算。

【例 2-2】 试计算如图 2-2 所示的室内回填土工程量。

【解】 (1) 正确的计算方法：

1) 室内回填土厚度＝0.3m

2) 室内净面积＝(4.0－0.24)×(4.0－0.24)×2＋(6.0－0.24)×(3.0－0.24)＋(5.0

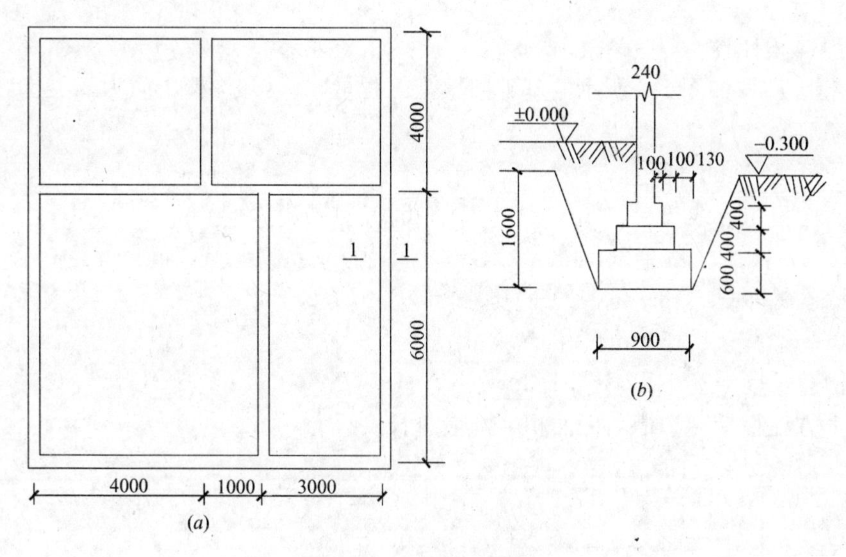

图 2-2 回填土示意图

(a) 平面图；(b) 立面图

－0.24)×(6.0－0.24)

＝28.28＋15.90＋27.42

＝71.60m²

3) 室内回填土工程量＝室内净面积×室内回填土厚度

＝71.60×0.3＝21.48m³

套用基础定额 1-46

清单工程量计算见下表：

清单工程量计算表

项目编码	项目名称	项目特征描述	计量单位	工程量
010103001001	土(石)方回填	夯填	m³	21.48

(2) 错误的计算方法：

1) 室内回填土厚度＝0.3m

2) 室内面积＝4.0×4.0×2＋6.0×3.0＋5.0×6.0m²＝32＋18＋30m²＝80m²

3) 室内回填土工程量＝室内面积×室内回填土厚度

＝80×0.3

＝24m³

套用基础定额 1-46

【分析】 在计算建筑物室内回填土工程量时不能按轴线间距离计算室内面积，而应取主墙间的净距计算室内面积然后再乘以平均回填土厚度以立方米计算。

3. 基础回填土工程量如何计算？

沟槽、基坑回填体积必须以挖方体积减去设计室外地坪以下埋设砌筑物(包括基础垫层、基础等)体积计算。

【例 2-3】 计算如图 2-2 所示的基础回填土工程量。(已知沟槽土质为三类土，人工开挖，$K=0.33$)

【解】 (1) 正确的计算算方法：

1) 外墙沟槽中心线长 $=(4.0+1.0+3.0+6.0+4.0)\times2$

$=36\text{m}$

2) 内墙沟槽净长 $=(8.0-0.9)+(6.0-0.9)+(4.0-0.9)$

$=15.3\text{m}$

3) 沟槽总长度 $=36+15.3=51.3\text{m}$

4) 挖土方工程量 = 沟槽断面面积 × 沟槽总长度

$=(0.9+0.9+2KH)\times1.6\times\frac{1}{2}\times51.3$

$=(1.8+2\times0.33\times1.6)\times0.8\times51.3$

$=117.2\text{m}^3$

套用基础定额 1-8

5) 基础体积 $=[0.24\times(1.6-0.4\times2-0.6)+(0.9\times0.6)+0.4\times0.64+(0.4\times0.44)]\times51.3$

$=(0.048+0.54+0.256+0.176)\times51.3$

$=52.33\text{m}^3$

6) 基础回填土工程量 = 挖土方工程量 − 基础体积

$=117.2-52.33$

$=64.87\text{m}^3$

套用基础定额 1-46

清单工程量计算见下表：

清单工程量计算表

项目编码	项目名称	项目特征描述	计量单位	工程量
010103001001	土(石)方回填	夯填	m^3	64.87

(2) 错误的计算方法：

1) 外墙沟槽中心线距离 $=(4.0+1.0+3.0+6.0+4.0)\times2$

$=36\text{m}$

2) 内墙沟槽净长线距离 $=(8.0-0.9)+(6.0-0.9)+(4.0-0.9)=15.3\text{m}$

3) 沟槽总长度 $=36+15.3\text{m}=51.3\text{m}$

4) 挖土方工程量 = 沟槽断面面积 × 沟槽总长度

$=(0.9+0.9+2KH)\times1.6\times\frac{1}{2}\times51.3$

$=(1.8+2\times0.33\times1.6)\times0.8\times51.3$

$=117.2\text{m}^3$

套用基础定额 1-8

5）基础体积＝{0.24×(1.6＋0.3)＋[(0.9×0.6)＋(0.4×0.64)＋(0.4×0.44)]}×51.3

＝(0.456＋0.54＋0.256＋0.176)×51.3

＝73.26m³

6）基础回填土工程量＝挖土方工程量－基础体积

＝117.2－73.26m³

＝43.94m³

套用基础定额 1-46

【分析】 在计算基坑沟槽回填土工程量应以挖方体积减去设计室外地坪以下埋设砌筑物（包括：基础垫层、基础等）的体积计算，而不应以挖土方工程量减去设计室内地坪以下埋设砌筑物的体积来进行计算，此点应引起广大工程人员的充分重视。

4. 什么是平整场地？如何计算平整场地的工程量？

平整场地是指厚度在±300mm 以内的挖、填找平。平整场地工程量按建筑物（或构筑物）底面积的外边线每边各加 2m 计算。

【例 2-4】 计算如图 2-3 所示的场地平整工程量。（三类土）

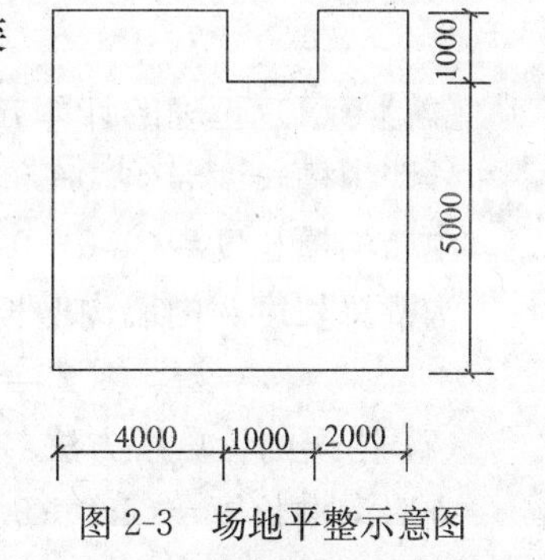

图 2-3　场地平整示意图

【解】（1）正确的计算方法：

$S_{平}=S_{底}+2L_{外}+16$

＝(4.0＋1.0＋2.0)×(5.0＋1.0)－1.0×1.0＋2×[(4＋1＋2＋5＋1)×2＋1＋1]＋16m²

＝42－1＋56＋16

＝113m²

套用基础定额 1-48

(2) 错误的计算方法：

场地平整工程量＝(4.0＋1.0＋2.0)×(5.0＋1.0)－(1.0×1.0)

＝42－1＝41m²

套用基础定额 1-48

清单工程量计算见下表：

清单工程量计算表

项目编码	项目名称	项目特征描述	计量单位	工程量
010101001001	平整场地	三类土	m²	113

【分析】 错误的算法之所以错误是因为它只计算了场地所围的面积；而正确的计算方法应是按建筑物（或构筑物）底面的外边线每边各加 2m 之后以平方米计算。

5. 何为沟槽？沟槽长度如何计算？

凡图示沟槽底宽在 3m 以内，且沟槽长大于槽宽三倍以上的，为沟槽；

沟槽长度，外墙按图示中心线长度计算；内墙按图示基础底面之间净长线长度计算。

【例 2-5】 计算如图 2-4 所示的沟槽总长度。

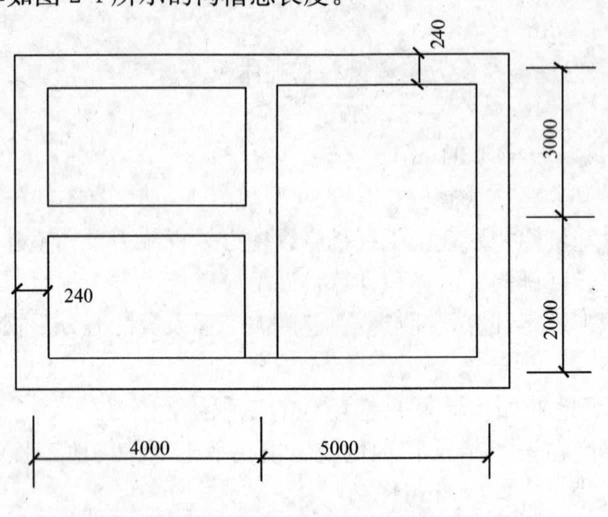

图 2-4 沟槽平面示意图

【解】 (1) 正确的计算方法：

外墙沟槽长度=(4.0+5.0+2.0+3.0)×2=28m

内墙沟槽长度=(4.0−0.24)+(3.0+2.0−0.24)=8.52m

沟槽总长度=内墙沟槽长度+外墙沟槽长度

=28+8.25=36.52m

(2) 错误的计算解方法：

外墙沟槽长度=(4.0+5.0+2.0+3.0)×2m=28m

内墙沟槽长度=(4+3+2)m=9m

沟槽总长度=外墙沟槽长度+内墙沟槽长度=(28+9)m=37m

【分析】 (2) 算法之所以错是因为，它在算内墙沟槽长度时偏离了沟槽长度的计算规则，沟槽长度的计算规则规定：外墙沟槽长度按图示中心线长度计算；内墙沟槽长度按图示基础底面之间净长线长度计算。

6. 人工挖沟槽需支挡土板时，挖土方工程量如何计算？

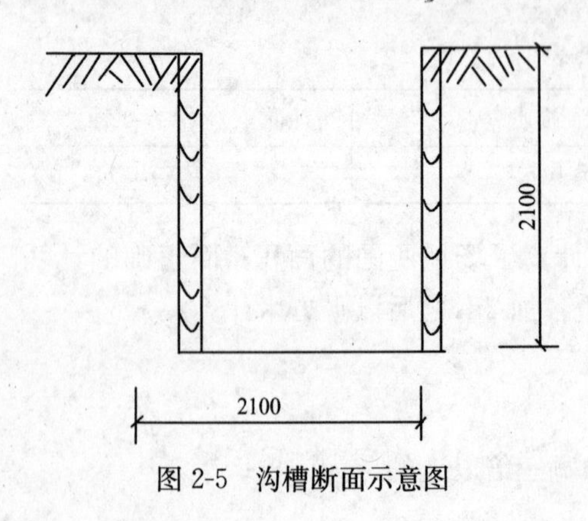

图 2-5 沟槽断面示意图

人工挖沟槽需支挡土板时，挖土方工程量按沟槽底宽单面支挡土板时加 10cm，双面支挡土板时加 20cm，以体积计算。

【例 2-6】 求如图 2-5 所示人工开挖沟槽工程量。(已知沟槽总长度为 56m，二类土)

【解】 (1) 正确的计算方法：

沟槽断面积=(2.1+0.2)×2.1=4.83m^2

挖沟槽工程量=沟槽断面积×槽长

=4.83×56=270.48m^3

套用基础定额 1-6

清单工程量计算见下表：

清单工程量计算表

项目编码	项目名称	项目特征描述	计量单位	工程量
010101002001	挖土方	挖土断面为2100×2100	m^3	270.48

（2）错误的计算方法：

沟槽断面积＝2.1×2.1＝4.41m^2

挖沟槽工程量＝沟槽断面积×槽长＝4.41×56＝246.96m^3

套用基础定额 1-6

【分析】 在计算挖沟槽工程量时，应区分出支挡土板和不支挡土板，支挡土板时应区分单面支挡土板和双面支挡土板，单面支挡土板时，应在原沟槽底宽上加10cm，然后以体积计算；双面支挡土板时应加20cm，以体积计算；不支挡土板时按净沟槽底宽然后以体积计算挖土方工程量。

7. 浆砌毛石基础施工时所需工作面宽度如何确定？试计算挖土方工程量？

各种形式的基础施工所需工作面可按下表 2-1 规定确定。

基础施工所需工作面宽度　　　表 2-1

基　础　材　料	每边各增加工作面宽度/mm
砖基础	200
浆砌毛石、条石基础	150
混凝土基础垫层支模板	300
混凝土基础支模板	300
基础垂直面做防水层	800（防水层面）

基础挖土方工程量按沟槽底宽加上工作面宽度后，以 m^3 计算。

【例 2-7】 试计算如图 2-6 所示毛石基础的挖土方工程量。(已知沟槽总长为 110m，二类土)

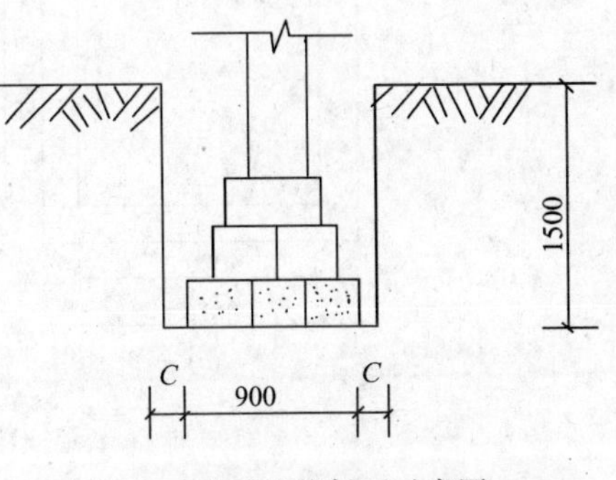

图 2-6　毛石基础断面示意图

【解】 （1）正确的计算方法：

1）毛石基础施工每边应增加的工作面 C＝150mm。

2）沟槽底宽＝900＋2×150＝1200mm

3）沟槽断面面积＝沟槽底宽×沟槽深度

＝1.2×1.5＝1.8m^2

4）挖土方工程量＝沟槽断面面积×沟槽总长度

＝1.8×110＝198m^3

套用基础定额 1-5

清单工程量计算见下表：

清单工程量计算表

项目编码	项目名称	项目特征描述	计量单位	工程量
010101003001	挖基础土方	毛石基础，垫层底宽 0.9m，挖土深 1.5m	m^3	0.9×1.5×110=148.5

（2）错误的计算方法：

1）沟槽断面面积

$$S=0.9\times1.5=1.35m^2$$

2）挖土方工程量

$$V=\overline{S}\cdot L=1.35\times110=148.5m^3$$

套用基础定额 1-5

【分析】 各种基础沟槽开挖时，挖土方工程量不能以垫层宽度乘以挖深然后再乘以沟槽总长度进行计算，而应该加上各种基础施工时所需的工作面宽度，然后按体积计算。

8. 开挖基坑时的放坡系数如何确定？挖基坑土方工程量如何计算？

基坑开挖时的放坡系数是根据地质勘测资料所提供的数据确定的，具体确定见表2-2。

放坡系数表　　表 2-2

土壤类别	放坡起点	人工挖土	机械挖土	
			在坑内作业	在坑上作业
一、二类土	1.20	1∶0.5	1∶0.33	1∶0.75
三类土	1.50	1∶0.33	1∶0.25	1∶0.67
四类土	2.00	1∶0.25	1∶0.10	1∶0.33

按图示尺寸加上放坡后尺寸以体积计算。

【例 2-8】 已知一方形地坑采用人工开挖，地坑尺寸 4m×4m，挖深 2.5m，如图2-7所示，放坡不留工作面，求挖土方工程量。（三类土）

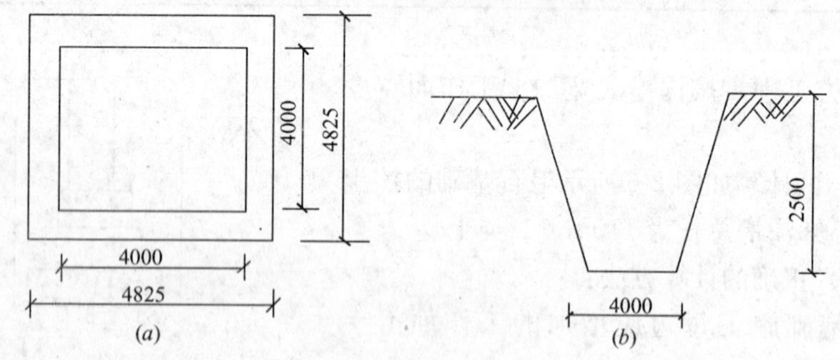

图 2-7 方形地坑示意图

(a) 平面图；(b) 立面图

【解】（1）正确的计算方法：

1）由放坡系数表查得 $K=0.33$

2）$KH=0.33\times2.5=0.825m$

3）挖土方工程量

$$V=4\times(4+KH)\times H+\frac{1}{3}K^2H^3$$

$=4\times(4+0.825)\times2.5+\frac{1}{3}\times0.33^2\times2.5^3$

$=48.25+0.567$

$=48.82\text{m}^3$

套用基础定额 1-18

清单工程量计算见下表：

清单工程量计算表

项目编码	项目名称	项目特征描述	计量单位	工程量
010101002001	挖土方	地坑尺寸 4m×4m，挖深 2.5m，三类土	m^3	48.82

（2）错误的计算方法：

挖土方工程量

$$V=4\times4\times2.5=40\text{m}^3$$

套用基础定额 1-18

【分析】 在计算挖沟槽或挖地坑工程量时，若规定了开挖时采用放坡开挖，计算挖土方工程量时一定要先把放坡尺寸加上，然后再计算，才能得出正确的结果。

9. 土石方工程量计算是按室内设计标高还是按室外设计标高？

土石方工程量计算时均按室外设计标高进行计算。

【例 2-9】 已知在土质类别为四类土的地区人工开挖一长为 185m 的基础沟槽，沟槽断面尺寸如图 2-8 所示，试计算人工挖土方工程量。

【解】（1）正确的计算方法：

1）沟槽断面面积$=1.8\times2.0=3.6\text{m}^2$

2）人工挖土方工程量

$=$沟槽断面面积×沟槽总长度

$=3.6\times185=666\text{m}^3$

套用基础定额 1-11

清单工程量计算见下表：

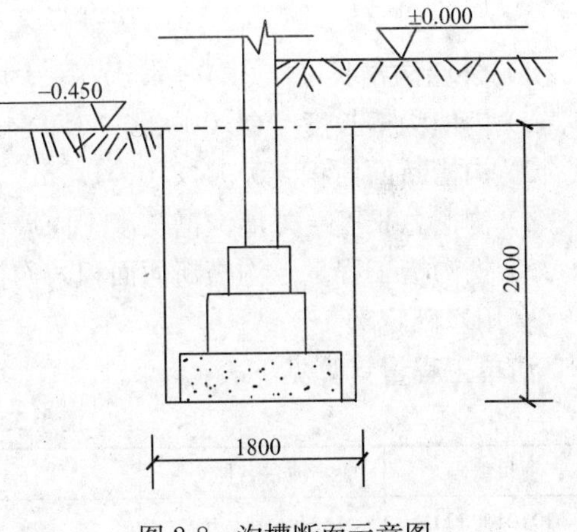

图 2-8 沟槽断面示意图

清单工程量计算表

项目编码	项目名称	项目特征描述	计量单位	工程量
010101003001	挖基础土方	四类土，挖土深 2m	m^3	666

（2）错误的计算方法：

1）沟槽断面面积

$$S_{断}=1.8\times(2.0+0.45)=4.41\text{m}^2$$

2）挖土方工程量

$$V=S_{断}\times沟槽总长=4.41\times185\text{m}^3=815.9$$

套用基础定额 1-11

【分析】 在计算挖土方工程量时，应严格按照设计室外地坪标高为准进行计算，而不能以设计室内标高为准进行计算。

10. 挖基础沟槽土方量如何计算?

挖基础沟槽土方量等于基础沟槽总长度（外墙中心线长度＋内墙沟槽净长度）乘以沟槽断面面积以体积计算。

【例 2-10】 计算如图 2-9 所示的挖沟槽工程量。（三类土）

【解】（1）正确的计算方法：

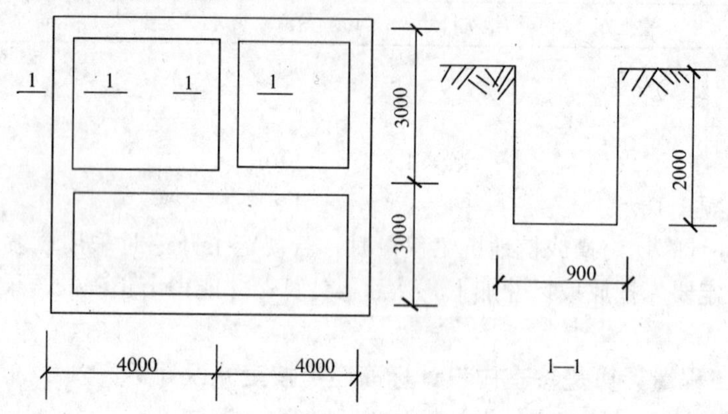

图 2-9 沟槽示意图

1）外墙沟槽长度＝(4.0＋4.0)＋(3.0＋3.0)×2＝28.0m

2）内墙沟槽长度＝(4.0＋4.0－0.9)＋(3.0－0.9)＝9.2m

3）沟槽断面面积＝0.9×2.0＝1.8m^2

4）沟槽总长度＝外墙沟槽长度＋内墙沟槽长度＝28.0＋9.2＝37.2m

5）挖沟槽工程量＝沟槽断面面积×沟槽总长度＝1.8×37.2＝66.96m^3

套用基础定额 1-8

清单工程量计算见下表：

清单工程量计算表

项目编码	项目名称	项目特征描述	计量单位	工程量
010101003001	挖基础土方	三类土，挖土深 2m	m^3	66.96

（2）错误的计算方法：

1）外墙沟槽长度＝[(4.0＋4.0)＋(3.0＋3.0)]×2＝28m

2）内墙沟槽长度＝4.0＋4.0＋3.0＝11.0

3）沟槽断面面积＝0.9×2.0＝1.8m^2

4）沟槽总长度＝外墙沟槽长度＋内墙沟槽长度＝28.0＋11.0＝39.0m

5）挖沟槽工程量＝沟槽断面积×沟槽总长度＝1.8×39.0＝70.2m^3

套用基础定额 1-8

【分析】 两种算法相比较知：错误的解法之所以错是因为它在算内外墙交接处的挖方量时重算了一部分，因而计算结果偏大；而实际上在算挖方工程量时应扣除墙与墙交接处重算的部分，具体一般的做法是在算内墙沟槽长度时应取内墙沟槽的净长度而不应取中心线长度，此点应特别引起大家注意。

11. 管道沟槽的长度怎样计算？如何计算挖槽工程量？

挖管道沟槽按图示中心线长度进行计算。

挖管道沟槽工程量等于沟底宽度乘以沟槽开挖深度再乘以开挖沟槽总长度以体积计算。

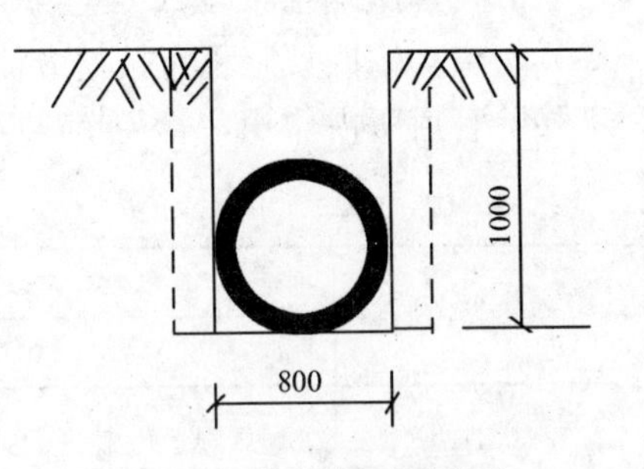

图 2-10 沟槽断面示意图

【例 2-11】 设某地区欲铺设直径为 800mm 的铸铁管道 185m，如图 2-10 所示，求开挖土方工程量。(如图 2-10 所示沟槽断面)(三类土)

【解】 (1) 正确的计算方法：

1) 挖管道沟槽时，若沟底宽度设计有规定的，按设计规定尺寸计算；若设计无规定的，可按表 2-3 计算。

管道地沟沟底宽度计算表 **表 2-3**

管径/mm	铸铁管、钢管 石棉水泥管	混凝土、钢筋混凝土、 预应力混凝土管	陶土管
50～70	0.60	0.80	0.70
100～200	0.70	0.90	0.80
250～350	0.80	1.00	0.90
400～450	1.00	1.30	1.10
500～600	1.30	1.50	1.40
700～800	1.60	1.80	
900～1000	1.80	2.00	
1100～1200	2.00	2.30	
1300～1400	2.20	2.60	

由此表查得，此题管道沟底宽度应为 1.60m。

2) 沟槽断面积$=1.60\times1.0=1.60\text{m}^2$

3) 管道沟槽挖土方工程量=沟槽断面面积×沟槽长度

$$=1.6\times185=296\text{m}^3$$

套用基础定额 1-8

清单工程量计算见下表：

清单工程量计算表

项目编码	项目名称	项目特征描述	计量单位	工程量
010101006001	管沟土方	三类土，管外径为 800mm，挖沟深度为 1m	m	185

(2) 错误的计算方法：

1) 沟槽断面面积

$$S_{断}=0.8\times1.0=0.8\text{m}^2$$

2) 挖土方工程量

$$V=S_{断}\cdot L=0.8\times185=148\text{m}^3$$

套用基础定额 1-8

【分析】 管道开挖土方工程量不能直接按管道直径乘以挖槽深度再乘以沟槽总长度

来计算；而应该按管道沟槽规定底宽或按表 2-3 查得的沟底宽度乘以挖槽深度然后再乘以沟槽总长度以体积计算。

12. 管道沟槽回填工程量如何计算？

管道沟槽回填工程量按挖方体积减去管径所占体积计算，但当管径在 500mm 以下的不扣除管道所占体积，管径超过 500mm 以上时应按表 2-4 规定扣除管道所占体积计算。

管道扣除土方体积表　　表 2-4

管道名称	管道直径/mm					
	501～600	601～800	801～1000	1101～1200	1201～1400	1401～1600
钢管	0.21	0.44	0.71			
铸铁管	0.24	0.49	0.77			
混凝土管	0.33	0.60	0.92	1.15	1.35	1.55

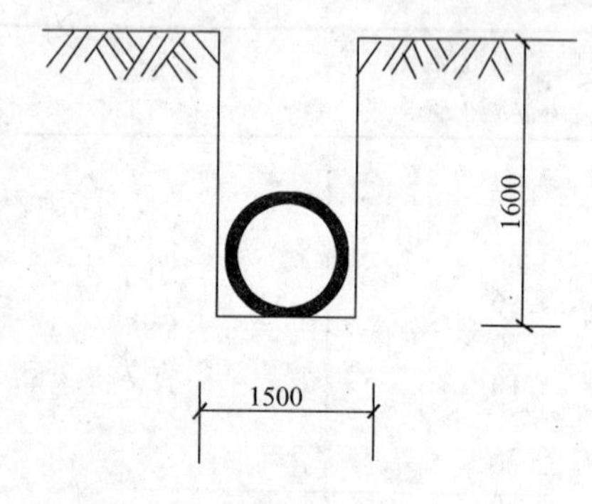

图 2-11　管道沟槽断面示意图

【例 2-12】 已知某都市村庄欲铺设一直径为 500mm 的混凝土排水管道，管道总长度为 1548m，管道沟槽尺寸如图 2-11 所示，求管道沟槽回填土工程量。（二类土）

【解】（1）正确的计算方法：

1）管道沟槽断面面积＝1.5×1.6

＝$2.4m^2$

2）管道沟槽挖土方工程量

＝沟槽断面面积×沟槽总长度

＝2.4×1548

＝$3715.2m^3$

套用基础定额 1-5

3）由于采用直径为 500mm 的混凝土管道，所以管道所占体积可以忽略不予扣除（由表 2-4 得知）

4）管道沟槽回填土工程量＝沟槽挖土方工程量

＝$3715.2m^3$

套用基础定额 1-45

清单工程量计算见下表：

清单工程量计算表

项目编码	项目名称	项目特征描述	计量单位	工程量
010103001001	土（石）方回填	夯填、二类土	m^3	3715.2

（2）错误的计算方法：

1）沟槽断面面积＝1.5×1.6＝$2.4m^2$

2）管道沟槽挖土方工程量＝沟槽断面面积×沟槽总长度

＝2.4×1548＝$3715.2m^3$

套用基础定额 1-5

3）管道所占体积（直径 500mm）

$$=\pi R^2 \cdot l=3.1416\times\left(\frac{0.5}{2}\right)^2\times1548=303.9\text{m}^3$$

4）管道沟槽回填土工程量＝管道沟槽挖土方工程量－管道所占体积

$$=3715.2-303.9$$

$$=3411.3\text{m}^3$$

套用基础定额 1-45

【分析】 在计算管道沟槽回填土工程量时，当此管道所采用直径大于 500mm 时，应按表 2-4 扣除管道所占土方体积，当所采用管道直径小于 500mm 时，管道所占土方体积可以忽略而不予扣除。

三、桩基础与地基工程

1. 在灌注桩工程中，工程内容主要有哪些，工程量应如何计算？

工程内容主要包括成孔、填注材料制作、运输、填充振捣，泥浆的制作、运输、清理等项。工程量计算时，按设计桩长（包括桩尖，不扣除虚体积）增加250mm乘以成孔孔外径截面面积，以m^3计算。如采用预制钢筋混凝土桩尖者，其桩长扣除桩尖长度，桩尖按个计算。

在这里，经常出现两个错误，广大工程技术人员一定要注意，避免犯类似的计算性错误，第一个错误是在计算工程量时，桩长未增加250mm，导致计算错误；第二个错误是采用预制钢筋混凝土桩尖者，桩长也没有扣除桩尖长度，导致计算错误。如下例所示：

【例3-1】 如图3-1所示，沉管灌注桩采用钢筋混凝土预制桩尖，管径为450mm，试计算其工程量。（一级土）

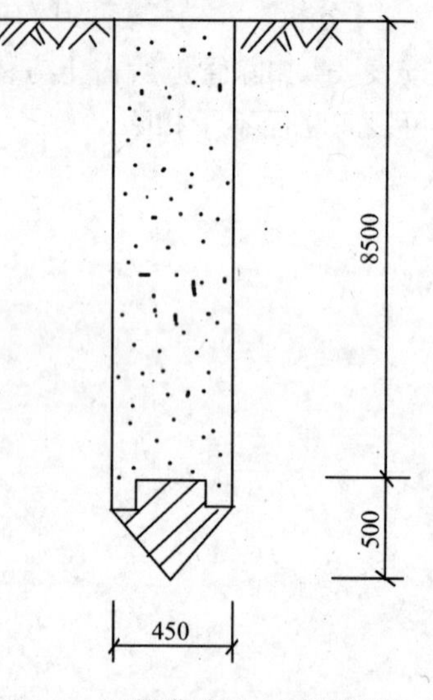

图3-1 沉管灌柱桩立面示意图

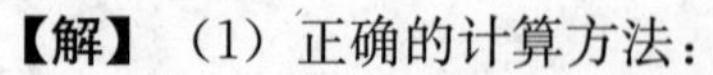

【解】 (1) 正确的计算方法：

工程量$=(8.5+0.25)\times\pi\times\frac{1}{4}\times0.45^2=1.39m^3$

套用基础定额2-61

清单工程量计算见下表：

清单工程量计算表

项目编码	项目名称	项目特征描述	计量单位	工程量
010201003001	混凝土灌注桩	沉管灌注桩，管径为450mm，单根桩长9m	m	9

(2) 错误的计算方法：

错误解法1： 工程量$=8.5\times\pi\times\frac{1}{4}\times0.45^2=1.35m^3$

套用基础定额2-69

错误解法2： 工程量$=(8.5+0.5)\times\pi\times\frac{1}{4}\times0.45^2=1.43m^3$

套用基础定额2-77

错误解法3：工程量$=(8.5+0.5+0.25)\times\pi\times\frac{1}{4}\times0.45^2=1.47m^3$

套用基础定额2-85

【分析】 以上三种错误解法均反映了一个实际问题，在现场施工过程中，由于考虑到施工的各个环节的相互作用以及实际情况，在计算工程量时，桩长一般加上 250mm 计算更贴近实际情况，所以错误解法 1）和错误解法 2）错误。而采用预制钢筋混凝土桩尖者，应扣除桩尖所占体积，故桩长应减去桩尖长度。通过以上的例子，我们可以看到人们经常犯的错误，作为工程技术人员，我们定要仔细认真，避免再犯类似的错误。

2. 预制钢筋混凝土板桩，其接桩工程量应如何计算？

首先按清单计算时，由清单工程量计算规则得知，板桩的接桩工程量按板桩接头长度计算，而其他桩按接头数量计算。在定额计算时，若采用电焊接桩桩头，以个计算，若用硫磺胶泥接桩按桩断面以平方米计算。

在这个计算过程中，我们经常会遇到两个问题。首先，我们在按清单计算时，会有这样的认识，认为凡是预制钢筋混凝土桩接桩工程量统一按接头个数计算，这是错误的，另一个问题是我们在按定额计算时，会错误地认为不论哪种接桩方式都按接桩断面以平方米计算，这两种错误出现在大多数初搞工程估价行业的技术人员中，在这里，要加强认识、纠正错误思想，选择正确的计算方法。下面以一个例子来说明这两个问题。

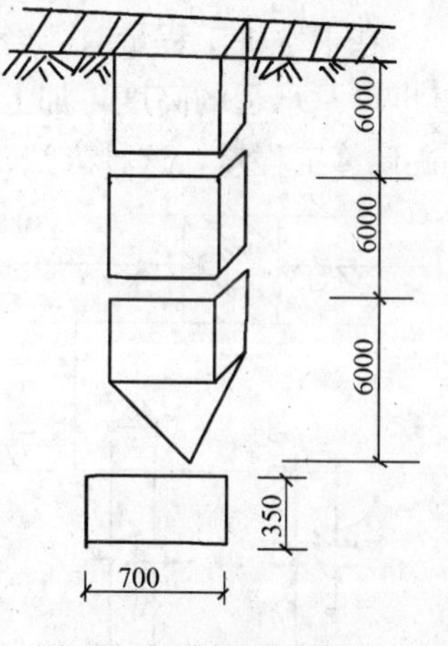

图 3-2　预制钢筋混凝土板桩示意图

【例 3-2】 如图 3-2 所示，某工程桩基采用预制钢筋混凝土板桩，桩设计全长 18m，单桩长 6m，由三根桩以硫磺胶泥接桩，桩截面尺寸为 700mm×350mm，共有板桩 120 根，求其接桩工程量。

【解】（1）正确的计算方法：

1）清单计算：

按设计桩图示尺寸以桩接头长度计算，则可计算得工程量。

$$0.7\times(3-1)\times120=168\text{m}$$

清单工程量计算见下表：

清单工程量计算表

项目编码	项目名称	项目特征描述	计量单位	工程量
010201002001	接桩	以硫磺胶泥接桩，桩截面尺寸为 700mm×350mm	m	168

注：工程内容包括：桩制作、运输、接桩，材料运输。

2）定额计算：

硫磺胶泥接桩按桩断面以平方米计算。接桩工程量为：

$$0.7\times0.35\times(3-1)\times120=58.8\text{m}^2$$

套用基础定额 2-35

（2）错误的计算方法：

1）清单计算：

$$\text{工程量}=(3-1)\times120=240\text{个}$$

2）定额计算：

$$工程量=(3-1)\times 120=240个$$

套用基础定额 2-35

【分析】 从以上的例子中，我们可以看到广大人员经常所犯的错误，这种错误的产生，根源就在于对定额和清单的计算规则了解不够，只是片面地理解了计算规则，而没注意到一些细节问题，所以，我们要引以为戒，加强这方面的训练。

3. 如何计算空桩工程量？

空桩是指在打桩完成后空留下来的孔洞。在打预制桩工程中为了把桩打至设计土位，而要用冲桩来打桩（当桩顶没入地表以下时），而当桩工程完成后拔出冲桩而留下的空洞即为空桩。在灌注桩工程中，为了施工的方便和其他原因，桩顶离自然地面之间留有一定的距离，此之间的成孔工程量即为空桩工程量。空桩工程量以设计图示尺寸以 m^3 计算。空桩的高度即为桩顶表面到地面的距离。

在求空桩工程量时，经常出现的问题在于错误地计算了空桩的高度。有些人认为空桩高度就是承台的高度再加上承台上顶面与地面之间的距离。再考虑桩的截面尺寸，从而以 m^3 计算工程量，这种方法是错误的。因为在承台与桩连接的过程中，为了更牢固地结合，桩顶的一部分伸入到承台当中去，而这部分在施工中也是属于桩的一部分，而不是空桩的一部分，下面以例子说明此问题。

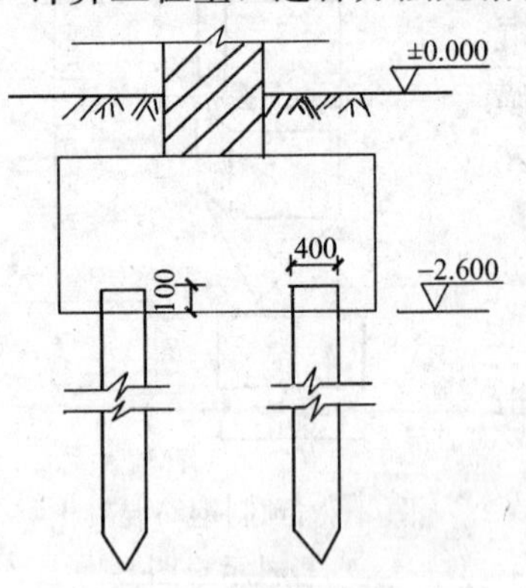

图 3-3 预制钢筋混凝土桩立面示意图

【例 3-3】 某工程采用轨道式柴油打桩机打预制钢筋混凝土桩，桩上浇筑承台，承台下有 4 根桩，每根桩长 8m，如图 3-3 所示，管桩管径为 400mm，求其空桩工程量。（二级土）

【解】 (1) 正确的计算方法：

1) 清单计算：

$$空桩工程量=(2.6-0.1)\times 4m=10m$$

清单工程量计算见下表：

清单工程量计算表

项目编码	项目名称	项目特征描述	计量单位	工程量
010201001001	预制钢筋混凝土桩	二级土，单桩长 8m，管桩管径 400mm	m	10

注：工程内容包括：成孔、固壁等。

2)定额计算：

$$工程量=\pi\times\frac{1}{4}\times 0.4^2\times(2.6-0.1)\times 4=1.26m^3$$

套用基础定额 2-2（不计材料费）

(2) 错误的计算方法：

1) 清单计算：

$$工程量=2.6\times 4=10.4m$$

2) 定额计算：

$$工程量=\pi\times\frac{1}{4}\times0.4^2\times2.6\times4=1.31m^3$$

套用基础定额 2-2（不计材料费）

【分析】 从上述例题中，我们可以总结出一些做类似工程项目的经验，只要我们正确理解了桩与承台的定义和关系，就能够正确分辨出空桩的高度，从而求出空桩的工程量。

4. 何谓扩大桩，其工程量如何计算？

扩大桩亦称扩大灌注桩，复打桩，是在后来已经打完的桩位继续打桩，即在第一次将混凝土灌注到设计标高，拔出钢管后，在原桩位再合好活瓣桩尖或埋设预制桩尖作第二次灌注混凝土，称为复打扩大桩。

复打扩大桩工程量按图示结构尺寸以立方米计算，则扩大桩工程量按单桩工程量乘以次数计算。在扩大桩工程量求解的时候，我们经常会问一个问题，这个次数是打桩总次数（即包括第一次打桩）还是复打次数，这个问题不搞明白，我们就很难准确地计算扩大桩工程量，其实在这里的次数是指扩大桩打桩总次数，在某些书中，作者写成复打次数，是不准确的。所以说，广大工程技术人员很可能就会犯这样的一错误，求桩工程量时会少算一次单桩工程量，这主要是因对次数理解的不到位造成的。下面以例题来说明这个问题。

【例 3-4】 某工程采用复打扩大桩基，现场灌注混凝土，钢管外径 450mm，采用扩大桩复打二次，桩深 8m，共有桩 64 根，求其扩大桩体积。如图 3-4 所示。

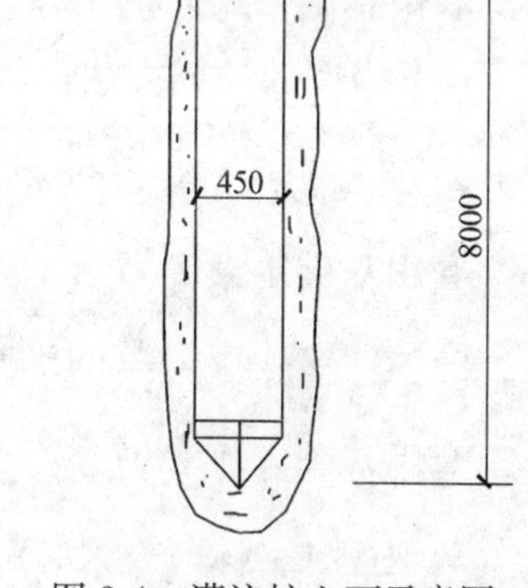

图 3-4　灌注桩立面示意图

【解】（1）正确的计算方法：

扩大桩体积 V = 单桩体积×(复打次数+1)×根数

$$=\pi\times\frac{1}{4}\times0.45^2\times8\times(2+1)\times64$$

$$=244.29m^3$$

清单工程量计算见下表：

清单工程量计算表

项目编码	项目名称	项目特征描述	计量单位	工程量
010201003001	混凝土灌注桩	复打扩大桩，钢管外径 450mm，桩深 8m	根	64

（2）错误的计算方法：

$$扩大桩体积=单桩体积\times次数\times根数=\pi\times\frac{1}{4}\times0.45^2\times8\times2\times64=162.86m^3$$

【分析】 扩大桩的工程量计算过程中扩大桩的体积按单桩体积乘以次数计算，在此的次数表示打桩总次数。

5. 泥浆运输量应如何计算？

在灌注桩工程中，首先要成孔，在成孔过程中，要挖出一定的地下土，这些土将制作成泥浆而运输出施工场地，在这个过程中，我们就要遇到泥浆运输量的工程问题。在实际施工过程中，泥浆运输工程量按钻孔体积乘以实际工程施工测定泥浆数量与钻孔体积之比作为系

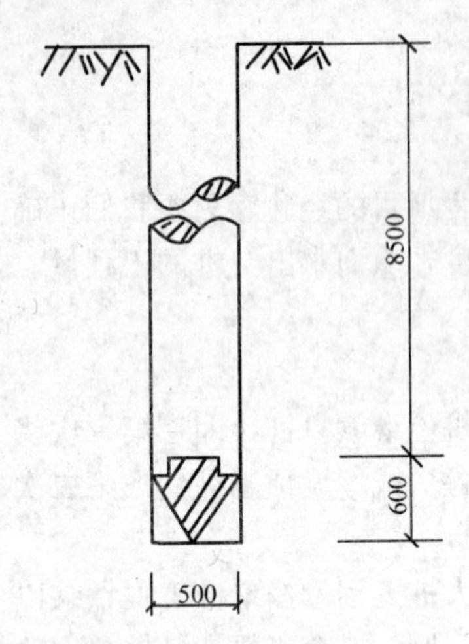

图 3-5 灌注桩立面示意图

数，以立方米计算。

在实际预算过程中，有些从业人员可能会犯这样一个问题，在某些指导书中计算泥浆运输量以泥浆的重量以t计算这是不规范的，在书中指出，每立方米泥浆重4t，然后以t计算泥浆运输工程量，显然，并不是每样土质的密度都一样，这样一来，就有可能产生巨大的误差，况且这也不符合工程量计算规则。下面以例题来说明这个问题。

【例 3-5】 在某工程灌注桩施工中，成孔孔径为500mm，成孔深超过8m，桩底采用预制钢筋混凝土桩尖，桩尖高0.6m，土质为二级，运距3km，求其桩工程中的泥浆运输量。如图 3-5 所示。

【解】 (1)正确的计算方法：

在定额计算规则中，泥浆运输工程量按钻孔体积乘以实际工程施工测定泥浆数量与钻孔体积之比作为系数，以 m^3 计算，故可求得工程量为：

工程量 $=\pi\times\frac{1}{4}\times0.5^2\times(8.5+0.6)\times1.02=1.82m^3$

套用基础定额 2-97

(2) 错误的计算方法：

1) 工程量 $=\pi\times\frac{1}{4}\times0.5^2\times8.5\times1.02=1.70m^3$

套用基础定额 2-97

2) 工程量 $=\pi\times\frac{1}{4}\times0.5^2\times(8.5+0.6)\times4=7.15t$

套用基础定额 2-97

3) 工程量 $=\pi\times\frac{1}{4}\times0.5^2\times(8.5+0.6)\times1.02\times4=7.29t$

套用基础定额 2-97

【分析】 在这里需要说明的是，错误解法 1）中，它错在认识不清楚，在采用预制混凝土桩尖的桩工程中，它错误地认为在求泥浆工程量时应扣除桩尖所占的部分，而在实际工程中，成孔体积包括桩尖所占的体积，所以在计算泥浆工程量时不应扣除，所以说，它的解法是错误的，我们作为工程技术人员，在工程概预算工作中，一定要认真、细致、充分理解定义概念，熟练掌握计算规则，做好自己的业内工作。

6. 在桩工程中，送桩工程量如何计算?

在定额计算规则中，按桩截面面积乘以送桩长度（即打桩架底至桩顶面高度或自桩顶面至自然地坪面另加 0.5m）计算。

在这里我们有两种解法。在题干中，若是具体给出了桩架的高度和桩顶的标高，则我们可以直接按桩架底至桩顶面的高度来计算，第二种情况是题干中未提及桩架底高度，则我们按桩顶面至自然地平面另加 0.5m 的高度计算。在这个地方，也最容易出现两个错误问题，第一在第一种情况下，它错误地又加了 0.5m 来计算高度，第二是在第二种情况下未加 0.5m 来计算高度。这两种错误出现的根源就在于对送桩工程理解的不到位，审题不明，我们只有正确的理解了计算规则，才能正确地计算工程量，下面以一个例题来说明这个问题。

【例 3-6】 某工程桩基采用打预制钢筋混凝土桩，土质为二级，桩径 $D=500$mm，桩长 8m，上部浇筑承台，每座承台下有轨道式柴油打桩机 4 根桩，如图 3-6 所示，共有承台 60 座，求其桩工程中的送桩工程量。

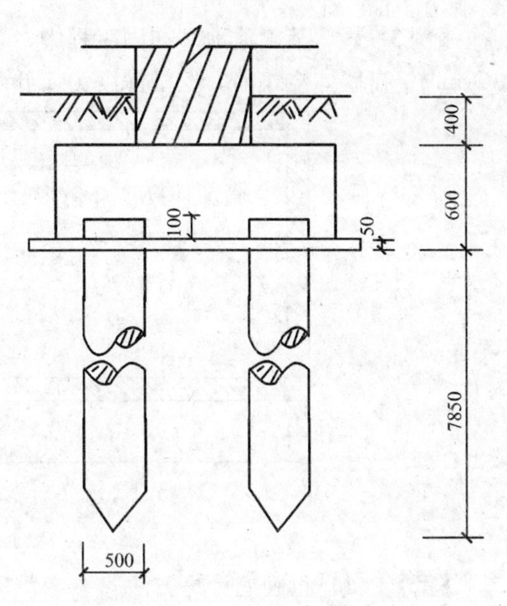

图 3-6 桩承台基础断面示意图

【解】 (1) 正确的计算方法：

$$\pi\times\frac{1}{4}\times0.5^2\times(0.6-0.1-0.05+0.4+0.5)\times4\times60=63.62\text{m}^3$$

套用基础定额 2-2（且综合工日及机械台班乘以系数 1.25）

清单工程量计算见下表：

清单工程量计算表

项目编码	项目名称	项目特征描述	计量单位	工程量
010201001001	预制钢筋混凝土桩	土质为二级，桩径 500mm，桩长 8m	根	4×60=240

(2) 错误的计算方法：

1) 工程量$=\pi\times\frac{1}{4}\times0.5^2\times(0.6+0.4+0.5)\times60\times4=70.68\text{m}^3$

套用基础定额 2-2（且综合工日及机械台班乘以系数 1.25）

【分析】 这种错误解法在于它忽略了桩伸入承台内部的那一部分，送桩的深度是桩顶面向上的高度而不是承台底部的高度。

2) 工程量$=\pi\times\frac{1}{4}\times0.5\times(0.6-0.1-0.05+0.4)\times4\times60=40.05\text{m}^3$

套用基础定额 2-2（且综合工日及机械台班乘以系数 1.25）

【分析】 这种解法错在计算送桩深度时未另加 0.5m 来计算，这是不符合实际情况的，所以导致计算误差较大。

7. 地基处理工程中，地下连续墙工程量如何计算？

地下连续墙工程量计算按设计图示墙中心线长乘以厚度，乘以槽深以体积计算。

在地下连续墙工程量的计算过程中，我们一定要注意的是墙的中心线长乘以厚度再乘以槽深以体积来计算的，而不是墙长或者墙的净长。如果换成墙长容易发生歧义，而墙净长是对内墙来说的，在计算内墙工程量时采用的是净长，往往容易在这个理解上出问题，从而导致计算错误，我们一定要注意，下面以一个例子来更加明确地说明这个问题。

【例 3-7】 某工地地基加固工程中，采用地下连续墙的形式，如图 3-7 所示，墙体厚 300mm，在墙体浇筑前，挖槽深度为 4.6m，二类土，求其工程量。

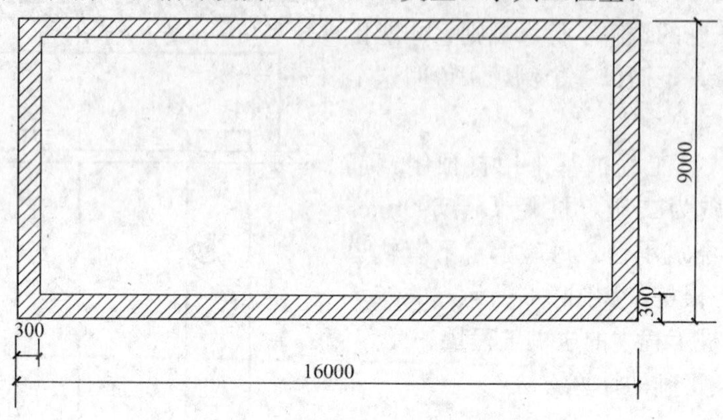

图 3-7 地下连续墙平面示意图

【解】 (1) 正确的计算方法：

工程量＝(16－0.3＋9－0.3)×2×0.3×4.6＝67.34m^3

套用基础定额 1-7

清单工程量计算见下表：

清单工程量计算表

项目编码	项目名称	项目特征描述	计量单位	工程量
010203001001	地下连续墙	墙体厚 300mm，挖槽深度为 4.6m	m^3	67.34

(2) 错误的计算方法：

1) 工程量＝(9＋16)×2×0.3×4.6＝69m^3

套用基础定额 1-7

【分析】 这种方法的错误在于它算长度时是以墙外边线算的，这就增加了计算工程量，故是错误的。

2) 工程量＝(9－0.6＋16－0.6)×2×0.3×4.6＝65.69m^3

套用基础定额 1-7

【分析】 这种方法错在算长度时是用墙内边线算的，这就减少计算工程量，故也是错误的。

所以我们在以后的计算过程中，一定要注意这一点，以墙中心线计算，这样才能准确地计算出工程量。

8. 地基强夯工程量如何计算?

按计算规则可知：强夯工程量按设计规定的强夯间距，区分夯击能量，夯点面积，夯击遍数以平方米计算，以边缘夯点外边线计算，包括夯点面积和夯点间的面积。而清单计算规则只简单地说了按设计图示尺寸以面积计算。

我们在这里可能就会有这样一个疑问，当我们看计算规则时，它只简单地说按图示设计尺寸以面积计算，这样我们就有可能误解为只求夯点的面积，所以说，我们如果不了解这方面更深层次的知识，就有可能犯错误，在计算工程量时就会明显地发生错误，下面以例题来说明这个问题。

【例 3-8】 某工场地基加固工程，采用地基强夯的方法，夯击点布置如图 3-8 所示，夯击能力为 400t·m，每坑击数为 4 击，设计要求第一遍，第二遍为隔点夯击，第三遍为低锤满夯，计算其工程量。

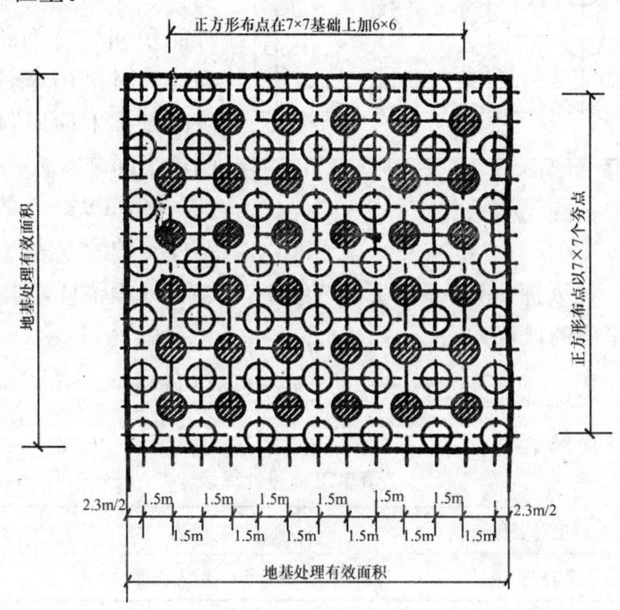

图 3-8 夯击点布置

【解】 (1) 正确的计算方法：

工程量计算如下：

$$工程量=(12\times1.5+2.3)\times(12\times1.5+2.3)=412.09m^2$$

套用基础定额 1-260

清单工程量计算见下表：

清单工程量计算表

项目编码	项目名称	项目特征描述	计量单位	工程量
010203003001	地基强夯	夯击能力为 400t·m，每坑击数为 4 击	m^2	412.09

注：工程内容包括：①铺夯填材料；②强夯；③夯填材料运输。

(2) 错误的计算方法：

$$工程量=\pi\times\frac{1}{4}\times1.5^2\times(36+49)=150.21m^2$$

套用基础定额 1-260

【分析】 这种方法就错在只算了夯点面积而未算夯点间距的面积，这是不正确的。

9. 锚杆支护工程量应如何计算?

锚杆支护工程量按设计图示尺寸以支护面积计算。

在这里，我们会遇到与地基强夯过程中类似的问题。即计算规则中说的图示面积仅仅

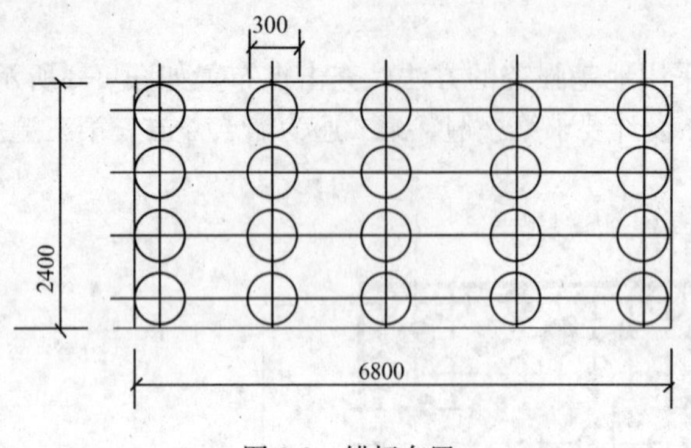

图 3-9 锚杆布置

是锚杆所占面积，还是包括锚杆间距的面积。如果不搞清楚这个问题，就会在工程量计算过程中发生错误，实际上，计算规则中所说的面积包括锚杆面积和锚杆间距之间的面积。只有在计算时采用这种思路才能正确的解决问题，下面以例题来更加详细地说明这个问题。

【例 3-9】 某工程地基加固采用锚杆支护的方法，如图 3-9 所示，锚杆直径 $D=300$mm，插入深度为 8m，土质二级土，共有 16 根锚杆，求其锚杆支护工程量。

【解】 (1) 正确的计算方法：

$$工程量=6.8\times2.4=16.32\text{m}^2$$

清单工程量计算见下表：

清单工程量计算表

项目编码	项目名称	项目特征描述	计量单位	工程量
010203004001	锚杆支护	锚杆直径 300mm，插入深度为 8m	m²	16.32

说明：工程内容包括：①钻孔；②浆液制作、运输、压浆；③张拉锚固；④混凝土制作、运输、喷射、养护；⑤砂浆制作、运输、喷射、养护。

(2) 错误的计算方法：

$$工程量=\pi\times\frac{1}{4}\times0.3^2\times6\times6=2.54\text{m}^2$$

【分析】 从上述例子中，我们可以看到错误与正确主要在于对计算规则的理解上，所以说，我们要认真熟练掌握计算规则，积累实际工作经验，做好工程造价工作。

10. 现场灌注桩工程中，钢筋笼中的螺旋筋工程量如何计算？

钢筋笼的工程量以设计尺寸乘以钢筋密度以吨计算，钢筋笼制作工程中包括纵筋、加强筋和螺旋筋。螺旋筋工程量先计算长度再乘以密度得出工程量，其中螺旋筋的长度公式为：$L=\frac{H}{S}\sqrt{S^2+(2\pi\cdot R)^2}$。式中 S 代表螺距，R 为螺旋半径，H 为构件长度（在桩工程中，即为钢筋笼的长度）。

在钢筋笼螺旋筋的工程量计算中，经常出现的错误主要是用错公式。首先，桩中钢筋工程量的计算公式与钢筋工程中螺旋筋的计算公式是不同的。在钢筋工程中，螺旋筋分上水平圆一周半展开长度，螺旋线展开长度和下水平圆一周半展开计算，其次在使用桩工程中螺旋钢筋长度的计算过程中，数据代入计算错误，比如说字母 H 代表桩长，实际工程中，它是螺旋钢筋的总高度，如果桩长与螺旋钢筋高度不同时，再代入桩长，则求出的结果是不正确的。下面以一个例题来说明这个问题。

【例 3-10】 某工程桩基采用灌注桩，在成孔后灌注混凝土前，制作安装钢筋笼，如

图 3-10 所示，成孔孔径 D=500mm，螺旋间距 S=200mm，桩深 29m，螺旋钢筋总高度 H=28 m，求其钢筋工程量。

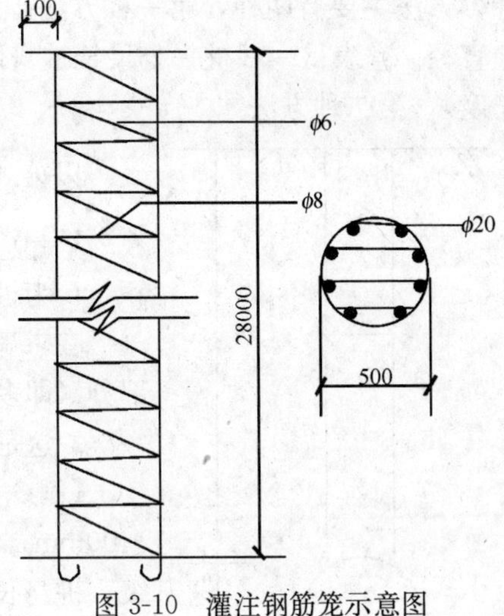

图 3-10　灌注钢筋笼示意图

【解】（1）正确的计算方法：

钢筋笼制作、安装工程量求解如下：

箍筋 φ8：

$(28000/200+1)\times\pi\times0.5\times0.395=87.44$kg

套用基础定额 5-356

螺旋筋 φ6：

$\frac{28000}{200}\times\sqrt{0.2^2+(\pi\times0.5)^2}\times0.222=49.2$kg

套用基础定额 5-355

纵筋 φ20：

$$(28+0.1\times2+6.25\times0.02\times2)\times2.47\times8=562.17\text{kg}$$

套用基础定额 5-301

则钢筋工程量=562.17+87.44+49.21=698.87kg=0.698t

清单工程量计算见下表：

清单工程量计算表

项目编码	项目名称	项目特征描述	计量单位	工程量
010416004001	钢筋笼	钢筋笼中的螺旋筋	t	0.698

（2）错误的计算方法：

纵筋 φ20：28×2.47×8=553.28kg

套用基础定额 5-356

箍筋 φ8：$\frac{28000}{200}\times\pi\times0.5\times0.395=86.86$kg

套用基础定额 5-355

螺旋筋 φ6：

$$\frac{29000}{200}\times\sqrt{0.2^2+(\pi\times0.5)^2}\times0.222=50.97\text{kg}$$

套用基础定额 5-301

则工程量=553.28+86.86+50.97=691.11kg

【分析】 上述错误有两点，第一在计算纵筋时，未考虑上部弯起和下部弯钩的长度，这将导致计算误差过大，不切实际情况，第二，在螺旋筋计算过程中，数值 H 代入错误，它应该是钢筋笼的长度 H=28m，而不是桩的长度，这主要是对式子理解的不够，不能真正熟练地掌握计算规则，以后一定要在这方面留意。

11. 爆扩桩工程量如何计算？

爆扩桩实际上也是一种现场灌注混凝土桩，由桩柱和扩大头两部分组成，它的工程量计算方法主要有两种，第一种方法：以扩大头直径 R 查表得一个扩大头的体积 V_1，以桩柱直径 r 查表得一根桩一公尺长桩身体积为 V_2，则扩大桩工程量 $=V_1+L\times V_2$（L 为桩身长度），第二种方法：

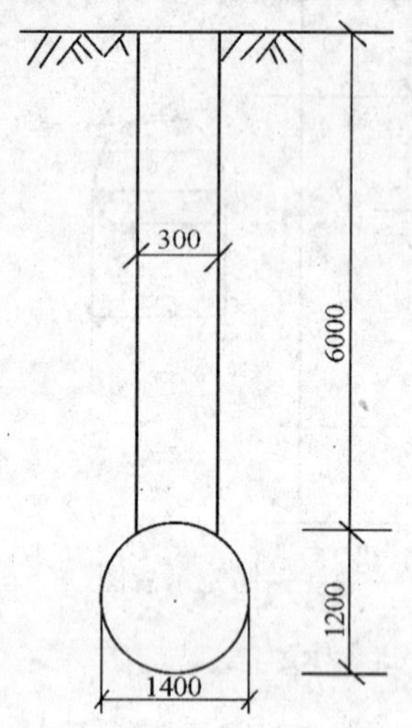

图 3-11 爆扩桩断面示意图

以公式 $V=F(L-D)+\frac{\pi}{6}D^3$ 或公式

$V=0.5236D^3+0.7854d^2(L-D)$，其中 F 为桩管截面面积，L 为桩全长，D 为扩大球直径，d 为管直径。

在求爆扩桩工程量时容易犯的一个错误是所求工程量有重叠部分（即多求了工程量）。在柱身与扩大球连接的弧部分多求了一次。这是不正确的，下面以一个例子详细阐述这个问题。

【例 3-11】 某工程地基施工采用爆扩桩，扩大头直径 $D=$ 1400mm，桩身直径为 $R=300$mm，如图 3-11 所示，土质为二级，桩身长 6m，共有 24 根桩，求其桩工程量。

【解】（1）正确的计算方法：

1）清单计算：

按设计图示尺寸以桩长（包括桩扩大头）计算，则：

$$工程量=(6.0+1.2)\times 24=172.8\text{m}$$

清单工程量计算见下表：

清单工程量计算表

项目编码	项目名称	项目特征描述	计量单位	工程量
010201003001	混凝土灌注桩	爆扩桩，扩大头直径 1400mm，桩身直径 300mm，土质为二级，桩身长 6m	m	172.8

2）定额计算：

套用计算公式 $V=F(L-D)+\frac{\pi}{6}D^3$ 来计算单桩工程量

$$=\pi\times\frac{1}{4}\times 0.3^2\times(6.0+1.2-1.4)+\frac{\pi}{6}\times 1.4^2$$

$$=0.41+1.03=1.44\text{m}^3$$

总工程量 $=1.44\times 24=34.56\text{m}^3$

（2）错误的计算方法：

1）清单计算：

工程量 $=(6.0+1.4)\times 24=177.6$m

2）定额计算：

先求出桩管体积 $V_1=\pi\times\frac{1}{4}\times 0.3^2\times 6.0\times 24=10.18\text{m}^3$

再求出扩大头体积 $V_2=\frac{4}{3}\times\pi\times 0.7^3\times 24=49.26\text{m}^3$

则爆扩桩工程量 $=V_1+V_2=(10.18+49.26)=59.44\text{m}^3$

【分析】 上述解法错误的原因在于它多求了一部分重合体积，不过在粗略解算时，也可以认为是正确的，但在要求准度较高的工程预算中它则是错误的，我们一定要把握好这个度，区分对待不同情况下的计算过程，做到结果准确、正确。

12. 桩工程中，运输工程分哪几类，工程量如何计算?

在预制桩施工过程中，运输工程主要分场外运输和场内运输，场外运输即从预制厂运送至施工现场，场内运输为在施工现场内运输吊装到桩位，场外运输工程量计算时即用桩工程乘以一个实际的运输系数（1.019），场内运输工程量计算时即用桩工程量乘以一个实际运输系数（1.015），在灌注桩工程中，主要是泥浆运输量，泥浆运输工程量按钻孔体积乘以实际工程施工测定泥浆数量与钻孔体积之比作为系数，以立方米计算。

在这些运输工程量的计算当中，最容易犯的错误就是直接把桩体积当作运输工程量而没有乘以一个实际系数，这是大多数工程人员常犯的错误，下面以一个例子来讲述这个问题。

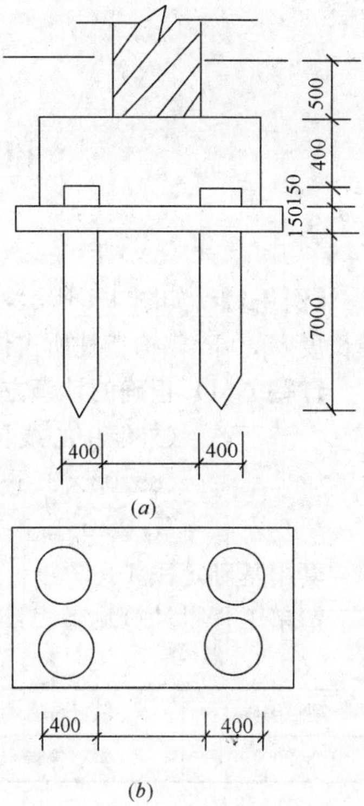

【例 3-12】 某工程打预制钢筋混凝土桩，上部为现浇承台，如图 3-12 所示，计算桩基运输的工程量。（场外运距 10km，场内运距 50m）

图 3-12 桩承台基础示意图

(*a*) 立面图；(*b*) 平面图

【解】（1）正确的计算方法：

1）预制桩图示工程量：

$$V_{图}=\pi\times\frac{1}{4}\times0.4^2\times(7.0+0.15+0.15)\times4=3.67\text{m}^3$$

套用基础定额 2-61

2）场外运输工程量：

$$V_{场外}=V_{图}\times1.019=3.67\times1.019=3.74\text{m}^3$$

套用基础定额 6-28

3）场内运输工程量

$$V_{场内}=V_{图}\times1.015=3.67\times1.015=3.73\text{m}^3$$

套用基础定额 6-27

（2）错误的计算方法：

1）预制桩图示工程量：

$$V_{图}=\pi\times\frac{1}{4}\times0.4^2\times(7.0+0.15+0.15)\times4=3.67\text{m}^3$$

套用基础定额 2-61

2）运输工程量：

$$V_{运}=V_{图}=3.67\text{m}^3$$

套用基础定额 6-28

【分析】 从上例中可以明显看出运输工程工程量计算的错误，以后一定要引以为戒。

四、砌 筑 工 程

【例 4-1】 如图 4-1 所示，试计算该外墙工程量，其中门窗洞口面积 $14m^2$，外墙中心线长度 85.08m，构造柱所占体积为 $29.63m^3$。

【解】 (1) 正确的计算方法：

V =(外墙中心线长度×墙高－门窗洞口面积)×墙厚－构造柱体积

=(85.08×3.6－14)×0.365－29.63

=$77.06m^3$

套用基础定额 4-5

清单工程量计算见下表：

清单工程量计算表

项目编码	项目名称	项目特征描述	计量单位	工程量
010302001001	实心砖墙	墙厚 365mm，墙高 3.6m，且为实心砖墙	m^3	77.06

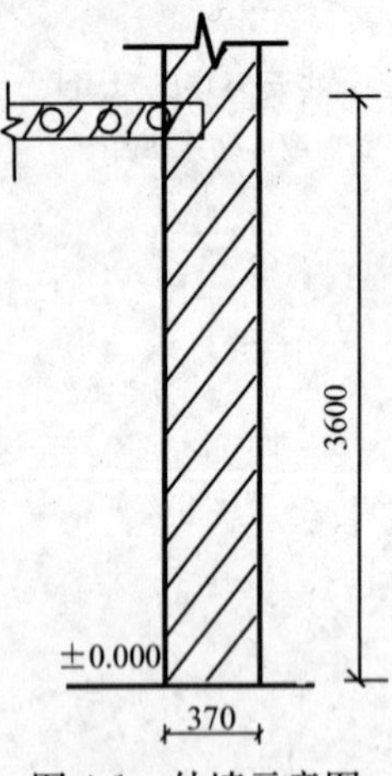

图 4-1 外墙示意图

(2) 错误的计算方法：

V =(中心线长度×墙高－门窗洞口面积)×墙厚－构造柱体积

=(85.08×3.6－14)×0.37－29.63

=$78.52m^3$

套用基础定额 4-5

【分析】 根据图 4-1 所示外墙标注，外墙墙厚 0.37m，而在工程量计算时，往往采用墙厚的实际尺寸，一砖墙实际尺寸是 0.24m，一砖半墙的实际尺寸是0.24＋0.01＋0.115＝0.365m，两砖墙的实际尺寸是 0.49m，所以我们计算墙体工程量时，墙厚应按实际尺寸 0.365m 计算，而不应用图示标准尺寸 0.37m 计算。

1. 什么是外墙中心线，外墙中心线长与外墙轴线有何区别?

外墙中心线是指外墙的中线，外墙轴线是指图纸中标注的尺寸，用于定位放线用的，如下例：

【例 4-2】 求图 4-2 所示外墙墙体砖砌体工程量。

【解】 (1) 正确的计算方法：

V =(外墙中心线长×墙高－门窗洞口面积)×墙厚

=[(9.6＋0.12＋6.3＋0.12)×2×3.6－(1.2×1.5×4＋0.9×1.8×2)]×0.365

=[116.208－(7.2＋3.24)]×0.365

=$38.61m^3$

套用基础定额 4-5

清单工程量计算见下表：

清单工程量计算表

项目编码	项目名称	项目特征描述	计量单位	工程量
010302001001	实心砖墙	实心砖墙，墙厚 365mm，墙高 3.6m	m^3	38.61

（2）错误的计算方法：

$$V=(\text{外墙轴线长}\times\text{墙高}-\text{门窗洞口面积})\times\text{墙厚}$$
$$=[(9.6+6.3)\times2\times3.6-(1.2\times1.5\times4+0.9\times1.8\times2)]\times0.365$$
$$=[114.48-(7.2+3.24)]\times0.365$$
$$=37.97m^3$$

套用基础定额 4-5

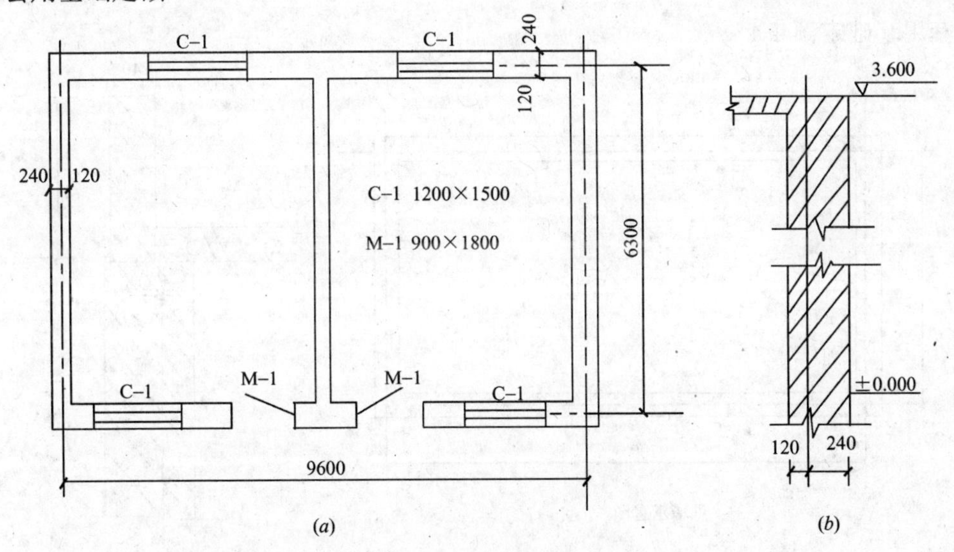

图 4-2 砖砌外墙墙体示意图
（a）平面图；（b）断面图

【分析】 错解本题的原因在于没有正确理解轴线与中心线的概念。

如图 4-3 所示，图示轴线位置并不是中心线所在位置，由图 4-3 可知，墙体中心线应为轴线向外延长 0.06m，即每边延长 0.12m，四个边即延长 0.48m。

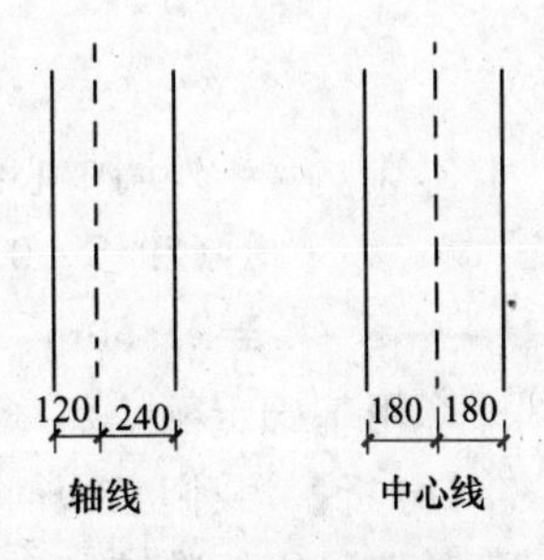

图 4-3 轴线位置

2. 什么是女儿墙，女儿墙工程量应如何计算，试举例说明。

女儿墙又叫压顶墙，是指在沿屋面四周砌筑的矮墙，一般高度在 0.5～1.5m 之间。

【例 4-3】 如图 4-4 所示，试计算女儿墙工程量？

【解】（1）正确的计算方法：

$$V_{\text{女儿墙}}=\text{女儿墙中心线长}\times\text{墙厚}\times\text{墙高}$$

$=(29.7+0.24+12.6+0.24)\times2\times0.24\times1.2$

$=24.64m^3$

套用基础定额 4-4

清单工程量计算见下表：

清单工程量计算表

项目编码	项目名称	项目特征描述	计量单位	工程量
010302001001	实心砖墙	女儿墙，墙厚 0.24mm，墙高 1.2m	m^3	24.64

（2）错误的计算方法：

1）$V_{女儿墙}$＝外墙轴线长×墙厚×墙高

$=(29.7+12.6)\times2\times0.24\times1.2$

$=24.36m^3$

套用基础定额 4-4

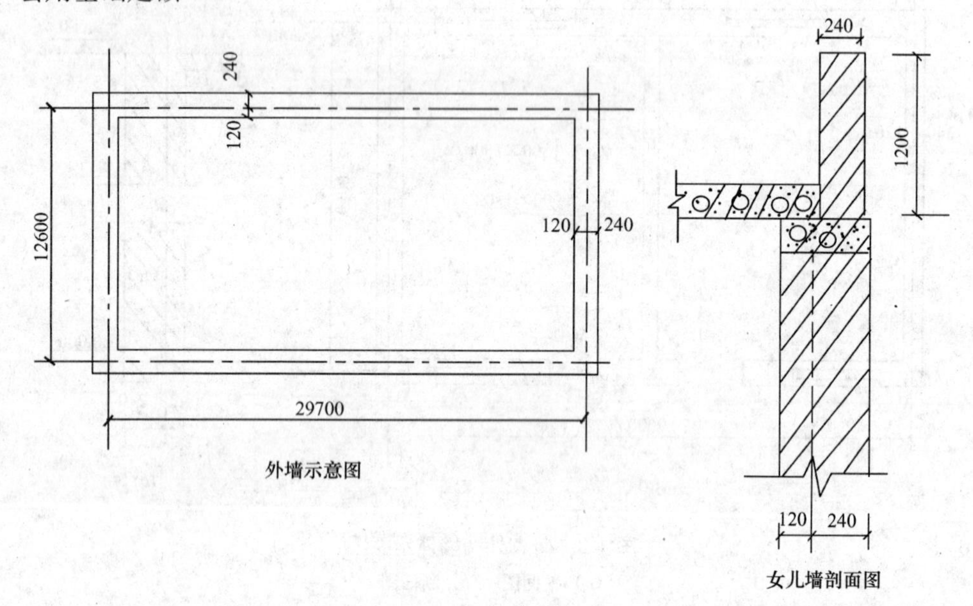

图 4-4　墙体示意图

2）$V_{女儿墙}$＝外墙中心线×墙厚×墙高

$=(29.7+0.12+12.6+0.12)\times2\times0.24\times1.2$

$=24.50m^3$

套用基础定额 4-4

【分析】 我们必须彻底理解外墙轴线长、外墙中心线长、女儿墙中心线长的区别。在一般外墙采用标准砖一砖墙时，三者在数值上是相同的，但在本例中，外墙采用一砖半墙，所以三者在数值上是不同的。

外墙轴线长是指图纸上标注的尺寸，例如本例中是：

$$(12.6+29.7)\times2m=84.6m$$

外墙中心线长是两边外墙中心之间的距离，例如本例外墙中心线长是：（12.6＋0.12＋29.7＋0.12）×2＝85.08m，即轴线向两边各延长 0.06m。

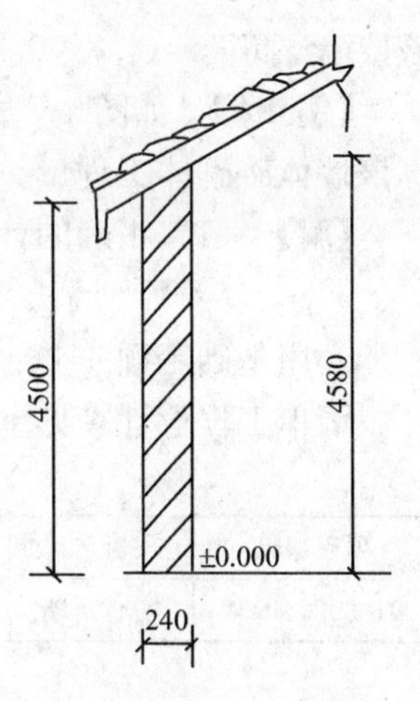

图 4-5 墙体示意图

女儿墙中心线长是指女儿墙中心之间的距离，例如本例中女儿墙中心线长是：(12.6+0.24+29.7+0.24) ×2=85.56m，即轴线向两边各延长 0.12m。

3. 坡屋面无檐口的外墙墙高应如何计算？

根据工程计算规则，外墙墙高，斜（坡）屋面无檐口顶棚者算至屋面板底。

【例 4-4】 如图 4-5 所示，某墙墙长 96m，试根据图示计算该墙体工程量。

【解】 (1) 正确的计算方法：

V =墙长×墙厚×墙高=96×0.24×4.58=105.52m^3

套用基础定额 4-4

清单工程量计算见下表：

清单工程量计算表

项目编码	项目名称	项目特征描述	计量单位	工程量
010302001001	实心砖墙	实心砖墙，墙厚 0.24mm，墙高 4.58m	m^3	105.52

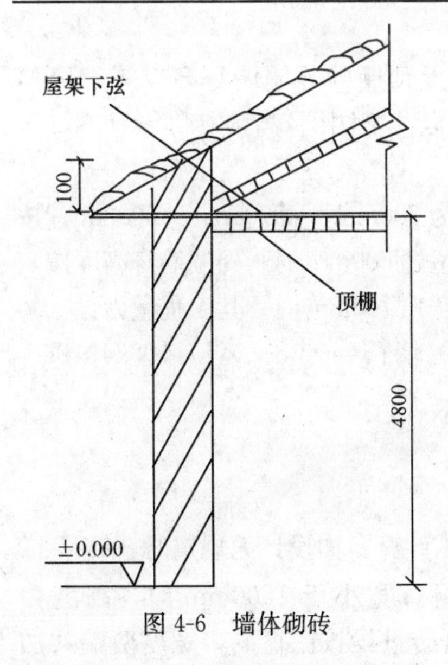

图 4-6 墙体砌砖

(2) 错误的计算方法：

V=墙长×墙高×墙厚=96×4.5×0.24=103.68m^3

套用基础定额 4-4

【分析】 做错此题的原因是没有正确理解墙身高度的概念，在规范中斜（坡）屋面无檐口顶棚的外砖墙墙身高度的顶点算至屋面板底，也就是算至图 4-5 的 4.58m 处。

【例 4-5】 如图 4-6 所示，某墙墙长 96m，试根据图示计算砌砖工程量（砖墙厚度 240mm）。

【解】 (1) 正确的计算方法：

V =墙长×墙高×墙厚

=96×(4.8+0.2)×0.24=115.2m^3

套用基础定额 4-10

清单工程量计算见下表：

清单工程量计算表

项目编码	项目名称	项目特征描述	计量单位	工程量
010302001001	实心砖墙	实心砖墙，墙厚 0.24m，墙高 (4.8+0.2) m=5.0m	m^3	115.2

(2) 错误的计算方法：

V=墙长×墙高×墙厚=96×4.9×0.24=112.90m^3

套用基础定额 4-10

【分析】 规范规定：有屋架且室内外均有顶棚的外墙墙身顶点算至屋架下弦底面另加 200mm。在本例中，砌墙高度虽然是 4.8+0.1=4.9m，但按照规范计算工程量时，我们应该按墙身高度=(4.8+0.2)m=5.0m计算。

【例 4-6】 如图 4-7 所示，该屋架出檐宽度为 500mm，墙长 96m，墙厚 240mm，试计算该墙体砖砌体工程量。

【解】 (1) 正确的计算方法：

$$V=墙长\times墙高\times墙厚=96\times(4.8+0.3)\times0.24=117.50m^3$$

套用基础定额 4-4

清单工程量计算见下表：

清单工程量计算表

项目编码	项目名称	项目特征描述	计量单位	工程量
010302001001	实心砖墙	实心砖墙，墙厚 0.24m，墙高 4.8+0.3=5.1m	m^3	117.50

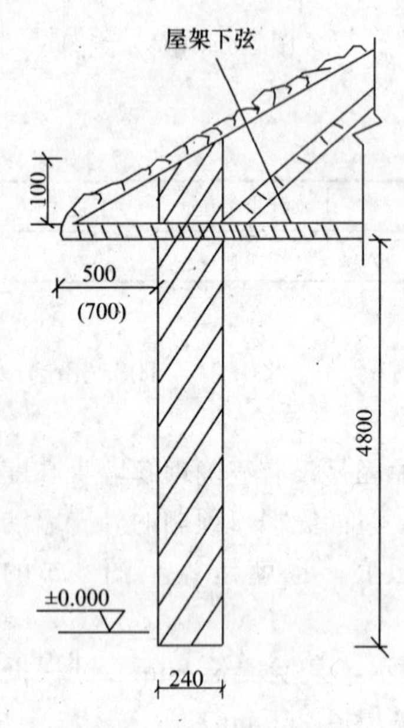

图 4-7 墙体砖砌体

(2) 错误的计算方法：

1) $V=墙长\times墙高\times墙厚=96\times(4.8+0.2)\times0.24=115.2m^3$

套用基础定额 4-4

2) $V=墙长\times墙高\times墙厚=96\times4.9\times0.24=112.90m^3$

套用基础定额 4-4

【分析】 规范规定：无顶棚的外墙墙身高度算至屋架下弦底另加 300mm。所以本例中墙高应为 4.8+0.3=5.1m。

如果该例中出檐宽度为 700mm，而 700mm>600mm，按照规范规定，当出檐宽度超过 600mm 时，外墙墙身高度按实际高度计算，即当出檐宽度为 700mm 时，其工程量为：

$$V=墙高\times墙厚\times墙长=(4.8+0.1)\times0.24\times96$$
$$=112.90m^3$$

4. 砖过梁应如何计算工程量，有何注意事项？

根据定额规定：砖平碹平砌砖过梁按图示尺寸以 m^3 计算。如设计无规定时，砖平碹按门窗洞口宽度两端共加 100mm，乘以高度（门窗洞口宽小于 1500mm 时，高度为 240mm，大于 1500mm 时，高度为 365mm）计算；平砌砖过梁按门窗洞口宽度两端共加 500mm，高度按 440mm 计算。

【例 4-7】 某建筑工程为 365 砖墙，M－1 有 18 个，其门洞宽为 1.2m，采用钢筋混凝土过梁，试计算 M－1 混凝土过梁工程量。

【解】 (1) 正确的计算方法：

$$V=(1.2+0.5)\times0.44\times0.365\times18$$
$$=4.91m^3$$

套用基础定额 4-63

清单工程量计算见下表：

清单工程量计算表

项目编码	项目名称	项目特征描述	计量单位	工程量
010403005001	过梁	过梁高度按440mm计算，墙厚365mm	m^3	4.91

（2）错误的计算方法：

$$V = 门洞长 \times 高 \times 墙厚 \times 个数$$
$$= 1.2 \times 0.44 \times 0.365 \times 18$$
$$= 3.47m^3$$

套用基础定额4-63

【分析】 门洞宽为1.2m，并不能说明门洞上部的钢筋砖过梁长为1.2m，一般过梁是有嵌在墙里一部分的，这样才能承受上部墙体的荷载，按照工程量计算规则，平砌砖过梁按门窗洞口宽度两端共加500mm，高度按440mm计算。

5. 石围墙在计算工程量时应注意什么，如何计算？

石围墙内外地坪标高不同时，应以较低地坪标高为界，以下为基础，内外标高之差为挡土墙时，挡土墙以上为墙身。

【例4-8】 如图4-8所示，试计算图示围墙石砌体工程量。

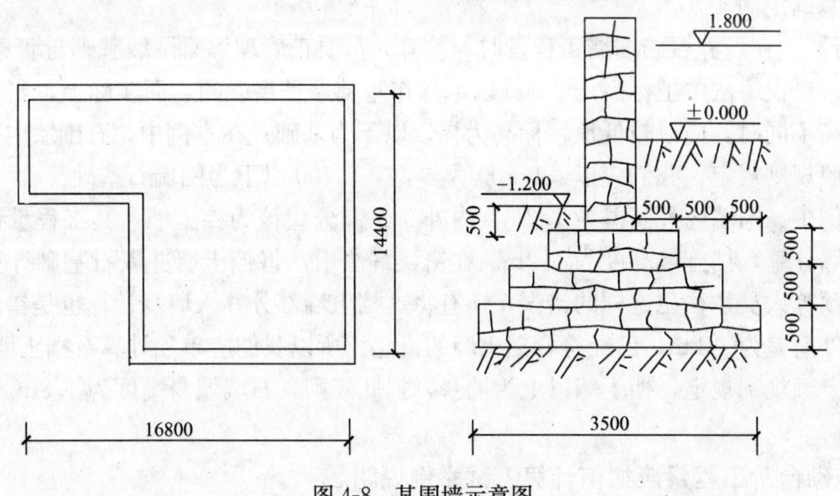

图4-8 某围墙示意图

【解】（1）正确的计算方法：

1) $V_{石基础}$ = 基础中心线长×基础剖面面积

$$=(16.8+14.4) \times (3.5 \times 0.5+2.5 \times 0.5+1.5 \times 0.5+0.5 \times 0.5) \times 2$$
$$=249.6m^3$$

套用基础定额4-66

2) $V_{石挡土墙}$ = 挡土墙中心线长×挡土墙高×挡土墙宽

$$=(16.8+14.4) \times 2 \times 1.2 \times 0.5$$
$$=37.44m^3$$

套用基础定额4-75

3) $V_{石围墙}$ = 围墙中心线长×围墙墙高×围墙墙厚

$=(16.8+14.4)\times2\times1.8\times0.5$

$=56.16m^3$

套用基础定额 4-70

清单工程量计算见下表：

清单工程量计算表

序号	项目编码	项目名称	项目特征描述	计量单位	工程量
1	010305001001	石基础	条形基础，基础埋深为 2.0m	m^3	249.6
2	010305003001	石墙	石围墙墙厚 0.5m，墙高 1.8m	m^3	56.16
3	010305004001	石挡土墙	石挡土墙墙厚 0.5m，挡土墙高 1.2m	m^3	37.44

（2）错误的计算方法：

$V_{石基础}$＝基础剖面面积×墙长

$=(0.5\times3.5+0.5\times2.5+0.5\times1.5+0.5\times1.7)\times(14.4+16.8)\times2$

$=287.04m^3$

套用基础定额 4-66

$V_{石墙}$＝墙长×墙剖面面积$=(16.8+14.4)\times2\times0.5\times1.8=56.16m^3$

套用基础定额 4-70

【分析】 在计算石砌围墙工程量时，预算人员要正确理解石围墙基础与墙身的划分。在本例中，错误解法中把标高±0.000 以下算作基础，是错误的，而实际上，当石围墙内外地坪标高不同时，应以较低地坪标高为界，以下为基础；在本例中，石围墙内外标高不一致，按照规则规定，我们应以－1.200 为界，－1.200 以下为围墙石基础。

在本例中，围墙内外高差为 1.2m，内外高差部分应该为挡土墙，其工程量计算应按照石挡土墙计算，挡土墙高度为 1.2m。在错误解法中，将挡土墙并入石基础计算是错误的，很多预算人员往往犯这样的错误，还有将这挡土墙部分并入墙身计算也是错误的，因为围墙内外高差为 1.2m，已经符合挡土墙的概念。所以我们应单独计算石挡土墙工程量。

根据定额规则规定，挡土墙以上为墙身，据此规则，石墙墙身高度为 1.8m。

6. 砖砌台阶工程量应如何计算？试举例说明。

砖砌台阶应按水平投影面积以平方米计算，套零星砌砖项目定额。

【例 4-9】 如图 4-9 所示，试计算图示砖台阶工程量。

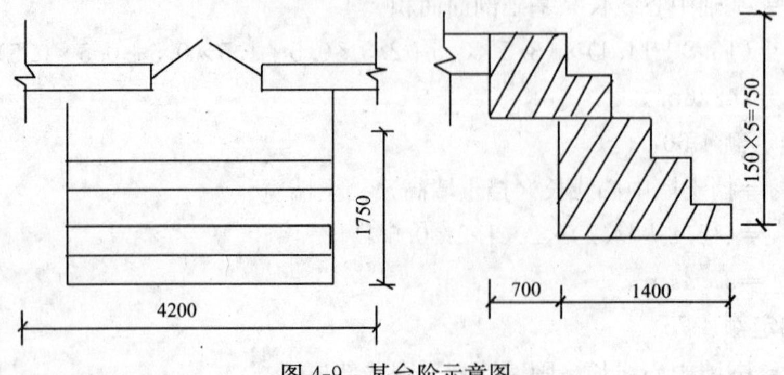

图 4-9 某台阶示意图

【解】（1）正确的计算方法：

砖砌台阶按水平投影面积计算工程量：

$$S=1.75\times4.2=7.35\text{m}^2$$

套用基础定额 4-54

清单工程量计算见下表：

清单工程量计算表

项目编码	项目名称	项目特征描述	计量单位	工程量
010302006001	零星砌砖	砖砌台阶	m^2	7.35

（2）错误的计算方法：

1）砖砌台阶按体积计算：

$$V=(1.4+1.15+0.8+1.05+0.70)\times0.15\times4.2$$
$$=3.213\text{m}^3$$

套用基础定额 4-54

2）砖砌台阶按投影面积计算

$$S=(1.75-0.35)\times4.2=5.88\text{m}^2$$

套用基础定额 4-54

【分析】 在计算砖砌台阶工程量中，全国统一定额规定按水平投影面积进行计算，而有些工程预算人员习惯了砌体按体积计算工程量的“定势思维”，所以我们一定要细心研究定额中每个分项的计算规则，这样才不至于犯类似的错误。

在错误解法 2）中，错误理解了台阶宽度，属于没有看清图纸，在图 4-9 中，该台阶为 5 步台阶，所以台阶宽度应按 5×350mm＝1750mm＝1.75m 计算工程量。

在本例中，实际砌砖台阶工程量应为 7.35m²，其他错误的原因是：①没有细心研究工程量计算规则；②看图纸粗略，我们应仔细研读图纸。

7. 当基础与墙身采用砌体材料不同时，怎样计算砌筑工程的工程量？

【例 4-10】 如图 4-10 所示，为某建筑山墙剖面图，其中该山墙净长度 36.9m，墙顶部标高为 3.600m。试根据图示计算砌体工程量。

【解】（1）正确的计算方法：

1）基础工程量：

$$V_{基础}=V_{毛石基础}$$
$$=0.25\times(2.165+1.565+0.965)\times36.9$$
$$=43.31\text{m}^3$$

套用基础定额 4-66

2）砖墙工程量：

$$V=0.365\times36.9\times(3.6+0.25)$$
$$=51.854\text{m}^3$$

套用基础定额 4-5

清单工程量计算见下表：

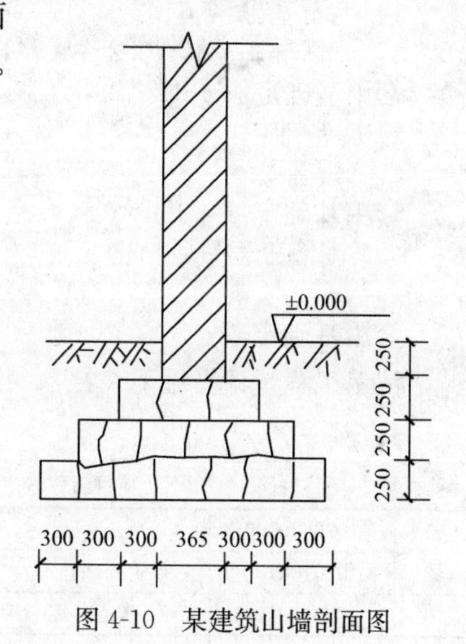

图 4-10 某建筑山墙剖面图

清单工程量计算表

序号	项目编码	项目名称	项目特征描述	计量单位	工程量
1	010305001001	石基础	毛石基础，基础埋深 1.0m	m^3	43.31
2	010302001001	实心砖墙	实心砖墙，墙厚 365mm，墙高 3.85m	m^3	51.854

（2）错误的计算方法：

1）毛石基础：

$$V_1=0.25\times(2.165+0.965+1.565)\times36.9=43.31m^3$$

套用基础定额 4-66

2）砖基础：

$$V_2=0.365\times0.25\times36.9=3.37m^3$$

套用基础定额 4-1

3）砖墙：

$$V_3=0.365\times36.9\times3.6=48.49m^3$$

套用基础定额 4-5

【分析】 错误解法是因为没有正确理解墙身与基础的划分界线，在通常情况下，墙身与基础划分是以设计室内地坪（±0.000）为界，以下为基础，以上为墙身。但当基础与墙身使用不同材料时，位于设计室内地坪±300mm 以内时以不同材料为界，超过±300mm，应以设计室内地坪为界。

在本例中，毛石基础与室内地坪高差为 250mm，在±300mm 以内，所以基础与墙身的划分应以毛石与砖的分界处，以下为基础，以上为墙身分别计算基础和墙身工程量。

如果在本例中是下面这种情况，则错误解法是正确的。

【例 4-11】 如图 4-10 所示，为某场院围墙剖面图，其围墙中心线长为 40m，墙顶标高 2.8m，试计算图示砌体工程量。

【解】（1）基础工程量：

1）毛石基础：

$$V=0.25\times(2.165+1.565+0.965)\times40=46.95m^3$$

套用基础定额 4-66

2）砖基础：

$$V=0.25\times0.365\times40=3.65m^3$$

套用基础定额 4-1

（2）围墙工程量：

$$V=0.365\times2.8\times40=40.88m^3$$

套用基础定额 4-5

清单工程量计算见下表：

清单工程量计算表

序号	项目编码	项目名称	项目特征描述	计量单位	工程量
1	010305001001	石基础	毛石基础，基础埋深为 0.75m	m^3	46.95
2	010301001001	砖基础	条形基础，基础埋深 0.25m	m^3	3.65
3	010302001001	实心砖墙	实心砖围墙，墙厚 365mm，墙高 2.8m	m^3	40.88

【分析】 在本例中，我们应该注意砖围墙和砖墙与基础的划分是不同的，砖围墙与基础的划分是以设计室外地坪为界，以下为基础，以上为围墙墙身。所以，我们划分围墙墙身和基础时与砌体使用何种材料无关，无论相同还是不同，都以设计室外地坪为界。

8. 在计算墙体工程量时，不应扣除哪些体积？

在计算墙体时，不扣除梁头、外墙板头、檩头、垫木、木楞头、沿椽木、木砖、门窗走头、砖墙内的加固钢筋、木筋、铁件、钢管及每个面积在 0.3m^2 以下的孔洞等所占的体积，突出墙面的窗台虎头砖、压顶线、山墙泛水、烟囱根、门窗套及三皮砖以内的腰线和挑檐等体积亦不增加。

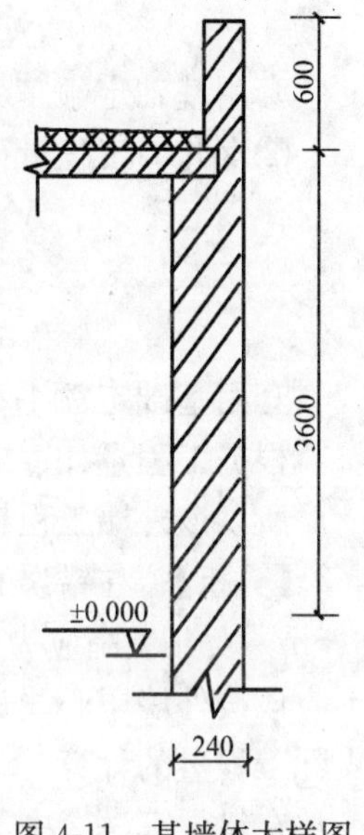

图 4-11 某墙体大样图

【例 4-12】 如图 4-11 所示，为某外墙墙体大样图，该外墙中心线长度为 62.7m，采用标准砖砌筑，试计算砌筑工程量。（板的结构层厚度 100mm）。

【解】（1）正确的计算方法：

1）外墙工程量 V_1 ＝外墙中心线长×墙高×墙厚

＝62.7×3.6×0.24

＝54.173m^3

套用基础定额 4-4

2）女儿墙工程量

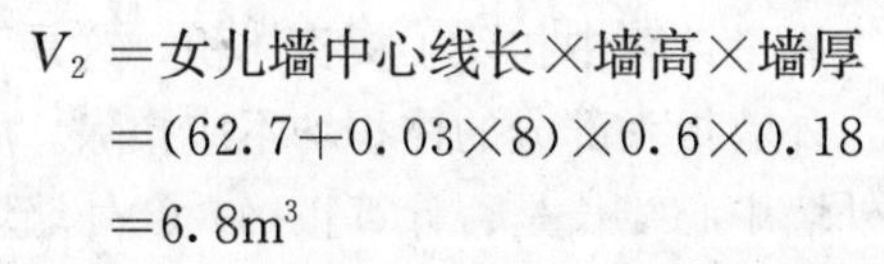

V_2 ＝女儿墙中心线长×墙高×墙厚

＝(62.7＋0.03×8)×0.6×0.18

＝6.8m^3

套用基础定额 4-2

根据工程量计算规则，女儿墙工程量应并入外墙计算墙体工程量。

所以该外墙工程量＝54.173＋6.80＝60.97m^3

清单工程量计算见下表：

清单工程量计算表

项目编码	项目名称	项目特征描述	计量单位	工程量
010302001001	实心砖墙	外墙墙厚 0.24m，墙高 3.6m，女儿墙墙厚 0.18m，墙高 0.6m	m^3	60.97

（2）错误的计算方法：

1）错误解法 1：

①外墙工程量＝外墙中心线长×墙高×墙厚＝62.7×(3.6－0.1)×0.24

＝52.668m^3

套用基础定额 4-4

②女儿墙工程量＝外墙中心线长×墙高×墙厚＝62.7×0.6×0.18

＝6.772m^3

套用基础定额 4-2

根据工程量计算规则女儿墙工程量应并入外墙计算，所以该外墙工程量＝(52.668＋

6.772)m^3＝59.44m^3

2）错误解法 2：

①外墙工程量：

V_1 ＝外墙中心线长×墙高×墙厚－板头体积

＝62.7×3.6×0.24－(62.7＋0.06×8)×0.12×0.1

＝54.173－0.758

＝53.415m^3

套用基础定额 4-4

②女儿墙工程量：

V_2 ＝女儿墙中心线长×墙高×墙厚

＝(62.7＋0.03×8)×0.6×0.18

＝6.80m^3

套用基础定额 4-2

根据工程量计算规则，女儿墙工程量应并入外墙计算

所以该外墙工程量＝53.415＋6.80＝60.215m^3

【分析】 在错误算法 1 中，没有正确理解墙高的概念，在本例中，外墙墙高应为 3.6m，女儿墙高应为 0.6m；在计算女儿墙工程量时，应该按照女儿墙中心线长计算，而不应该按外墙中心线长计算，因为女儿墙中心线长往往比外墙中心线长，更符合女儿墙的实际工程量的计算。

在错误算法 2 中，在外墙工程量计算中扣除了板头体积，这是不对的。按照砌筑工程量计算墙体的计算规则，梁头，外墙板头部分的体积均不应扣除。所以我们计算墙体工程量时一定要注意下列方面：①外墙中心线长是否计算正确；②外墙墙高是否理解正确；③墙体中不应扣除的部分是否已经扣除；④女儿墙中心线长往往不是外墙中心线长，因为外墙墙厚往往与女儿墙墙厚不一致；⑤仔细研读工程量计算规则，正确计算工程量。

9. 砌砖水箱工程量如何计算？试举例说明。

根据工程量计算规则，砖水箱内外壁，不分壁厚，均以图示实砌体积计算，套相应的内外砖墙定额。

【例 4-13】 如图 4-12 所示，为某砌砖水箱，试计算其工程量。

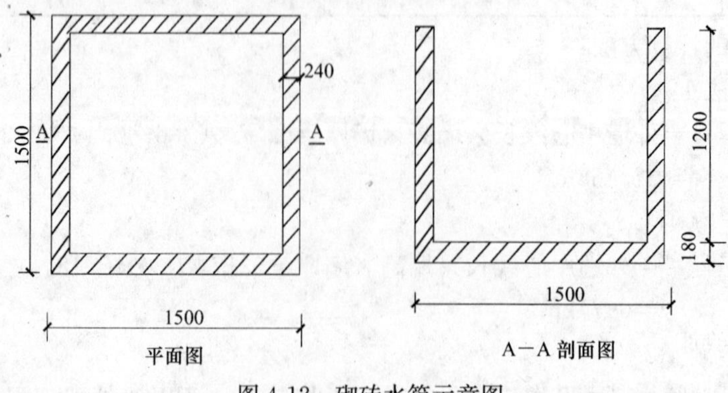

图 4-12 砌砖水箱示意图

【解】（1）正确的计算方法：

砖水箱工程量

V ＝水箱底部工程量＋水箱侧壁工程量

＝水箱底部面积×水箱底部高度＋水箱侧壁中心线长×壁厚×侧壁高度

＝1.5×1.5×0.18＋（1.5－0.24）×4×0.24×1.2

＝0.405＋1.452

＝1.457m^3

套用基础定额 4-53

清单工程量计算见下表：

清单工程量计算表

项目编码	项目名称	项目特征描述	计量单位	工程量
010302001001	实心砖墙	砌砖水箱，侧壁壁厚 0.24m，侧壁高度 1.2m；水箱底部高度为 0.18m	m^3	1.46

（2）错误的计算方法：

砖水箱工程量：

$$V=1.5\times1.5\times(1.2+0.18)=3.105\text{m}^3$$

套用基础定额 4-53

【分析】　在计算砖水箱工程量时，常常误认为是计算砌砖的工程量，也就是说按砖水箱外表面计算水箱体积，就是砖水箱的实砌体积。在定额中工程量计算规则中，计算砖水箱时，应按实砌体积计算。

10. 砖砌挖孔桩护壁工程量如何计算？试举例说明。

砖砌挖孔桩护壁工程量按实砌体积计算。

【例 4-14】　如图 4-13 所示，为某人工挖孔桩砖护壁为分段圆台体，其中上圆直径为 1.42m，下圆直径为 1.66m，高度为 1.2m，试求该分段圆台体砖护壁工程量。

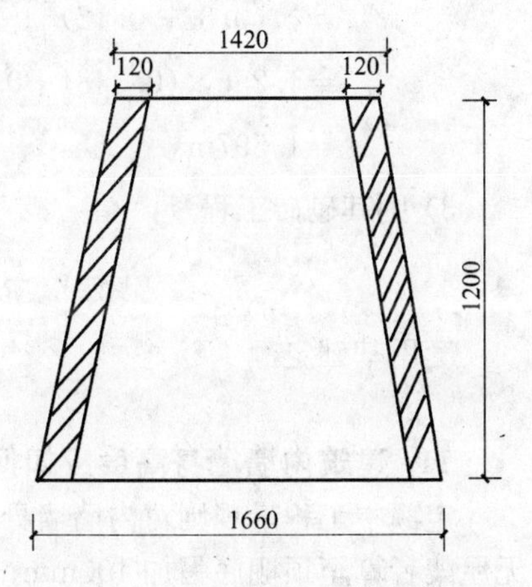

图 4-13　人工挖孔桩砖护壁示意图

【解】　在数学公式中，计算圆台体体积公式为：

$$V=\frac{\pi H}{3}(R^2+r^2+Rr)$$

式中　R、r——分别为下底、上底半径；

H——圆台体高度；

V——圆台体体积；

π——为一常数、圆周率通常取 3.14。

（1）错误的计算方法：

该分段圆台砖护壁工程量：

$$V=\frac{\pi H}{3}(R^2+r^2+Rr)$$
$$=\frac{3.14\times1.2}{3}\times(0.71^2+0.83^2+0.71\times0.83)$$
$$=1.256\times1.7823$$
$$=2.239\text{m}^3$$

套用基础定额 4-65

清单工程量计算见下表：

清单工程量计算表

项目编码	项目名称	项目特征描述	计量单位	工程量
010302001001	实心砖墙	砌砖挖孔桩护壁	m^3	2.239

（2）正确的计算方法：

1）外圆台体体积：

$$V_1=\frac{\pi H}{3}(R^2+r^2+Rr)$$
$$=\frac{3.14\times1.2}{3}\times(0.71^2+0.83^2+0.71\times0.83)$$
$$=\frac{1}{3}\times3.14\times1.2\times1.7823$$
$$=2.239\text{m}^3$$

2）内圆台体体积：

$$V_2=\frac{\pi}{3}H(R^2+r^2+Rr)$$
$$=\frac{3.14\times1.2}{3}\times[(0.71-0.12)^2+(0.83-0.12)^2+(0.71-0.12)\times(0.83-0.12)]$$
$$=1.256\times(0.3481+0.5041+0.4189)$$
$$=1.597\text{m}^3$$

3）则其砌砖工程量：

$$V=V_1-V_2=2.239-1.597=0.642\text{m}^3$$

套用基础定额 4-65

11. 建筑内墙墙身高度应如何计算？试举例说明。

定额中工程量规则对内墙墙身高度规定如下：位于屋架下弦者，其高度算至屋架底；无屋架者算至顶棚底另加 100mm；有钢筋混凝土楼板隔层者算至板底；有柱架梁时算至梁底面。

【例 4-15】 如图 4-14 所示，为某内墙墙体大样图，该内墙净长 48.9m，其中门窗洞口面积为 41.63m²，顶棚抹灰厚度为 20mm，试求该内墙工程量。

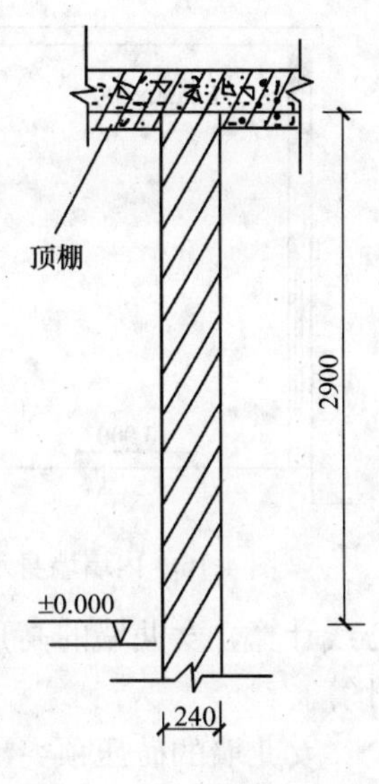

图 4-14　内墙墙体示意图

【解】（1）正确的计算方法：

内墙工程量：

V =（内墙净长×墙高－门窗洞口面积）×墙厚

=（48.9×2.9－41.63）×0.24

=24.04m³

套用基础定额 4-10

清单工程量计算见下表：

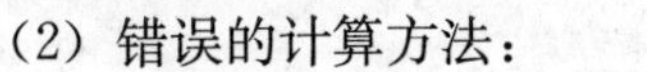
清单工程量计算表

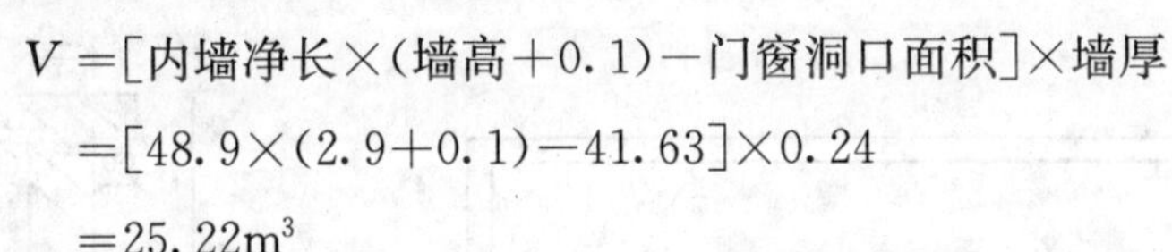

项目编码	项目名称	项目特征描述	计量单位	工程量
010302001001	实心砖墙	内墙墙高 2.9m，墙厚 0.24m	m³	24.04

（2）错误的计算方法：

1）错误解法 1：

内墙工程量

V =［内墙净长×（墙高＋0.1）－门窗洞口面积］×墙厚

=［48.9×（2.9＋0.1）－41.63］×0.24

=25.22m³

套用基础定额 4-10

2）错误解法 2：

内墙工程量：

V =［48.9×（2.9－0.02）－41.63］×0.24

=23.81m³

套用基础定额 4-10

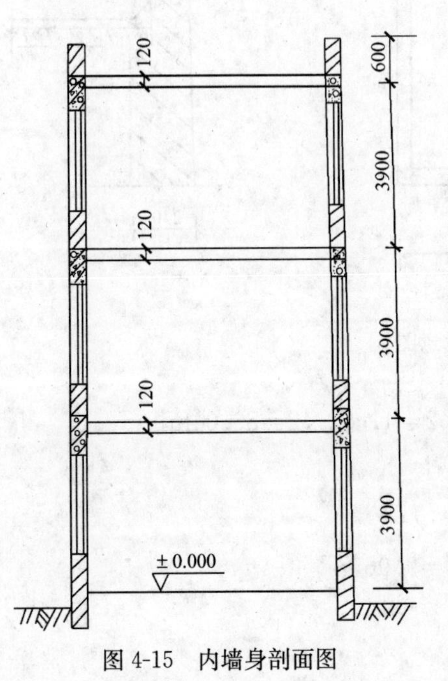

图 4-15　内墙身剖面图

【分析】　在对墙身高度计算中，我们要严格按照定额工程量计算规则进行，错误算法 1）中误解了“无屋架者算至顶棚底另加 100mm”的规定，在本例中，墙上为钢筋混凝土楼板，其内墙高度应该是2.9m。在错误解法 2）中，将墙高度减去顶棚抹灰厚度是不正确的，因为墙身砌砖高度为2.9m，减去顶棚抹灰厚度 20mm 后，已不是墙身实际高度。

【例 4-16】　图 4-15 所示，试求其内墙身高度。

【解】　钢筋混凝土楼板隔层内墙身高度应算至楼板底，内墙身高度：

每层 $H_{内}$=3.9－0.12=3.78m

总的 $H_{内}$=3.9×3－0.12×2=11.46m

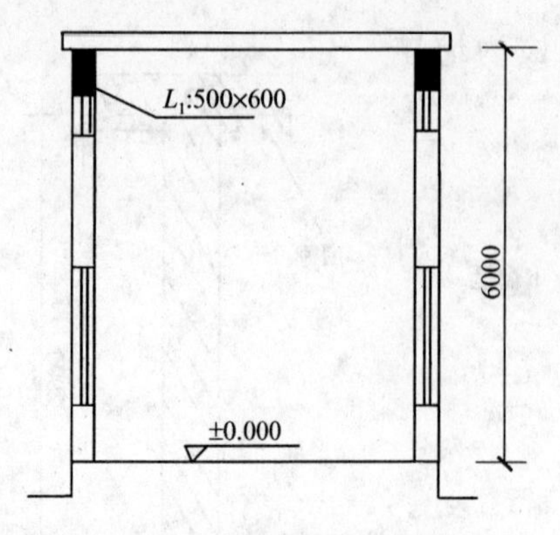

图 4-16 内墙墙身示意图

【例 4-17】 如图 4-16 所示，试求其内墙的墙身高度。

【解】 有框架梁者内墙身高度算至框架梁底。

由图 4-16 所示可知

框架梁尺寸：500mm×600mm

内墙的墙身高度：

$$H_{内}=6.0-0.6=5.4\text{m}$$

12. 女儿墙的工程量如何计算?

女儿墙工程量应按女儿墙的断面积乘以女儿墙中心线计算，女儿墙的高度，自外墙顶面至女儿墙顶面高度，分别以不同墙厚并入外墙计算。

女儿墙的砖压顶突出墙面部分不计算体积，压顶顶面凹进墙面的部分也不扣除。

【例 4-18】 如图 4-17 所示，试计算女儿墙的工程量。

【解】 由图 4-17 所示可知女儿墙中心线长度

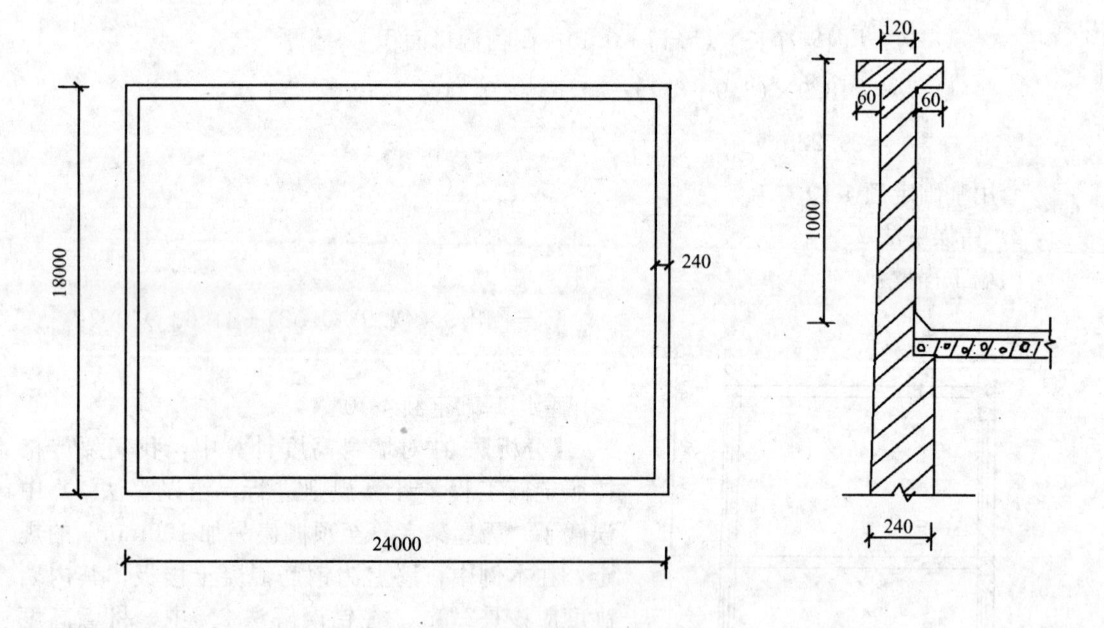

图 4-17 女儿墙示意图

$$L_{中}=[(24-0.24)+(18-0.24)]\times2=41.52\times2=83.04\text{m}$$

女儿墙的工程量：

(1) 正确的计算方法：

$$V=0.12\times1.0\times83.04=9.965\text{m}^3$$

套用基础定额 4-2

清单工程量计算见下表：

清单工程量计算表

项目编码	项目名称	项目特征描述	计量单位	工程量
010302001001	实心砖墙	女儿墙墙厚120mm，墙高1m	m^3	9.97

注：女儿墙的砖压顶突出墙面部分不计算体积，压顶顶面凹进墙面的部分也不扣除。

（2）错误的计算方法：$V=0.12\times1.0\times83.04+0.12\times4\times2=10.925m^3$

女儿墙的砖压顶突出墙面部分体积很容易被误算入工程量之中，这是导致错误的主要原因。

13. 如何计算附墙烟囱的工程量？

附墙烟囱的工程量按其外形体积计算并入所依附的墙体体积内，不扣除每一个孔洞横断面积在 $0.1m^2$ 以内的体积，孔洞内的抹灰工程量亦不增加。如每一孔洞横断面积超过 $0.1m^2$ 时，应扣除孔洞所占体积，孔洞内的抹灰亦另列项目计算。

【例 4-19】 以图 4-18 为例

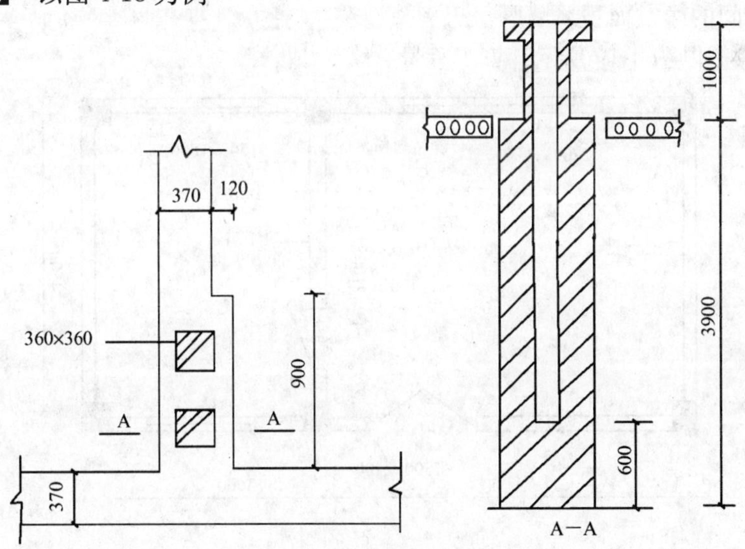

图 4-18 附墙烟囱示意图

【解】

附墙烟囱工程量为：

（1）正确的计算方法：$V=(0.12+0.37)\times0.9\times3.9-0.36\times0.36\times2\times(3.9-0.6)$

$=1.7199-0.8554$

$=0.865m^3$

套用基础定额 4-6

清单工程量计算见下表：

清单工程量计算表

项目编码	项目名称	项目特征描述	计量单位	工程量
010303001001	砖烟囱、水塔	附墙烟囱	m^3	0.87

（2）错误的计算方法：$V=(0.12+0.37)\times0.9\times3.9$

$=1.7199\text{m}^3$

套用基础定额 4-6

【分析】 因为孔洞横断面积为 $0.36\times0.36=0.1296\text{m}^2>0.1\text{m}^2$，故应扣除该孔洞体积。

因此，在计算附墙烟囱工程量时不能随意的扣除孔洞体积，也不能忽略孔洞，应该计算出孔洞横断面积之后与 0.1m² 比较，大于 0.1m² 的孔洞体积扣除，小于 0.1m² 的孔洞体积不扣除。

14. 框架结构间砌墙工程量如何计算?

框架结构间砌墙分别按内外墙及不同墙厚，以框架间的净空面积乘墙厚以体积 m³ 为单位计算。

框架结构间砌墙工程量为：

V=框架间的净空面积×墙厚

【例 4-20】 以图 4-19 所示计算工程量。

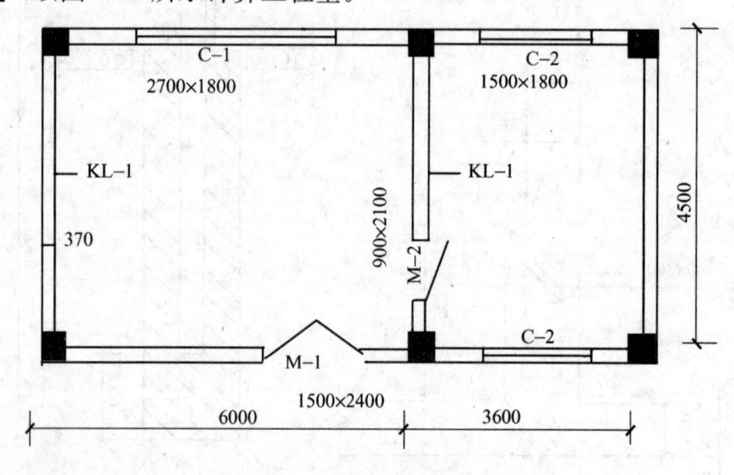

图 4-19 框架结构间砌墙示意图

KJ-1 柱 400×400 框架间净高 6300mm

【解】 （1）正确的计算方法：

外墙工程量 $V_{外}=[(6.0-0.4)+(3.6-0.4)+(4.5-0.4)]\times2\times6.3\times0.365-(1.5\times2.4+2.7\times1.8+1.5\times1.8\times2)\times0.365$

$=59.327-5.059$

$=54.268\text{m}^3$

套用基础定额 4-5

内墙工程量 $V_{内}=(4.5-0.4)\times6.3\times0.365-0.9\times2.1\times0.365$

$=9.428-0.69$

$=8.738\text{m}^3$

套用基础定额 4-5

清单工程量计算见下表：

分部分项工程量清单

序号	项目编码	项目名称	项目特征描述	计量单位	工程量
1	010304001001	空心砖墙、砌块墙	外墙墙厚 365mm	m^3	54.27
2	010304001002	空心砖墙、砌块墙	内墙墙厚 365mm	m^3	8.74

(2) 错误的计算方法：

外墙工程量＝(6.0＋3.6＋4.5)×2×6.3×0.365－(1.5×2.4＋2.7×1.8＋1.5×1.8×2)×0.365

＝64.846－5.059

＝59.787m^3

套用基础定额 4-5

内墙工程量＝(4.5－0.37)×6.3×0.365－0.9×2.1×0.365

＝9.497－0.69

＝8.807m^3

套用基础定额 4-5

【分析】 许多同学容易犯这种错误的原因是没有弄清框架结构和一般结构的区别，框架结构是指由钢筋混凝土梁、柱连接而承重的结构，框架结构的砌体不承重，起分隔和维护作用。

因此，墙体的净长是用中心线再减去柱的截面积，而不是外墙用中心线长，内墙用净长，内墙的净长也不是用中心线减去墙厚，而是用中心线减去柱的截面对应的长，应按柱与柱之间的净距离计算墙长。

【例 4-21】 试分析该题工程量计算是否正确，若错误指出错误并说明原因并改正。

【解】 工程量计算（图 4-20）：

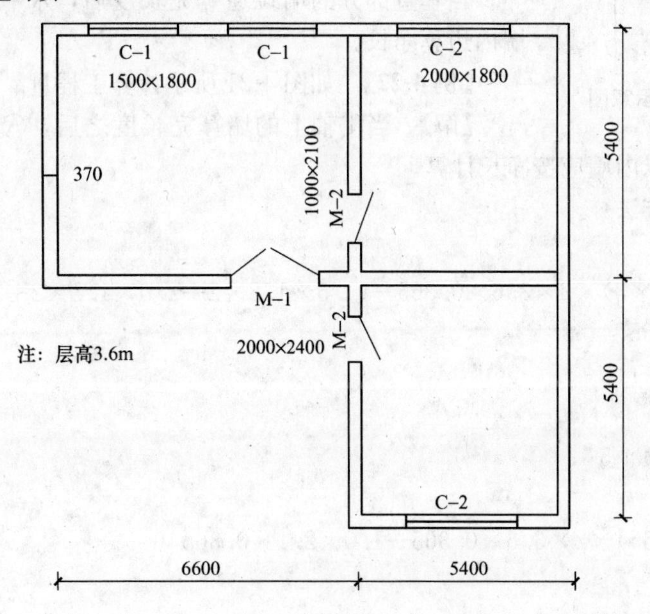

图 4-20 平面尺寸示意图

外墙工程量$=(6.6+5.4\times3)\times2\times3.6\times0.37-(1.5\times1.8\times2+2.0\times1.8\times2+2.0\times2.4+1.0\times2.1)\times0.37$

$=60.739-7.215$

$=53.524\text{m}^3$

套用基础定额 4-5

内墙工程量：

$$V_{内}=5.4\times2\times3.6\times0.37-1.0\times2.1\times0.37$$
$$=14.386-0.777$$
$$=13.609\text{m}^3$$

套用基础定额 4-11

错误分析：

(1) $1\frac{1}{2}$砖标准砖砌体厚度错误

在画图时，图纸上一般按习惯标注墙体厚度 240，370……，实际上在计算时，标准砖砌体墙体厚度并不和图纸上标注的那样，而应该按实际规定的尺寸计算。

标准砖的尺寸为：240mm×115mm×53mm

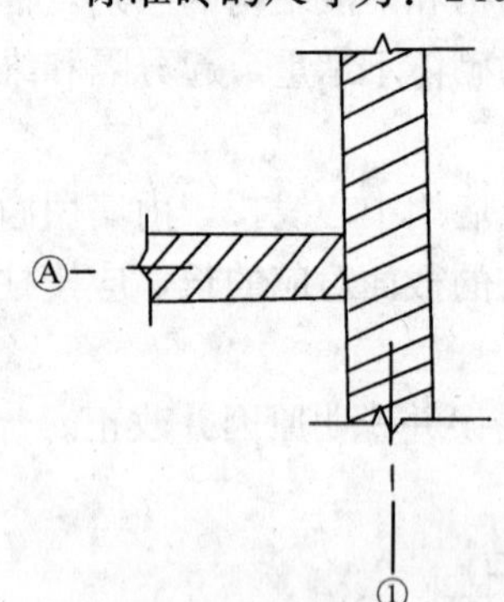

图 4-21 内墙示意图

所以 1 砖厚墙体为 240mm，$1\frac{1}{2}$砖墙厚为：240＋115＋10＝365mm

2 砖墙厚为：240＋240＋10＝490mm，$2\frac{1}{2}$砖墙厚：240＋240＋115＋10×2＝615mm

(2) 计算内墙长时未按内墙净长计算

当垂直部分的墙拉通算完长度后，水平部分的墙只能从墙内边算净长。

【例 4-22】 如图 4-21 所示计算工程量。

【解】 当①轴上的墙算完长度之后，Ⓐ轴只能从①轴墙内边起计算，所以内墙应按净长计算。

正确的计算方法：

外墙工程量

$=(6.6+5.4\times3)\times2\times3.6\times0.365-(1.5\times1.8\times2+2.0\times1.8\times2+2.0\times2.4+1.0\times2.1)\times0.365$

$=59.918-7.118$

$=52.8\text{m}^3$

套用基础定额 4-5

内墙工程量

$=(5.4-0.365)\times2\times3.6\times0.365-1.0\times2.1\times0.365$

$=12.465\text{m}^3$

套用基础定额 4-11

【例 4-23】 如图 4-22 所示，房间顶棚高度 2800mm，门窗洞口尺寸如图所示，试计

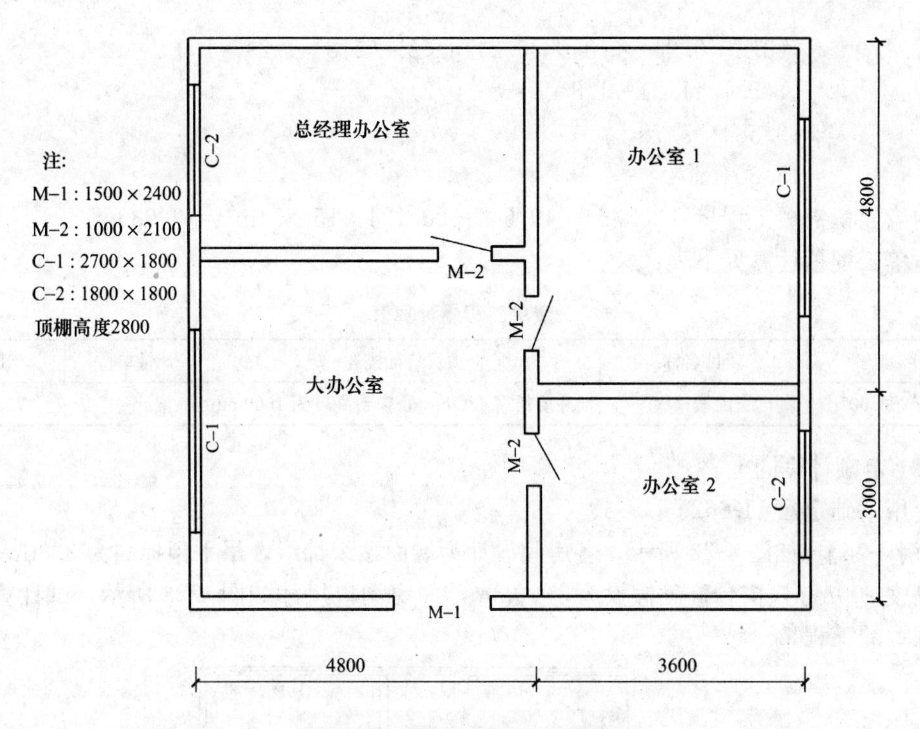

图 4-22　复合式办公室平面图

算房间内墙面织锦缎工程量。(油漆墙裙高 1200mm，窗台高度为 1000mm)

【解】 (1) 清单计算

说明：按设计尺寸以图示面积计算。

内墙面织锦缎工程量：

大办公室工程量：

[(4.8−0.24)+(4.8−0.24)]×2×(2.8−1.2)−1.5×(2.4−1.2)−1.0×(2.1−1.2)×3−2.7×(1.8−0.2)

=29.184−8.82

=20.364m²

总经理办公室工程量：

[(4.8−0.24)+(3.0−0.24)]×2×(2.8−1.2)−1.0×(2.1−1.2)−1.8×(1.8−0.2)

=23.424−3.78

=19.644m²

办公室 1 工程量

[(3.6−0.24)+(4.8−0.24)]×2×(2.8−1.2)−1.0×(2.1−1.2)−2.7×(1.8−0.2)

=25.344−5.22

=20.124m²

办公室 2 工程量：

$[(3.6-0.24)\times(3.0-0.24)]\times2\times(2.8-1.2)-1.0$
$\times(2.1-1.2)-1.8\times(1.8-0.2)$
$=19.584-3.78$
$=15.804m^2$

内墙面积锦缎工程量$=20.364+19.644+20.124+15.804m^2=75.936m^2$

清单工程量计算见下表：

清单工程量计算表

项目编码	项目名称	项目特征描述	计量单位	工程量
020509002001	织锦缎裱糊	油漆墙裙高 1200mm，窗台高度为 1000mm	m^2	75.94

(2) 定额计算同上。

套用基础定额 11-662

【例 4-24】 如图 4-23 所示，各房间设计为墙面贴织锦缎，吊平顶标高为 3.3m，涂料墙裙高度 900mm，窗台高度假设为 1000mm，门窗洞口尺寸如图 4-23 所示，试计算墙面贴织锦缎的工程量。

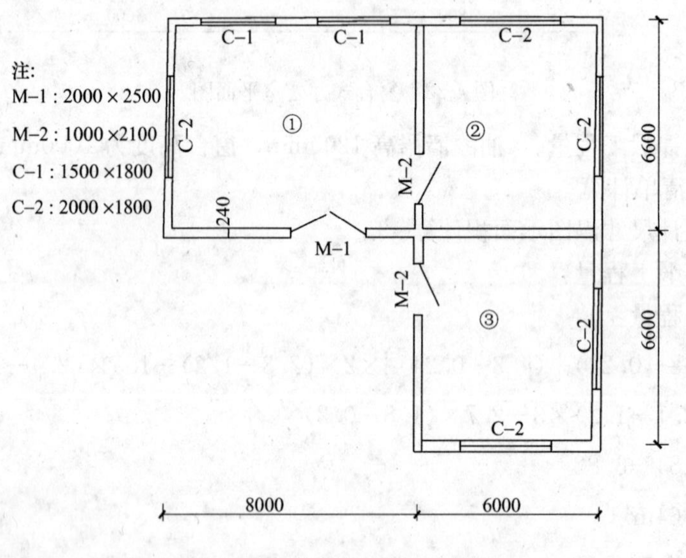

图 4-23 墙面贴织锦缎示意图

【解】 (1) 清单计算

说明：按设计图示尺寸以面积计算。

1) 各房间墙面贴织锦缎工程量

房间①工程量：

$S_1=[(8.0-0.24)+(6.6-0.24)]\times2\times(3.3-0.9)-2.0\times(2.5-0.9)-1.5\times1.8$
$\times2-1.0\times(2.1-0.9)-2.0\times1.8$
$=67.776-3.2-5.4-1.3-3.6$
$=54.276m^2$

房间②工程量

$S_2=[(6.0-0.24)+(6.6-0.24)]\times2\times(3.3-0.9)-1.0\times(2.1-0.9)$

$-2.0\times1.8\times2$

$=58.176-1.2-7.2=49.776\text{m}^2$

房间③的工程量＝房间②的工程量

$$S_3=S_2$$

2）墙面贴织锦缎的工程量

$$S=S_1+S_2+S_3=54.276+49.776\times2=153.828\text{m}^2$$

清单工程量计算见下表：

清单工程量计算表

项目编码	项目名称	项目特征描述	计量单位	工程量
020509002001	织锦缎裱糊	涂料墙裙高度 900mm，窗台高度为 1000mm	m^2	153.83

(2)定额计算同上。

套用基础定额 11-662

五、混凝土及钢筋混凝土工程

1. 试述构造柱混凝土工程量计算规则。

构造柱按全高计算，与砖墙嵌接部分的体积并入柱身体积内计算，柱的高度下算至混凝土基础顶面(地圈梁上表面)，上算至柱顶面，如需分层计算时，首层构造柱高应自柱基(或地圈梁)上表面算至上一层圈梁上表面，其他各层为各楼层上下两道圈梁上表面之间的距离。若构造柱上、下与主、次梁连接则以上下主次梁间净高计算柱高。

【例 5-1】 如图 5-1、图 5-2 所示构造柱设置形式，已知图 5-2(*a*)中层高为 3.3m，圈梁为 300mm×240mm，图 5-2(*b*)中层高 3.5m，梁高 500mm，构造柱上、下与梁连接，图 5-2 中墙厚均为 240mm，构造柱尺寸为 240mm×240mm，试计算该层构造柱的混凝土工程量。

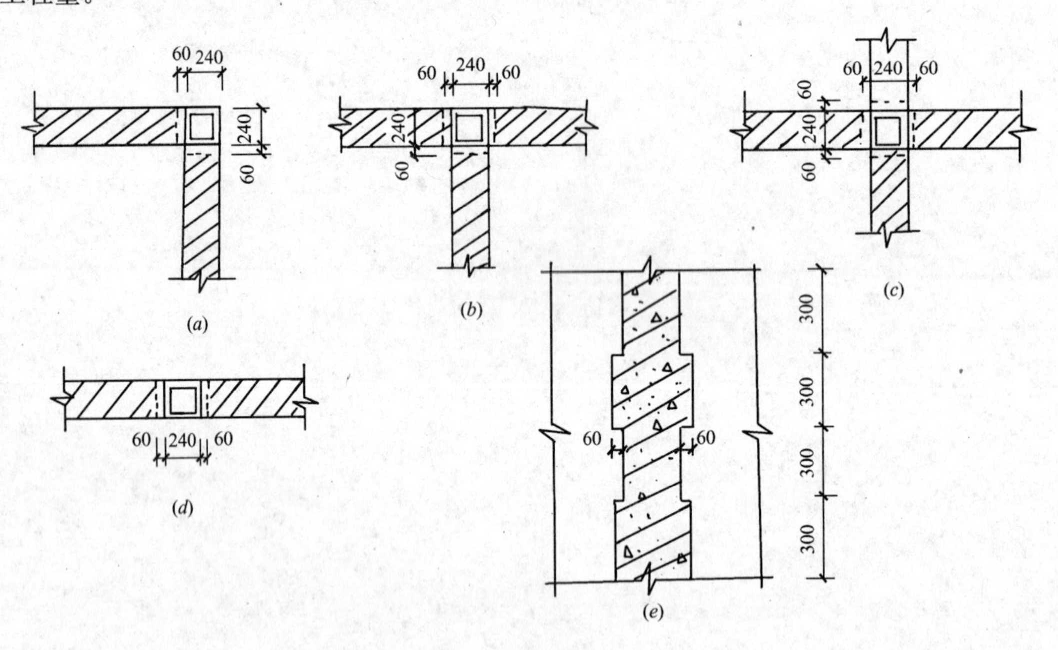

图 5-1 构造柱示意图

【解】 (1) 正确的计算方法：

1) 图 5-2(*a*)中形式工程量计算：

图 5-1(*a*) $0.24\times0.24\times3.3+\frac{1}{2}\times0.060\times0.24\times2\times(3.3-0.3)=0.233\text{m}^3$

图 5-1(*b*) $(0.24\times0.24\times3.3)+\frac{1}{2}\times0.060\times0.24\times3\times(3.3-0.3)=0.255\text{m}^3$

图 5-1(*c*) $(0.24\times0.24\times3.3)+\frac{1}{2}\times0.060\times0.24\times4\times(3.3-0.3)=0.276\text{m}^3$

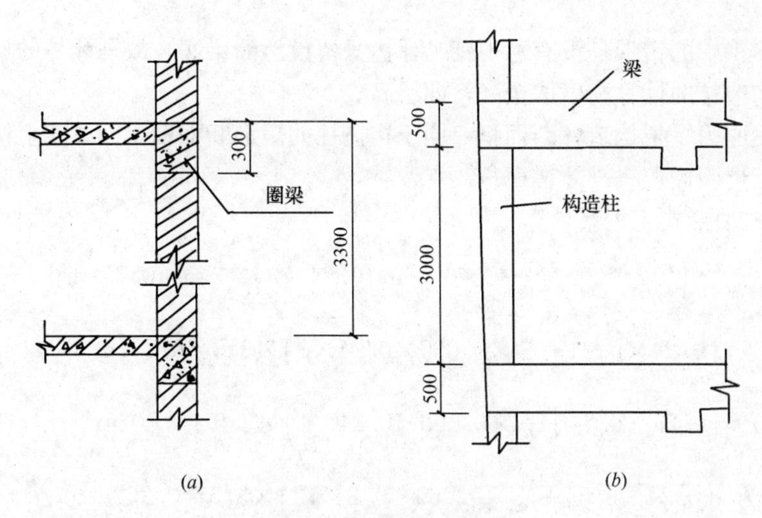

图 5-2 构造柱设置图

图 5-1(*d*) $(0.24\times0.24\times3.3)+\frac{1}{2}\times0.060\times0.24\times2\times(3.3-0.3)=0.233\text{m}^3$

套用基础定额 5-403

2) 图 5-2 (*b*) 中形式工程量计算：

图 5-1 (*a*) $\left(0.24\times0.24+\frac{1}{2}\times0.060\times0.24\times2\right)\times3.0=0.216\text{m}^3$

图 5-1(*b*) $\left(0.24\times0.24+\frac{1}{2}\times0.060\times0.24\times3\right)\times3.0=0.238\text{m}^3$

图 5-1(*c*) $\left(0.24\times0.24+\frac{1}{2}\times0.060\times0.24\times4\right)\times3.0=0.259\text{m}^3$

图 5-1(*d*) $\left(0.24\times0.24+\frac{1}{2}\times0.060\times0.24\times2\right)\times3.0=0.216\text{m}^3$

套用基础定额 5-403

(2) 错误的计算方法：

1) 图 5-2(*a*)中形式工程量计算：

①图 5-1(*a*) $\left(0.24\times0.24\times3.3+\frac{1}{2}\times0.060\times0.24\times2\right)\times3.3=0.238\text{m}^3$

图 5-1(*b*) $\left(0.24\times0.24+\frac{1}{2}\times0.060\times0.24\times3\right)\times3.3=0.261\text{m}^3$

图 5-1(*c*) $\left(0.24\times0.24+\frac{1}{2}\times0.060\times0.24\times4\right)\times3.3=0.285\text{m}^3$

图 5-1(*d*) $\left(0.24\times0.24+\frac{1}{2}\times0.060\times0.24\times2\right)\times3.3=0.238\text{m}^3$

套用基础定额 5-403

②图 5-1(*a*) $0.24\times0.24\times3.3=0.190\text{m}^3$

图 5-1(*b*) $0.24\times0.24\times3.3=0.190\text{m}^3$

图 5-1(*c*) $0.24\times0.24\times3.3=0.190\text{m}^3$

图 5-1(*d*) $0.24\times0.24\times3.3=0.190\text{m}^3$

套用基础定额 5-403

【分析】 ①中的错误是没有意识到马牙槎只留设至圈梁底，故马牙槎的计算高度应取至圈梁底。构造柱的计算高度取全高，即层高。

②中错误原因是把构造柱断面积等同于构造柱的矩形断面积，而事实上构造柱断面积＝构造柱的矩形断面积＋马牙槎面积。

2）图 5-2(*b*)形式工程量计算

①图 5-1(*a*) $\left(0.24\times0.24+\frac{1}{2}\times0.060\times0.24\times2\right)\times3.5=0.252m^3$

图 5-1(*b*) $\left(0.24\times0.24+\frac{1}{2}\times0.060\times0.24\times3\right)\times3.5=0.277m^3$

图 5-1(*c*) $\left(0.24\times0.24+\frac{1}{2}\times0.060\times0.24\times4\right)\times3.5=0.302m^3$

图 5-1(*d*) $\left(0.24\times0.24+\frac{1}{2}\times0.060\times0.24\times2\right)\times3.5=0.252m^3$

套用基础定额 5-403

②图 5-1(*a*) $\left(0.24\times0.24\times3.5+\frac{1}{2}\times0.060\times0.24\times2\times3\right)=0.245m^3$

图 5-1(*b*) $\left(0.24\times0.24\times3.5+\frac{1}{2}\times0.060\times0.24\times3\times3\right)=0.266m^3$

图 5-1(*c*) $\left(0.24\times0.24\times3.5+\frac{1}{2}\times0.060\times0.24\times4\times3\right)=0.288m^3$

图 5-1(*d*) $\left(0.24\times0.24\times3.5+\frac{1}{2}\times0.060\times0.24\times2\times3\right)=0.245m^3$

套用基础定额 5-403

【分析】 ①中错误的是把构造柱认为是建筑物的层高，而在构造柱与梁上、下连接时，柱高应取净高计算。

②中的错误是混淆了框架结构和砖混结构中的构造柱混凝土工程量计算方法。

2. 试述构造柱模板工程量计算规则。

构造柱按图示外露部分计算模板面积如图 5-3 所示。构造柱与墙接触面不计算模板面积，构造柱模板高度下算至混凝土基础顶面，上算至顶层圈梁或女儿墙压顶下口，当构造柱模板高度超过 3.6m 时，不计算其超高工程量。

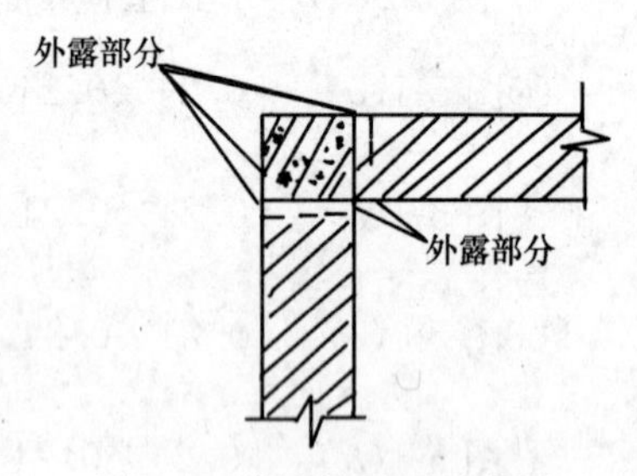

图 5-3 构造柱平面示意图

【例 5-2】 如图 5-1 所示构造柱设置示意图，已知构造柱尺寸为 240mm×240mm，柱支模高度为 3.8m，墙厚 240mm，试计算构造柱模板工程量。

【解】 (1)正确的计算方法：

图 5-1(*a*) $\left(0.24\times2+0.06\times4\times\frac{1}{2}\right)\times3.8=2.28m^2$

图 5-1(*b*) $\left(0.24+0.06\times6\times\frac{1}{2}\right)\times3.8=1.596m^2$

图 5-1(*c*) $\left(0.06\times2\times4\times\frac{1}{2}\right)\times3.8=0.912\text{m}^2$

图 5-1(*d*) $\left(0.24\times2+0.06\times4\times\frac{1}{2}\right)\times3.8=2.28\text{m}^2$

套用基础定额 5-58

(2) 错误解法：

1) 图 5-1(*a*) $[(0.24+0.06)\times2+0.06\times2]\times3.8=2.736\text{m}^2$

图 5-1(*b*) $(0.24+0.06\times2+0.06\times2\times2)\times3.8=2.28\text{m}^2$

图 5-1(*c*) $(0.06\times2\times4)\times3.8=1.824\text{m}^2$

图 5-1(*d*) $(0.24+0.06\times2)\times2\times3.8=2.736\text{m}^2$

套用基础定额 5-58

2) 图 5-1(*a*) $\left(0.24\times2+0.06\times4\times\frac{1}{2}\right)\times3.6=2.16\text{m}^2$

图 5-1(*b*) $\left(0.24+0.06\times6\times\frac{1}{2}\right)\times3.6=1.512\text{m}^2$

图 5-1(*c*) $\left(0.06\times2\times4\times\frac{1}{2}\right)\times3.6=0.864\text{m}^2$

图 5-1(*d*) $\left(0.24\times2+0.06\times4\times\frac{1}{2}\right)\times3.6=2.16\text{m}^2$

套用基础定额 5-58

$(3.8-3.6)\text{m}=0.2\text{m}<1\text{m}$，按 1m 计算其超高支撑工程量。

【分析】 1) 中错误的地方是把马牙槎部分的砖砌体也计算进了模板工程量，在《全国统一建筑工程预算工程量计算规则》中规定，构造柱按图示外露部分计算模板面积，并且是混凝土与模板接触面的面积，以 m^2 计算。

2) 中错误是计算了超高支撑工程量，规定当构造柱模板高度超过 3.6m 时，不计算其超高工程量。

3. 在计算梁的混凝土工程量时，梁长算至柱侧面，试问柱包含构造柱吗?

不包含构造柱，是构造以外的其他柱。

【例 5-3】 如图 5-4 所示，计算现浇钢筋混凝土梁的混凝土工程量。

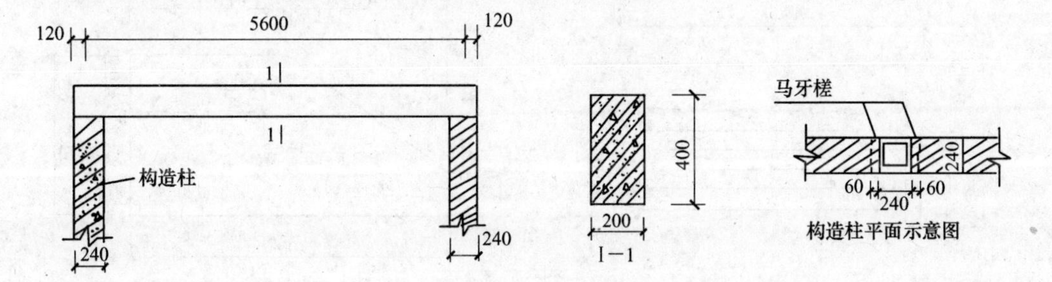

图 5-4 现浇钢筋混凝土梁示意图

【解】 (1)正确的计算方法：

$$\text{混凝土工程量}=(5.6+0.12\times2)\times0.4\times0.2$$
$$=0.467\text{m}^3$$

套用基础定额 5-406

清单工程量计算见下表：

清单工程量计算表

项目编码	项目名称	项目特征描述	计量单位	工程量
010403002001	矩形梁	梁截面为 200mm×400mm	m^3	0.47

（2）错误的计算方法：

1）混凝土工程量＝(5.6－0.12＋0.12)×0.4×0.2

＝0.448m^3

套用基础定额 5-406

2）混凝土工程量＝(5.6＋0.12－0.24)×0.4×0.2

＝0.438m^3

套用基础定额 5-406

【分析】 1)中错误的原因是把梁长算至构造柱侧面，在计算梁混凝土工程量时，梁如果与构造柱相接，则梁长应包括梁与构造柱相交接部分。

2）中错误的原因是没有计算梁伸入墙内的梁头。《全国统一建筑工程预算工程量计算规则》规定伸入墙内的梁头，梁垫体积并入梁体积内计算。

4. 在计算台阶工程量时，如何区分台阶与平台？并简述台阶模板与混凝土工程量计算规则。

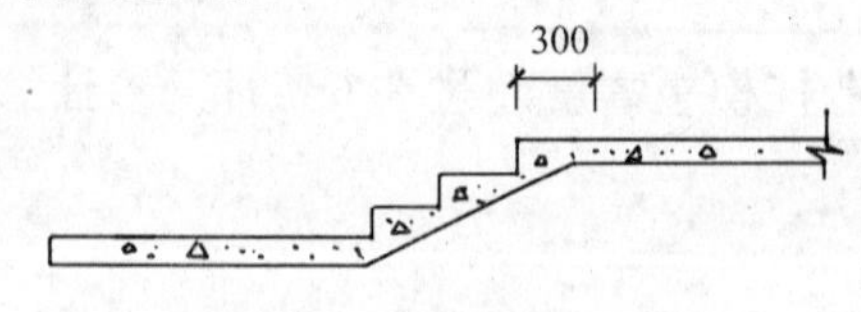

图 5-5 台阶断面示意图

台阶与平台连接时，以最上层踏步外沿加300mm为界。如图 5-5 所示，模板工程量：混凝土台阶不包括梯带，按图示台阶尺寸的水平投影面积计算，台阶端头两侧不另计算模板面积。

混凝土工程量：按实体体积计算。

【例 5-4】 如图 5-6 所示现浇混凝土台阶，试计算其模板和混凝土工程量。

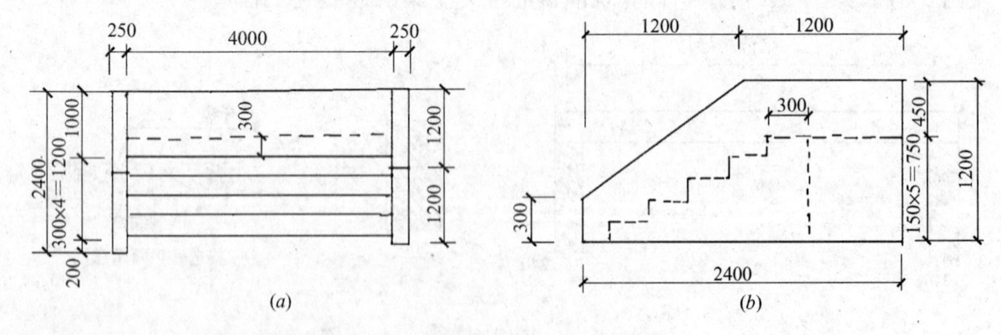

图 5-6 现浇混凝土台阶示意图

(a)平面图；(b)右视图

【解】 (1) 正确的计算方法：

模板工程量＝(0.3×5)×4＝6m^2

套用基础定额 5-123

混凝土工程量 $=(0.3\times0.15+0.3\times0.15\times2+0.3\times0.15\times3+0.3\times0.15\times4+0.3\times0.15\times5)\times4$

$=18m^3$

套用基础定额 5-431

清单工程量计算见下表：

清单工程量计算表

项目编码	项目名称	项目特征描述	计量单位	工程量
010407001001	其他构件	现浇混凝土台阶	m^2	6

(2) 错误的计算方法：

模板工程量错解：

1) 模板工程量 $=2.4\times4.5-0.2\times4=10m^2$

套用基础定额 5-103

2) 模板工程量 $=(0.3\times5)\times4+0.3\times0.15\times(1+2+3+4+5)$

$=6.675m^2$

套用基础定额 5-123

【分析】 1) 中错误有两点①台阶与平台不分②把梯带也算入台阶里面，2)中错误是多计算了混凝土台阶端头两侧的模板工程量，根据《全国统一建筑工程预算工程量计算规则》规定，台阶端头两侧不另计算模板面积。

混凝土工程量错解：

1) 混凝土工程量 $=(0.3\times5)\times4=6m^2$

套用基础定额 5-431

2) 混凝土工程量 $=[0.3\times0.15\times(1+2+3+4)+1.0\times0.75]\times4$

$=4.8m^3$

套用基础定额 5-431

【分析】 1) 中误认为现浇混凝土台阶的混凝土工程量是按照水平投影面积计算。2) 中虽未计算梯带混凝土工程量，但还是多算了平台混凝土工程量，是由于台阶、平台划分不清所致。

5. 混凝土台阶如果是现浇混凝土梯带时，应如何计算其模板及混凝土工程量。

台阶两端侧边现浇混凝土梯带的模板面积按立模面积确定，并套用小型构件定额。

混凝土工程量按实体体积计算。

【例 5-5】 如图 5-6 所示现浇混凝土梯带，计算其模板及混凝土工程量。

【解】 (1) 正确的计算方法：

模板工程量 $=(2.4\times1.2-1.2\times0.9\times\frac{1}{2})\times2+[2.4\times1.2-\frac{1}{2}\times1.2\times0.9-0.3\times0.15\times(1+2+3+4)-1\times0.75]\times2$

$=4.68+2.28=6.96m^2$

套用基础定额 5-130

$$混凝土工程量=(2.4\times1.2-\frac{1}{2}\times1.2\times0.9)\times0.25\times2=1.17m^3$$

套用基础定额 5-429

清单工程量计算见下表：

清单工程量计算表

项目编码	项目名称	项目特征描述	计量单位	工程量
010407001001	其他构件	现浇混凝土梯带	m^3	1.17

(2) 错误的计算方法：

模板工程量错解：

1) 模板工程量$=(2.4\times1.2-\frac{1}{2}\times1.2\times0.9)\times4=9.36m^2$

套用基础定额 5-130

2) 模板工程量$=(2.4\times1.2-\frac{1}{2}\times1.2\times0.9)\times2=4.68m^2$

套用基础定额　5-130

【分析】 1)中错误是未扣除掉台阶与平台侧面那部分模板工程量；2)中错误的地方是误认为梯带混凝土工程量按垂直投影面积计算。

混凝土工程量错解：

1) 混凝土工程量$=0.25\times2.4\times2=1.2m^2$

套用基础定额 5-429

2) 混凝土工程量$=[2.4\times1.2-1.2\times0.9-0.3\times0.15\times(1+2+3+4)-1.0\times0.75]\times0.25\times2=0.3$

套用基础定额 5-429

【分析】 1)中错误是误认为混凝土工程量按照水平投影面积计算；2)中错误是仅计算了部分混凝土工程量，忽略了台阶梯带连接处的工程量。

6. 升板柱帽混凝土工程量在定额计算中和清单计算上的异同?

在定额中，柱与柱帽对应于不同的定额编号，分别列项计算，在清单计算时，升板的柱帽并入柱身体积计算。

【例 5-6】 如图 5-7 所示升板柱帽示意图，求其定额和清单的现浇混凝土工程量并套定额编号和清单项目编码。

【解】 (1) 正确的计算方法：

1) 定额计算：

$$柱工程量=0.4\times0.2\times4.5=0.36m^3$$

套用基础定额 5-401

$$柱帽混凝土工程量=\frac{0.6}{6}\times[0.4\times0.2+1.4\times1.8+(1.8+0.4)\times(1.4+0.2)]+2.2\times1.8\times0.1=0.612+0.396=1.008m^3$$

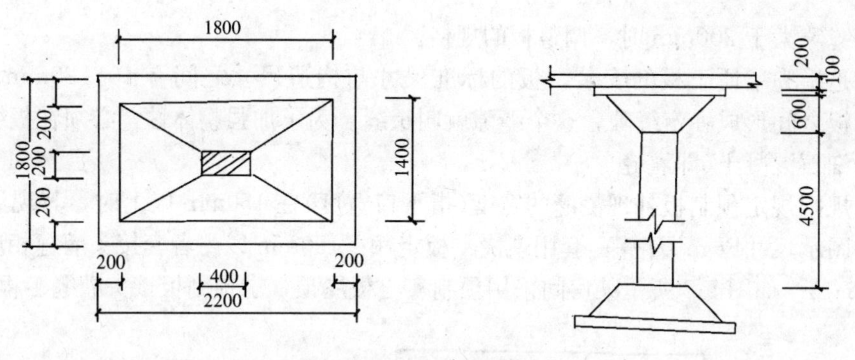

图 5-7 升板柱帽示意图

套用基础定额 5-404

2）清单计算：

$$矩形柱工程量=0.4\times0.2\times4.5+\frac{0.6}{6}\times[0.4\times0.2+1.4\times1.8+(1.8+0.4)\times(1.4+0.2)]+2.2\times1.8\times0.1=1.368m^3$$

项目编码：010402001　　项目名称：矩形柱

(2) 错误的计算方法：

1）定额计算：

$$柱工程量=0.4\times0.2\times4.5=0.36m^3$$

套用基础定额 5-401

$$柱帽混凝土工程量=\frac{0.6}{6}\times[0.4\times0.2+1.4\times1.8+(1.8+0.4)\times(1.4+0.2)]+2.2\times1.8\times0.1=1.008m^3$$

套用基础定额 5-418

2）清单计算：

$$矩形柱混凝土工程量=0.4\times0.2\times4.5=0.36m^3$$

项目编码：010402001　　项目名称：矩形柱

【分析】 定额计算中柱帽混凝土工程量套用了无梁板定额，与无梁楼盖柱帽相混淆。在定额中，升板柱帽是单独列项编号的，而无梁楼盖的柱帽是并入板体积按无梁板计算的。

清单计算中漏算了升板柱帽体积，清单工程量计算规则规定依附柱上的牛腿和升板的柱帽，并入柱身体积计算。

7. 何为板带、板缝？如何计算其工程量？

板带是指当具体布置房间的楼板时，往往出现不足一块板的缝隙；当缝隙小于 60mm 时可调节板缝；当缝隙在 60～120mm 之间时，可在灌缝的混凝土中加配 2ϕ4 通长钢筋；当板缝隙在 120～200mm 之间时，要设现浇混凝土板带，且将板带设在墙边或有穿管的部位；当缝隙大于200mm时，调整板的规格。

板缝是指为了便于板的安装，板的标准尺寸与构造尺寸之间有10～20mm的差值，这样板与板之间形成一定缝隙，这个缝隙就叫板缝。为了加强整体性，必须在板缝填入水泥砂浆或细石混凝土(即灌缝)。

计算规则规定预制板补现浇缝的宽度(指下口宽度)在150mm以上时，其现浇混凝土工程量按图示尺寸以m^3计算，套用现浇平板定额。150mm以内者套接头灌缝相应项目。

【例5-7】 如图5-8所示某房间采用预制实心板屋顶，求预制板接头灌缝工程量。

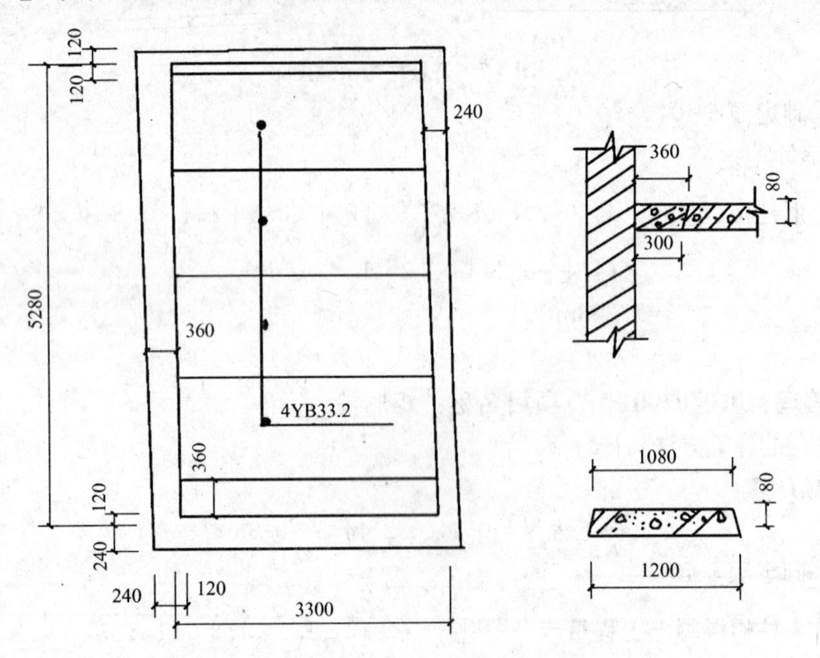

图5-8 预制实心板屋顶示意图

【解】 (1) 正确的计算方法：

补现浇板缝360mm

$$工程量=\frac{1}{2}\times(0.3+0.36)\times0.08\times3.3=0.087m^3$$

套用基础定额5-419

$$预制板板缝工程量=\frac{1}{2}\times(1.2+1.08)\times0.08\times4\times3.3=1.204m^3$$

套用基础定额5-528

(2) 错误的计算方法：

1) $接头灌缝工程量=\left[\frac{1}{2}\times(0.3+0.36)+3\times0.060\times2\times\frac{1}{2}\right]\times0.080\times3.3$

$=0.135m^3$

套用基础定额5-528

2) $接头灌缝工程量=\frac{1}{2}\times(1.2+1.08)\times0.08\times4\times3.3=1.204m^3$

套用基础定额5-528

【分析】 1) 中错误认为混凝土构件接头灌缝工程量为接头所灌注的混凝土体积，而实际上应为预制构件的混凝土总量。2）中错误的地方是没有区分板缝的宽度（指下口宽度）大小，而误认为只要是预制板接头灌缝就按预制构件的混凝土总量计算。

【备注】 在套用板相应钢筋混凝土构件接头灌缝项目时，工作内容里已包含了模板制作、安装、拆除以及空心板堵孔等工作，故不再需要计算模板工程量和空心板堵孔（仅空心板）工程量。

在板缝宽度大于150mm，套用现浇平板定额时还应再计算模板工程量。因为其工作内容里仅有混凝土的水平运输、搅拌、捣固、养护。

8. 试述有梁板模板工程量计算规则。

有梁板模板面积是指板底面积、梁底面积及梁侧面积之和。其中梁侧面高度应从梁底算至板底。不扣除单个面积在0.3m² 的孔洞面积。当单孔面积在0.3m² 以上时，应扣除孔洞面积，但孔洞侧壁面积应计算，并入板模板面积内，模板工程量计算公式如下：

$$S_{有梁板}=S_{底模}+S_{侧模}$$

式中 $S_{底模}$——有梁板的板底面积（包括梁底）；

$S_{侧模}$——有梁板的梁和板的侧面积。

同时柱与梁、梁与梁等连接的重叠部分以及伸入墙内的板头部分，均不计算模板面积。

【例 5-8】 如图5-9所示某现浇单向板肋梁楼盖，求其模板工程量。

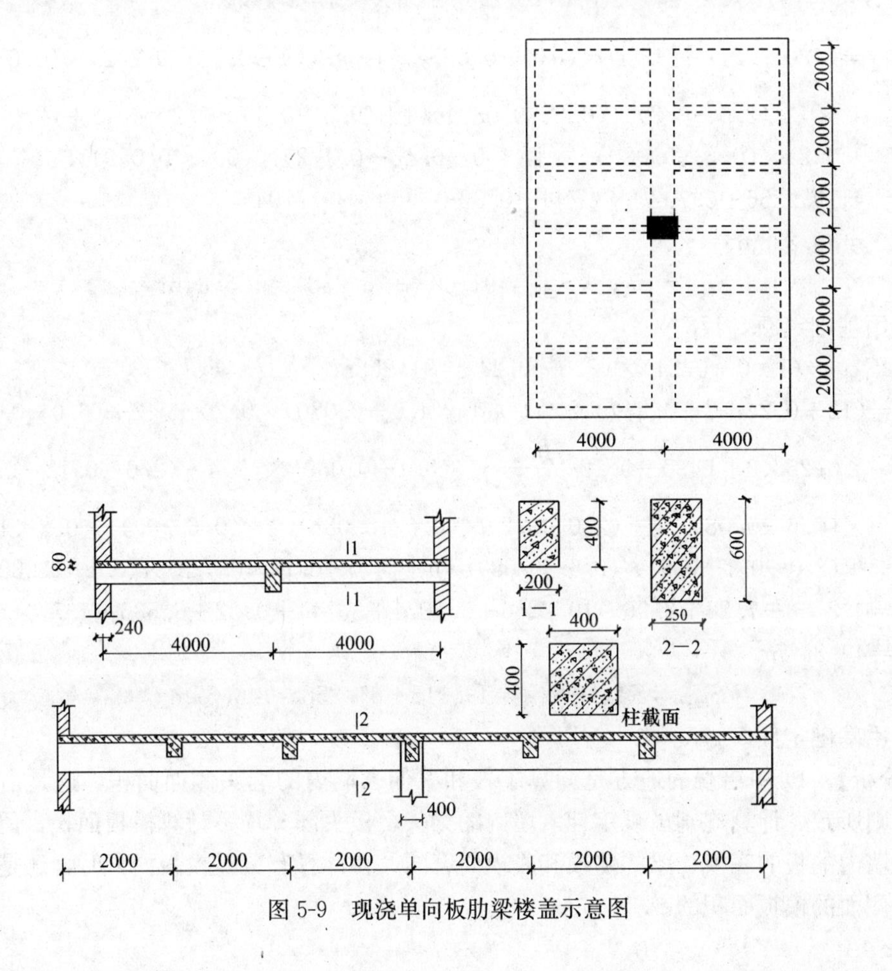

图5-9 现浇单向板肋梁楼盖示意图

【解】 (1) 正确的计算方法：

$S_{底模}=(12-0.24)\times(8-0.24)-0.4\times0.4=91.098m^2$

$$S_{侧模}=\underset{板侧面面积}{\underline{(12+0.24+8+0.24)\times2\times0.080}}+\underset{次梁端头侧面积}{\underline{(0.4-0.080)\times0.2\times5\times2}}$$

$$+\underset{主梁端头侧面积}{\underline{(0.6-0.08)\times0.25\times2}}+\underset{不与柱相连的次梁侧面积}{\underline{\left(4.0-0.12-\frac{0.25}{2}\right)\times(0.4-0.080)\times4\times4}}$$

$$+\underset{主梁与墙相连段侧面积}{\underline{(2.0-0.12-0.2/2)\times(0.6-0.08)\times4}}+\underset{墙与柱之间中间主梁段侧面积}{\underline{(2.0-0.2)\times(0.6-0.08)\times4}}$$

$$+\underset{主次梁交接处次梁下面主梁部分面积}{\underline{(0.6-0.4)\times0.2\times4\times2}}+\underset{主梁与柱相交那段主梁部分面积}{\underline{(2.0-0.1-0.2)\times(0.6-0.080)\times4}}$$

$$+\underset{次梁与柱交段次梁部分面积}{\underline{(4.0-0.12-0.4/2)\times(0.4-0.080)\times4}}$$

$=3.2768+0.64+0.26+19.2256+3.7024+3.744+0.32+3.536+4.7104$

$=39.415m^2$

$$S_{模板}=S_{侧模}+S_{底模}=39.415+91.098=130.513m^2$$

套用基础定额 5-178

(2) 错误的计算方法：

1) $S_{底模}=(12.0-0.24)\times(8.0-0.24)-0.4\times0.4=91.098m^2$

$S_{侧模}=(4.0-0.12-\frac{0.25}{2})\times(0.4-0.080)\times4\times4+(2-0.12-0.2/2)\times(0.6-0.08)$

$\times4+(2.0-0.2)\times(0.6-0.080)\times4+(0.6-0.4)\times0.2\times4\times2+(2.0-0.1-$

$0.2)\times(0.6-0.080)\times4+(4.0-0.12-0.4/2)\times(0.4-0.080)\times4$

$=19.2256+3.7024+3.744+0.32+3.536+4.7104$

$=35.238m^2$

$$S_{模板}=S_{底模}+S_{侧模}=91.098+35.238)=126.34m^2$$

套用基础定额 5-178

2) $S_{底模}=(12.0-0.24)\times(8.0-0.24)=91.258m^2$

$S_{侧模}=(12+0.24+8+0.24)\times2\times0.080+(4.0-0.080)\times0.2\times5\times2+(6.0-0.08)$

$\times0.25\times2+\left(4.0-0.12-\frac{0.25}{2}\right)\times(0.4-0.080)\times4\times4+(2.0-0.12-0.2/2)$

$\times(0.6-0.08)\times4+(2.0-0.2)\times(0.6-0.08)\times4+(0.6-0.4)\times0.2\times4\times2$

$+(2.0-0.1-0.2)\times(0.6-0.080)\times4+(4.0-0.12-0.4/2)\times(0.4-0.080)\times4$

$=3.2768+7.84+2.96+19.2256+3.7024+3.744+0.32+3.536+4.7104$

$=49.315m^2$

$$S_{模板}=S_{侧模}+S_{底模}=49.315+91.258=140.57m^2$$

套用基础定额 5-178

【分析】 1) 中错误的地方是漏算了板和梁伸入墙内的端头侧面面积，这是由于死套计算规则所致，计算规则虽规定伸入墙内的梁头、板头部分均不计算模板面积，但那是对于伸入墙内的板的底模、梁的侧模和底模而言的，在计算有梁板模板面积时，还是应该计算端头侧面的模板面积的。

2）中错误的地方是未去掉柱所占模板面积。在计算有梁板、无梁板的板底模板面积时，均需减去柱的截面面积。

9. 现浇压顶与扶手在实物上如何界定?

压顶的顶面宽度一般较所封的墙板稍宽，要求在墙板的两边出檐。编制预算时按实际体积计算工程量。

扶手的顶面宽度楼梯一般不大于 9cm，台廊扶手一般在 10～15cm。现浇扶手也按实际体积计算工程量。

【例 5-9】 如图 5-10 所示某屋面的砖砌栏杆，先做钢筋混凝土压顶，再在压顶上做弧面扶手，问混凝土工程量如何计算并套定额?

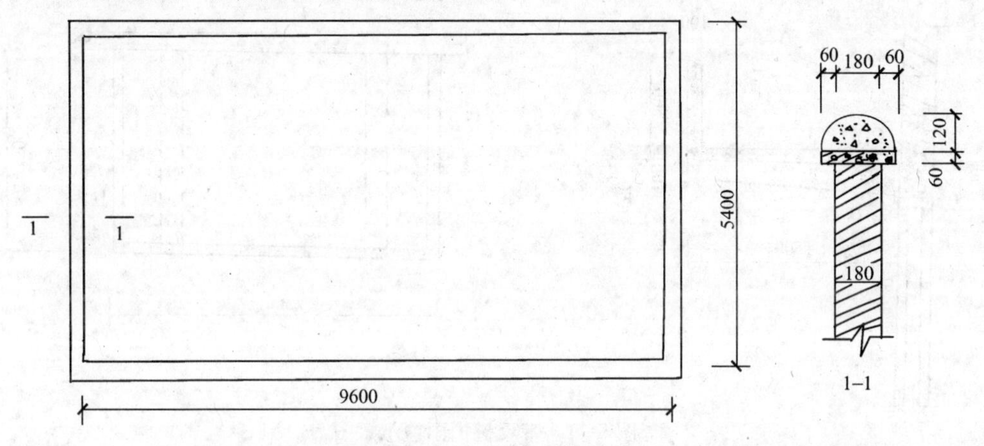

图 5-10 屋面示意图

【解】 (1) 正确的计算方法：

$$压顶工程量=(0.3\times0.060)\times(9.6+5.4)\times2=0.54\text{m}^3$$

套用基础定额 5-432

$$扶手工程量=0.15^2\pi\times\frac{1}{2}\times(9.6+5.4)\times2=1.06\text{m}^3$$

套用基础定额 5-426

(2) 错误的计算方法：$\left(\frac{1}{2}\times\pi\times0.15^2+0.3\times0.060\right)\times(9.6+5.4)\times2$

$$=1.60\text{m}^3$$

套用基础定额 5-432

清单工程量计算见下表：

清单工程量计算表

项目编码	项目名称	项目特征描述	计量单位	工程量
010407001001	其他构件	现浇压顶、扶手	m	(9.6+5.4)×2=30

【分析】 本例为扶手和压顶并用事例，应分别套用压顶和扶手两项定额。错误解法中把扶手并入压顶工程量中，是不正确的。

【备注】 有些阳台为了搁置花盆而将扶手宽度加到 30cm 甚至更宽，这时扶手因超出扶手尺寸范围，故可按压顶计算。

10. 雨篷混凝土工程量定额计算与清单计算有何异同?

在《全国统一建筑工程预算工程量计算规则》中规定雨篷混凝土工程量按伸出外墙的水平投影面积计算。带反挑檐的雨篷按展开面积并入雨篷内计算。

在《建筑工程工程量清单计价规范》中雨篷的工程量计算规则为按设计图示尺寸以墙外部分体积计算。包括伸出墙外的牛腿和雨篷反挑檐的体积。

【例 5-10】 如图 5-11 所示带反挑檐的雨篷示意图，分别用定额和清单方法计算其混凝土工程量，并计算其模板工程量。(C15 混凝土)

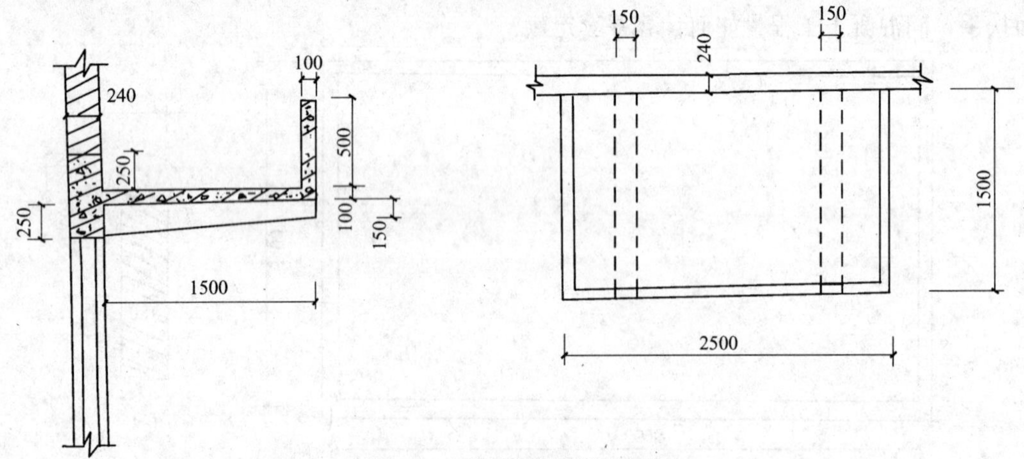

图 5-11 带反挑檐雨篷示意图

【解】 (1) 正确的计算方法：

定额计算混凝土工程量$=1.5\times2.5+(2.5+1.5+1.5-0.1\times2)\times0.5$

$=3.75+2.65$

$=6.40\text{m}^2$

套用基础定额 5-472

清单计算混凝土工程量$=0.1\times1.5\times2.5+0.5\times0.1\times\left(1.5-\frac{0.1}{2}+1.5-\frac{0.1}{2}+2.5-0.1\right)$

$+\frac{1}{2}\times(0.15+0.25)\times0.15\times1.5\times2$

$=0.375+0.265+0.045\times2$

$=0.73\text{m}^3$

清单工程量计算见下表：

清单工程量计算表

项目编码	项目名称	项目特征描述	计量单位	工程量
010405008001	雨篷、阳台板	C15 混凝土	m^3	0.73

定额计算模板工程量$=1.5\times2.5=3.75\text{m}^2$

套用基础定额 5-210

(2) 错误的计算方法：

1) 定额计算混凝土工程量 $=1.5\times2.5\times0.1+0.5\times0.1\times(1.5-\frac{0.1}{2}+1.5-\frac{0.1}{2}+2.5-0.1)$

$=0.64\text{m}^3$

套用基础定额 5-472

清单计算混凝土工程量 $=1.5\times2.5\times0.1+0.5\times0.1\times\left(1.5-\frac{0.1}{2}+1.5-\frac{0.1}{2}+2.5-0.1\right)$

$=0.64\text{m}^3$

定额计算模板工程量 $=1.5\times2.5+(2.5+1.5+1.5)\times(0.5+0.1)$

$=3.75+3.3$

$=7.05\text{m}^2$

套用基础定额 5-210

【分析】 定额计算混凝土工程量方向就不对，定额规定雨篷混凝土工程量按水平投影面积计算，而不是按实体体积计算。清单计算混凝土工程量漏算了两个牛腿的体积，清单雨篷工程量计算规则规定伸出墙外的牛腿并入雨篷体积计算。模板工程量错在按照雨篷延长米由水平投影面积计算。

2) 清单计算混凝土工程量 $=1.5\times2.5+0.1+0.5\times0.1\times(1.5-\frac{0.1}{2}+1.5-\frac{0.1}{2}+2.5-0.1)+\frac{1}{2}(0.15+0.25)\times0.15\times1.5\times2+(0.25+0.1+0.25)\times0.24\times2.5$

$=0.375+0.265+0.090+0.36$

$=1.09\text{m}^3$

模板混凝土工程量 $=1.5\times2.5+(1.5\times2+2.5)\times(0.5+0.1)+(1.5-0.1+1.5-0.1+2.5-0.2)\times0.5+\frac{1}{2}(0.15+0.25)\times1.5\times4$

$=3.75+3.3+2.55+1.2$

$=10.8\text{m}^2$

套用基础定额 5-210

【分析】 清单计算混凝土工程量多算了墙内的梁的工程量，不符合计算规则规定，模板混凝土工程量是按照混凝土与模板接触面的面积以平方米(m^2)计算的，与正确的按图示外挑部分尺寸的水平投影面积不符。

【备注】 现浇遮阳板嵌入墙内部分按圈梁或过梁对待，伸出墙外的水平遮阳板按雨篷对待。

11. 在计算现浇雨篷混凝土工程量时，当其伸出墙外的长度大于 2m 时，应如何计算其工程量?

当现浇雨篷伸出墙外长度大于 2m 时，应按整个雨篷的体积(包括嵌在墙内的梁)以立方米计算，执行有梁板定额。

【例 5-11】 如图 5-12 所示某有梁式现浇混凝土雨篷示意图。求混凝土工程量。(C15 混凝土)

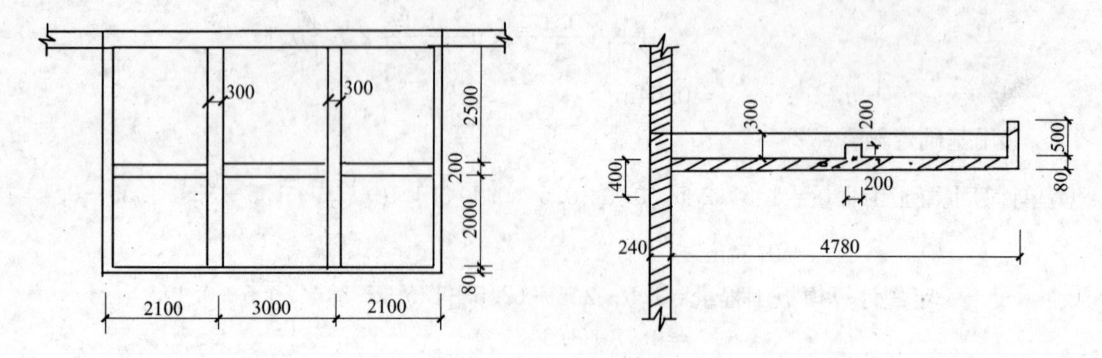

图 5-12 有梁式现浇混凝土雨篷示意图

【解】 (1) 正确的计算方法:

1) 混凝土工程量(定额计算法)

$$=\underbrace{4.78\times(2.1\times2+3.0)\times0.080+0.080\times0.5\times[(4.780-0.08/2)\times2+(2.1\times2+3.0-0.08)]}_{\text{雨篷板工程量}}$$

$$+\underbrace{0.3\times0.3\times(4.78-0.08)\times2+0.2\times0.2\times(7.2-0.08\times2-0.3\times2)}_{\text{雨篷梁工程量}}+\underbrace{(0.4+0.3)\times0.24\times7.2}_{\text{嵌入墙内的梁}}$$

$=2.7533+0.664+0.846+0.2576+1.2096$

$=5.73\text{m}^3$

套用基础定额(5-417)

2) 清单工程量计算见下表:

清单工程量计算表

项目编码	项目名称	项目特征描述	计量单位	工程量
010405008001	雨篷、阳台板	C15 混凝土	m³	5.73−(0.4+0.3)×0.24×7.2=4.52

(2) 错误的计算方法:

1) 混凝土工程量 $=4.78\times7.2\times0.080+0.080\times0.5\times[(4.780-0.080/2)\times2+(2.1\times2+3.0-0.08)]+0.3\times0.3\times(4.78-0.08)\times2+0.2\times0.2\times(7.2-0.08\times2-0.3\times2)$

$=2.7533+0.664+0.846+0.2576$

$=4.52\text{m}^3$

套用基础定额 5-417

2) 混凝土工程量 $=(2.1\times2+3.0)\times4.78+(4.78\times2+7.2)\times(0.5+0.08)$

$=34.416+9.7208$

$=44.14\text{m}^2$

套用基础定额 5-417

3) 混凝土工程量 $=(2.1\times2\times3.0)\times4.78$

$=34.42\text{m}^2$

套用基础定额 5-417

【分析】 1）中错误的地方是漏算了嵌入墙内的梁部分混凝土体积，2）中是按照雨篷伸出墙外的长度小于 2m 计算混凝土工程量的。3）是按雨篷挑出部分的水平投影面积计算的。

12. 当圈梁在门窗洞口处也是过梁时，应如何套用定额?

应分别套用圈梁、过梁定额，其过梁的长度按门窗洞口宽度两端各加 250mm 计算，如图5-13所示。

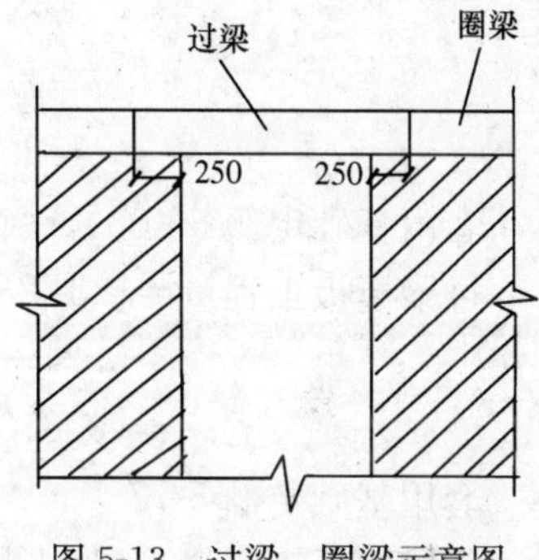

图 5-13 过梁、圈梁示意图

【例 5-12】 如图 5-14 所示，某层平面布置，圈梁为 240mm×240mm，在门窗洞口处圈梁过梁并用，在四个转角处为 240mm×240mm 的构造柱，试求圈梁、过梁的混凝土工程量和模板工程量。

【解】 (1) 正确的计算方法：

过梁混凝土工程量$=(1.2+0.25\times2)\times0.24\times0.24\times8+(1.8+0.25\times2)\times0.24\times0.24\times8$

$=1.843m^3$

套用基础定额 5-409

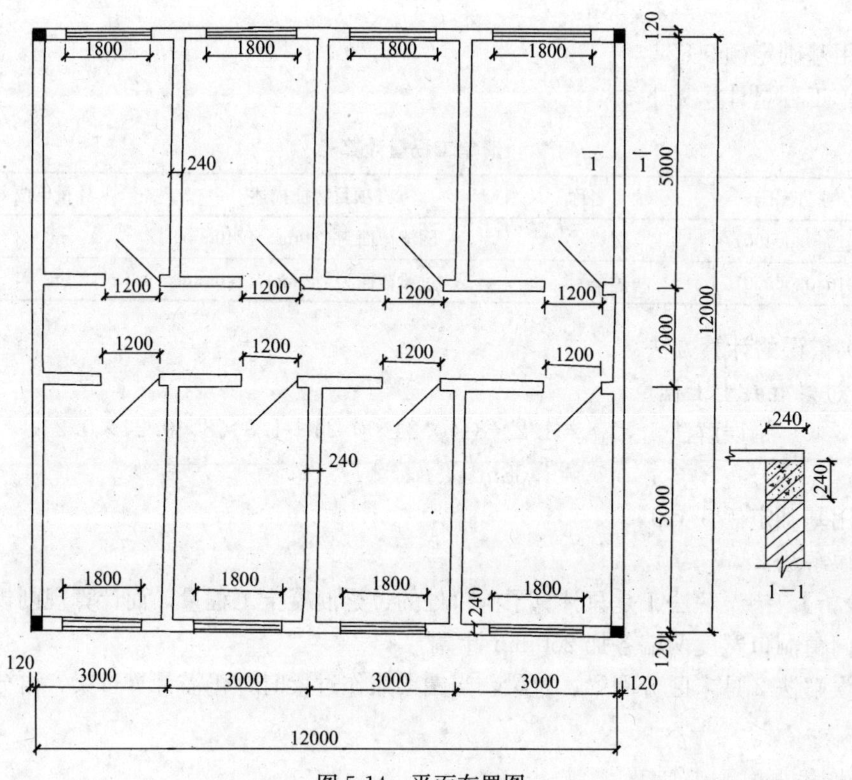

图 5-14 平面布置图

$$\text{圈梁混凝土工程量}=\underbrace{(12.0+12.0)\times2\times0.24\times0.24}_{\text{外墙圈梁工程量}}+\underbrace{(12-0.24-2+0.24)\times3\times0.24\times0.24}_{\text{内纵向圈梁工程量}}+\underbrace{(12-0.24)\times2\times0.24\times0.24}_{\text{内横向圈梁工程量}}-\underbrace{0.24\times0.24\times3\times2}_{\text{内纵横墙圈梁T形接头}}-\underbrace{1.8432}_{\text{过梁混凝土工程量}}-\underbrace{0.24\times0.24\times0.24\times4}_{\text{构造柱工程量}}$$

$$=2.7648+1.728+1.3548-0.3456-1.8432-0.0553=3.60\text{m}^3$$

套用基础定额 5-408

$$\text{过梁模板工程量}=[(1.2+0.25\times2)\times2\times0.24+1.2\times0.24+(1.8+0.25\times2)\times2\times0.24+1.8\times0.24]\times8=(0.816+0.288+1.104+0.432)\times8=21.12\text{m}^2$$

套用基础定额 5-77

$$\text{圈梁模板工程量}=(12+12)\times2\times2\times0.24+(5.0-0.24)\times0.24\times6\times2+[(12-0.24)\times2-0.24\times3]\times0.24\times2-(1.2+0.5+1.8+0.5)\times2\times0.24\times8=23.04+13.709+10.944-15.36=32.33\text{m}^2$$

套用基础定额 5-82

清单工程量计算见下表：

清单工程量计算表

序号	项目编码	项目名称	项目特征描述	计量单位	工程量
1	010403004001	圈梁	圈梁截面为 240mm×240mm	m^3	3.60
2	010403005001	过梁	过梁截面为 240mm×240mm	m^3	1.84

（2）错误的计算方法：

1）过梁混凝土工程量

错误解法 1　$V_1=1.2\times8\times0.24\times0.24+1.8\times8\times0.24\times0.24=1.38\text{m}^3$

套用基础定额 5-409

错误解法 2　$V_2=0$

【分析】 错误解法 1 是只计算了洞口处的过梁混凝土工程量，而计算规则规定过梁的长度按门窗洞口宽度两端各加 250mm 计算。

错误解法 2 是未区分圈梁、过梁，当圈梁兼作过梁时，仍需计算过梁，再分别套用定额计算。

2）圈梁混凝土工程量

错误解法 1　$V_1=(12.0+12.0)\times2\times0.24\times0.24+(12-0.24-2+0.24)\times3$

$\times 0.24\times 0.24+(12-0.24)\times 2\times 0.24\times 0.24-0.24\times 0.24\times 3$
$\times 2-1.8432$
$=2.7648+1.728+1.3548-0.3456-1.8432$
$=3.66m^3$

套用基础定额 5-408

错误解法 2 $V_2=(12.0+12.0)\times 2\times 0.24\times 0.24+(12-0.24-2+0.24)\times 3\times 0.24$
$\times 0.24+(12-0.24)\times 2\times 0.24\times 0.24-0.24\times 0.24\times 3\times 2$
$=2.7648+1.728+1.3548-0.3456$
$=5.50m^3$

套用基础定额 5-408

错误解法 3 $V_3=(12.0+12.0)\times 2\times 0.24\times 0.24)+(12-0.24-2+0.24)\times 3\times$
$0.24\times 0.24+(12-0.24)\times 2\times 0.24\times 0.24-(1.8+1.2)\times 8\times$
0.24×0.24
$=2.7648+1.728+1.3548-1.3824$
$=4.47m^3$

套用基础定额 5-408

【分析】 错误解法 1 中未减去构造柱所占体积，在砖混结构中，构造柱的计算高度算至圈梁的上顶面，故在计算圈梁时应减去构造柱伸入圈梁中的体积。

错误解法 2 既未减去构造柱所占体积，又多算了过梁的体积。

错误解法 3 有三处错误①内纵横墙 T 形接头处重复计算；②构造柱所占体积未减去；③计算过梁体积时以门窗洞口长度计算。

3）圈梁、过梁模板工程量

错误解法 1 圈梁模板工程量

$=(12+12)\times 2\times 2\times 0.24+(5.0-0.24)\times 0.24\times 6\times 2+[(12-0.24)\times$
$2-0.24\times 3]\times 0.24\times 2-(1.2+1.8)\times 0.24\times 8$
$=23.04+13.709+10.944-5.76$
$=41.93m^2$

套用基础定额 5-82

错误解法 2 圈梁模板工程量

$=(12+12)\times 2\times 2\times 0.24+(5.0-0.24)\times 0.24\times 6\times 2+[(12-0.24)\times$
$2-0.24\times 3]\times 0.24\times 2-(1.2+0.5+1.8+0.5)\times 2\times 0.24\times 8$
$=23.04+13.709+10.944-15.36$
$=32.33m^2$

套用基础定额 5-82

过梁模板工程量 $=(1.8+0.5+1.2+0.5)\times 3\times 8\times 0.24$
$=23.04m^2$

套用基础定额 5-77

【分析】 错误解法 1 中把过梁也并入圈梁模板工程量中是不正确的，错误解法 2 中圈梁模板工程量是正确的，过梁模板工程量是不正确的，它把过梁插入墙内的底面也计算了模板工程量，属于多算。

13. 简述梁和圈梁带如图 5-15 所示线脚时，该如何计算工程量并套用定额。

梁带宽度 300mm 以内的线脚时，线脚并入梁内计算，执行梁相应的定额；线脚宽度在 300mm 以上时，线脚并入梁内计算，执行有梁板定额。

圈梁带线脚时，线脚并入圈梁内计算，执行有梁板定额。

【例 5-13】 如图 5-16 所示圈梁带线脚长 120mm，高 100mm，圈梁 400mm×370mm，总长为 107.8m，求其混凝土工程量并套用相应定额。

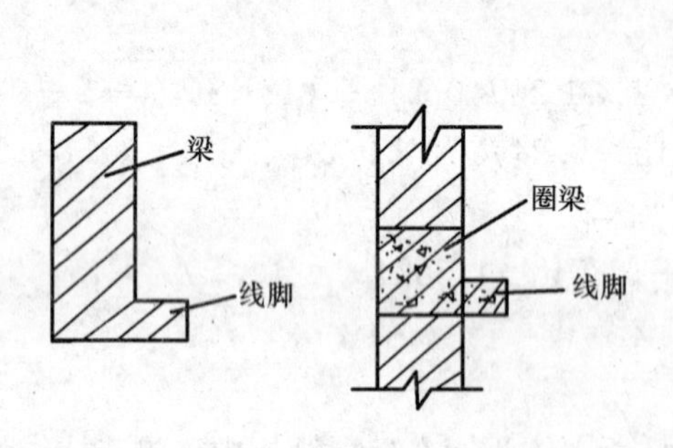

图 5-15 梁和圈梁带线脚

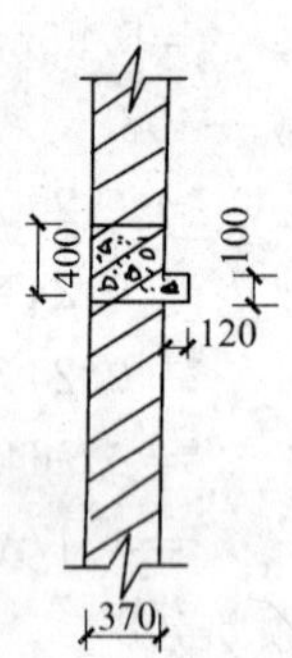

图 5-16 圈梁断面图

【解】 (1) 正确的计算方法：

$$混凝土工程量=(0.37\times0.4+0.1\times0.12)\times107.8=17.25m^3$$

套用基础定额 5-417

清单工程量计算见下表：

清单工程量计算表

项目编码	项目名称	项目特征描述	计量单位	工程量
010403004001	圈梁	圈梁截面为 400mm × 370mm，线脚长 120mm，高 100mm	m^3	17.25

(2) 错误的计算方法：

1) 混凝土工程量 $=(0.37\times0.4+0.1\times0.12)\times107.8=17.25m^3$

套用基础定额 5-408

2) 圈梁混凝土工程量 $=0.37\times0.4\times107.8m^3=15.95$

套用基础定额 5-408

$$线脚混凝土工程量=0.12\times0.1\times107.8=1.29m^3$$

套用基础定额 5-419

【分析】 1) 中错误是把带线脚的圈梁与不带线脚的圈梁在定额分类上等同，带线脚的圈梁在定额上套用有梁板定额，而不带线脚的圈梁在定额上仍套用圈梁定额。

2）中错误是把线脚和圈梁分开计算，并分别套用定额编号。

14. 在计算楼梯混凝土工程量时，应如何区分楼梯与楼板？

当楼梯有平台梁时，计算至平台梁的外边缘；当楼梯与现浇楼层无梯梁连接时，按楼层的最后一个踏步外边缘加 30cm 为界，如图 5-17 所示。

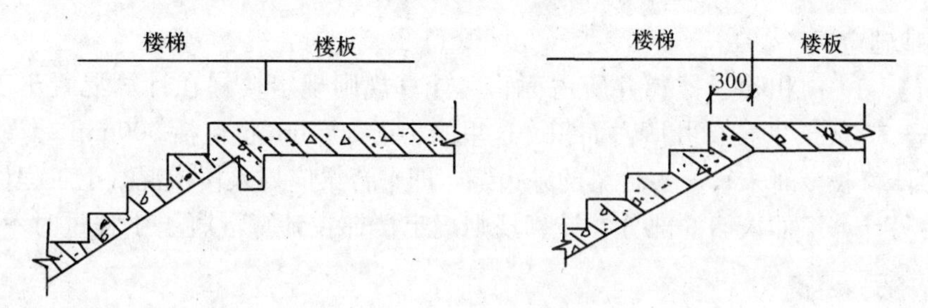

图 5-17 楼梯断面图

【例 5-14】 如图 5-18 所示，某标准层交叉跑（剪力）楼梯，求其混凝土工程量。（C20 混凝土）

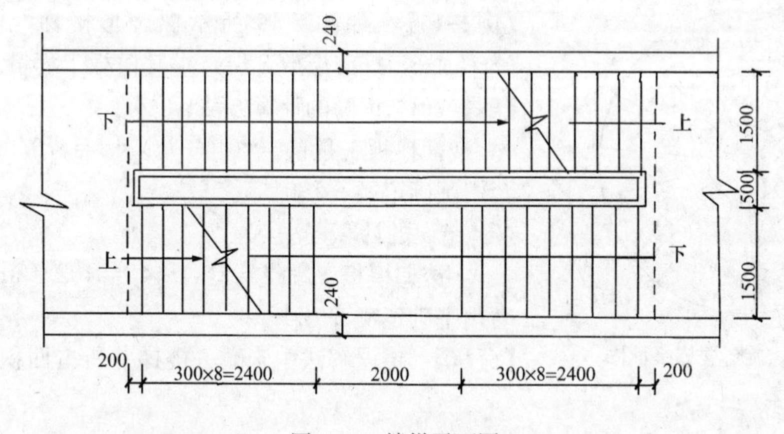

图 5-18 楼梯平面图

【解】（1）正确的计算方法：

$$楼梯混凝土工程量=(2.0+2.4\times2+0.2\times2)\times(1.5\times2+0.5)=25.2m^2$$

套用基础定额 5-421

清单工程量计算见下表：

清单工程量计算表

项目编码	项目名称	项目特征描述	计量单位	工程量
010406001001	直形楼梯	C20 混凝土	m^2	25.2

（2）错误的计算方法：

1）$$楼梯混凝土工程量=(2.0+2.4\times2+0.2\times2)\times(1.5\times2)=21.6m^2$$

套用基础定额 5-475

2）楼梯混凝土工程量 $=(2.4\times2+2.0)\times(1.5\times2+0.5)=23.8\text{m}^2$

套用基础定额 5-475

3）楼梯混凝土工程量 $=(2.4\times2+0.2\times2+2.0)\times(1.5\times2+0.5+0.24\times2)$

$=28.66\text{m}^2$

套用基础定额 5-421

【分析】 1）中扣除了楼梯井所占面积，计算规则规定楼梯在计算混凝土工程量时，不扣除小于 500mm 的楼梯井所占面积，这里的小于 500mm 也包括 500mm。

2）中计算长度时未算至平台梁的外边缘，即平台梁应划入楼梯混凝土工程量中。

3）中另计算了伸入墙的部分，计算规则规定楼梯在计算混凝土工程量时不另增加伸入墙内的部分。

15. 现浇钢筋混凝土楼梯在计算模板工程量时不扣除小于 500mm 的楼梯井所占面积，那么螺旋式楼梯的内径小于多少时，可不扣除其梯井面积？

若螺旋式楼梯内径小于 250mm 时，可不扣除其梯井面积。

【例 5-15】 如图 5-19 所示螺旋形楼梯，楼梯板外径 4m，内径 1m，螺旋层数 8 层，求其模板工程量。

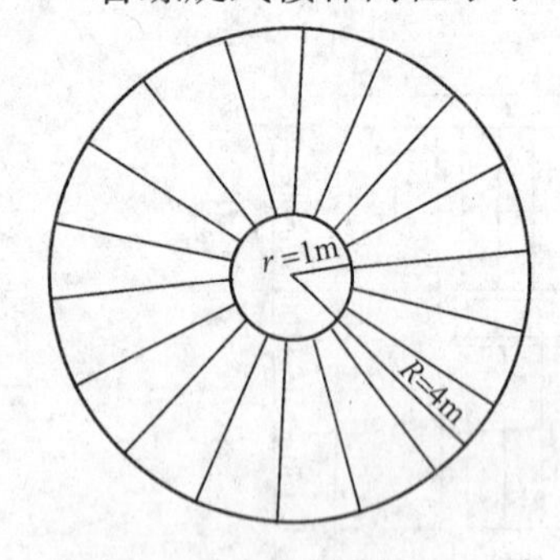

图 5-19 螺旋形楼梯平面图

【解】 (1) 正确的计算方法：

楼梯模板工程量 $=\pi(4^2-1^2)\times8=376.99\text{m}^2$

套用基础定额 5-120

(2) 错误的计算方法：

楼梯模板工程量 $=\pi\cdot4^2\times8=402.12\text{m}^2$

套用基础定额 5-120

【分析】 错误解法中未减去楼梯井所占面积，是不理解计算规则所致。

16. 现浇混凝土小型池槽模板工程量按构件外围体积计算，试问外围体积是什么意思，并举例说明。

外围体积即根据构件外围最长边的长度计算出的体积，不扣除其中间的空心部分。

【例 5-16】 如图 5-20 所示现浇混凝土小便槽，试求其模板工程量。

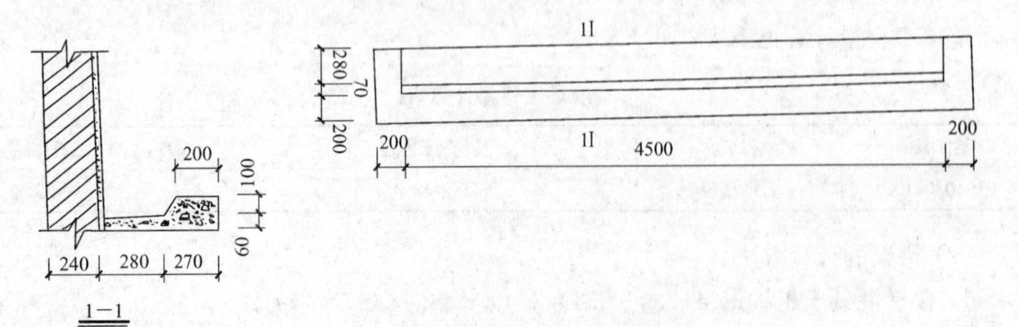

图 5-20 现浇混凝土小便槽示意图

【解】（1）正确的计算方法：

小便槽模板工程量＝(0.28＋0.27)×(0.1＋0.06)×(4.5＋0.2×2)＝0.43m^3

套用基础定额 5-132

(2) 错误的计算方法：

1)小便槽模板工程量$=[(0.28+0.27)\times2+4.5+0.2\times2]\times(0.1+0.06)+0.28\times2\times0.1+4.5\times\sqrt{0.1^2+0.07^2}+2\times\frac{1}{2}\times0.07\times0.1$

$=0.96+0.056+0.549+0.007$

$=1.57\text{m}^2$

套用基础定额 5-130

2) 小便槽模板工程量$=(4.5+0.2\times2)\times(0.28+0.27)$

$=2.70\text{m}^2$

套用基础定额 5-130

【分析】 1）中计算的模板面积是按混凝土与模板接触面的面积以平方米计算的，但《全国统一建筑工程预算工程量计算规则》中规定现浇混凝土小型池槽按构件外围体积计算，池槽内、外侧及底部模板不应另计算。

2）中计算是按照小型池槽的水平投影面积计算的，不符合规则规定。

17. 在计算杯形基础模板工程量时，如何区分杯形基础和高杯基础？

杯形基础杯口高度大于杯口大边长度时，套高杯基础定额项目。

【例 5-17】 如图 5-21 所示某杯形基础，试根据示意图所示用定额方法计算其模板工程量和混凝土工程量。

注：0.65<0.75，故套用杯形基础定额项目。

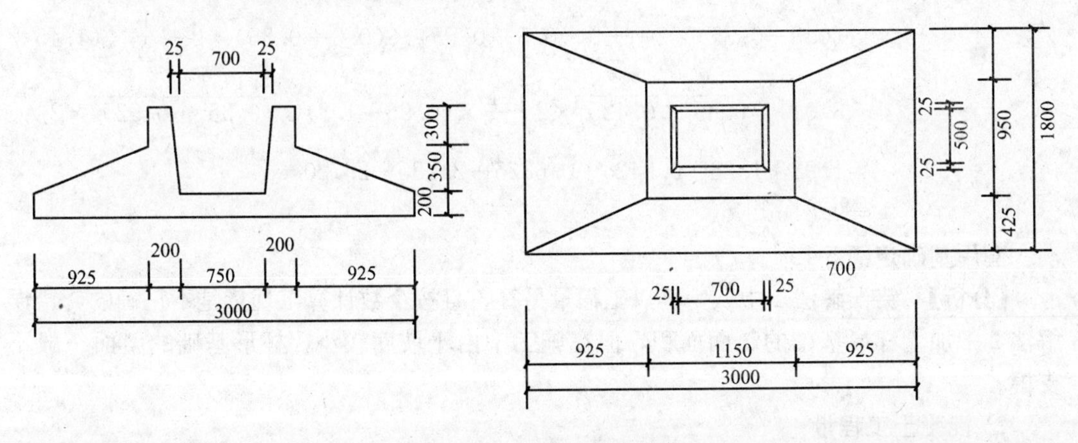

图 5-21 杯形基础示意图

【解】（1）正确的计算方法：

模板工程量$=(3.0+1.8)\times2\times0.2+(3.0+1.15+1.8+0.95)\times0.35\times2\times\frac{1}{2}+(1.15+0.95)\times2\times0.3+\frac{1}{2}\times(0.7+0.75)\times(0.3+0.35)\times2+\frac{1}{2}\times(0.5+$

$0.55)\times(0.3+0.35)\times2$

$=1.92+2.415+1.26+0.9425+0.6825$

$=7.22\text{m}^2$

套用基础定额 5-23

$$混凝土工程量=3.0\times1.8\times0.2+\frac{0.35}{6}\times[1.15\times0.95+1.8\times3.0+(1.15+3.0)\times(0.95+1.8)]+1.15\times0.95\times0.3-\frac{0.65}{3}\times[0.7\times0.5+0.75\times0.55+(0.7+0.75)\times(0.5+0.55)]$$

$=1.08+1.044+0.328-0.248$

$=2.20\text{m}^3$

套用基础定额 5-397

(2) 错误的计算方法：

1) 模板工程量

错误解法 1

$$模板工程量=(3.0+1.8)\times2\times0.2+(1.15+0.95)\times2\times0.3$$

$=1.92+1.26$

$=3.18\text{m}^2$

套用基础定额 5-17

杯形口工程量=1 个

错误解法 2

$$模板工程量=(3.0+1.8)\times2\times0.2+(1.15+0.95)\times2\times0.3+\frac{1}{2}\times(0.7+0.75)\times(0.3+0.35)\times2+\frac{1}{2}\times(0.5+0.55)\times(0.3+0.35)\times2+\frac{1}{2}\times(1.15+3.0)\times\sqrt{0.35^2+0.425^2}\times2+\frac{1}{2}\times(0.95+1.8)\times\sqrt{0.35^2+0.925^2}\times2$$

$=1.92+1.26+0.9425+0.6825+2.285+2.720$

$=9.81\text{m}^2$

套用基础定额 5-19

【分析】 错误解法 1 中认为杯口工程量另算，且按个数计算工程量是不正确的，错误解法 2 中加上杯形基础的斜面面积，但在施工中由于坡度较小，杯形基础的斜面一般不支模。

2) 混凝土工程量

错误解法 1

$$混凝土工程量=3.0\times1.8\times0.2+\frac{0.35}{6}\times[1.15\times0.95+1.8\times3.0+(1.15+3.0)\times(0.95+1.8)]+1.15\times0.95\times0.3$$

$=1.08+1.044+0.328$

$=2.45\text{m}^3$

套用基础定额 5-397

错误解法 2

$$混凝土工程量=3.0\times1.8\times0.2+\frac{0.35}{6}\times[1.15\times0.95+1.8\times3.0+(1.15+3.0)\times(0.95+1.8)]+1.15\times0.95\times0.3-0.75\times0.55\times0.65$$
$$=1.08+1.044+0.328-0.268$$
$$=2.18m^3$$

套用基础定额 5-397

【分析】 错误解法 1 中未扣除杯形口的体积，错误解法 2 中扣除杯形口体积时，以外边缘最长边截面计算杯形口体积，两种方法均未以杯形基础的实体体积计算混凝土工程量。

18. 无梁式满堂基础混凝土工程量如何计算？

无梁式满堂基础混凝土工程量是基础底板体积和柱墩体积之和。

【例 5-18】 如图 5-22 所示无梁满堂基础，用定额计算其混凝土工程量。

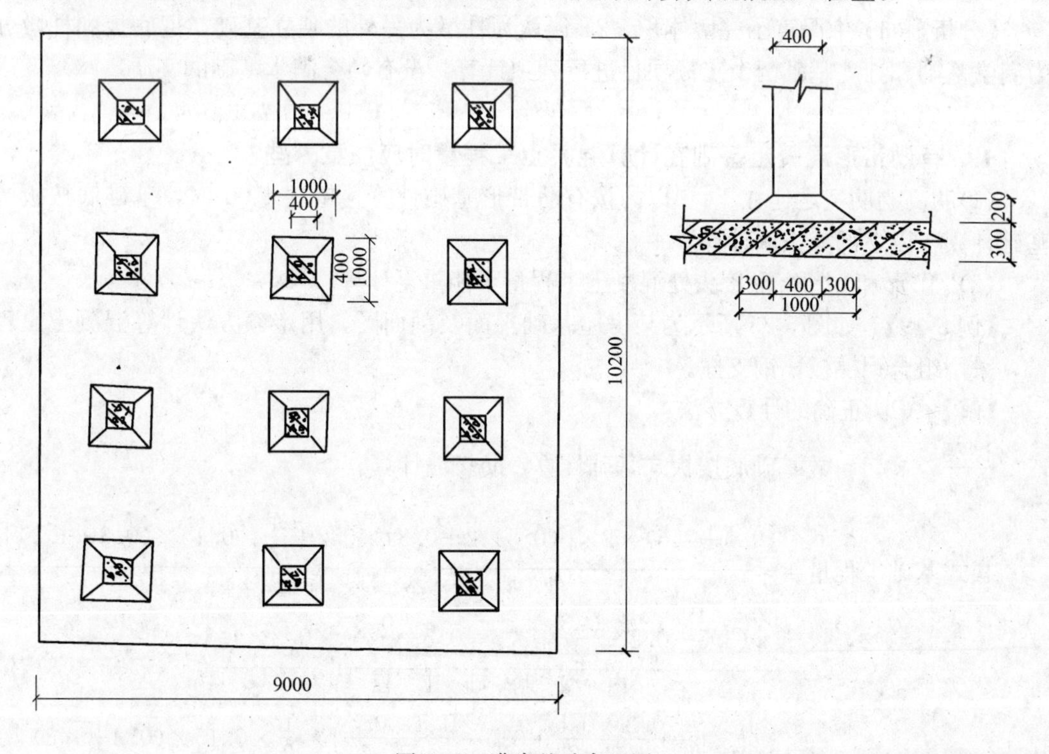

图 5-22 满堂基础布置图

【解】 (1) 正确的计算方法：

$$混凝土工程量=9\times10.2\times0.3+[0.4\times0.4+1.0\times1.0+(1.0+0.4)\times(1.0+0.4)]\times\frac{0.2}{6}\times12$$
$$=27.54+1.248$$
$$=28.79m^3$$

套用基础定额 5-399

清单工程量计算见下表：

清单工程量计算表

项目编码	项目名称	项目特征描述	计量单位	工程量
010401003001	满堂基础	无梁式	m^3	28.79

(2) 错误的计算方法：

1) 混凝土工程量$=9\times10.2\times0.3=27.54m^3$

套用基础定额 5-399

2) 无梁满堂基础混凝土工程量$=9\times10.2\times0.3=27.54m^3$

套用基础定额 5-399

$$独立基础工程量=[0.4\times0.4+1.0\times1.0+(1.0+0.4)\times(1.0+0.4)]\times\frac{0.2}{6}\times12$$

$$=1.248m^3$$

套用基础定额 5-396

【分析】 1) 中漏算了柱墩体积。2) 误认为柱墩为另外的独立基础，把底板和柱墩分为满堂基础和独立基础两个定额项目进行列项计算，没有领会满堂基础的实质。

19. 有肋带形混凝土基础在计算混凝土工程量时应注意哪些?

(1)肋高与肋宽之比在 4∶1 以内按有肋带形基础计算，超过 4∶1 时，基础底按板式基础计算，以上部分按墙计算。

(2)“T”形和“十”字形接头处混凝土工程量不能重复计算。

【例 5-19】 如图 5-23 所示为某房屋基础平面及剖面图，用定额方法计算混凝土工程量，采用组合钢模板，钢支撑。

【解】 (1) 正确的计算方法：

$\frac{1.25}{0.3}>4:1$，故基础底按板式基础计算，肋按墙计算。

$$板式基础工程量=\underbrace{(9.0+7.5)\times2\times[(0.5\times2+0.3)\times0.2+\frac{1}{2}\times0.15\times(0.3+1.3)]}_{外墙下基础工程量}$$

$$+\underbrace{(3.5-0.5-\frac{0.3}{2}+3.5-0.5-\frac{0.3}{2})\times0.2\times1.3}_{内墙基础工程量}$$

$$+\underbrace{\left(3.5-\frac{0.3}{2}-\frac{0.5}{2}+3.5-\frac{0.3}{2}-\frac{0.5}{2}\right)\times\frac{1}{2}\times0.15\times(0.3+1.3)}_{内墙斜坡工程量}$$

$$=12.54+1.482+0.744$$

$$=14.77m^3$$

$$混凝土墙工程量=(9.0+7.5)\times2\times0.3\times1.25+\left(3.5-\frac{0.3}{2}+3.5-\frac{0.3}{2}\right)\times0.3\times1.25$$

$$=12.375+2.5125=14.89m^3$$

套用基础定额 5-9

清单工程量计算见下表：

清单工程量计算表

序号	项目编码	项目名称	项目特征描述	计量单位	工程量
1	010401001001	带形基础	有肋带形基础	m^3	14.77
2	010404001001	直形墙	墙厚 300mm	m^3	14.89

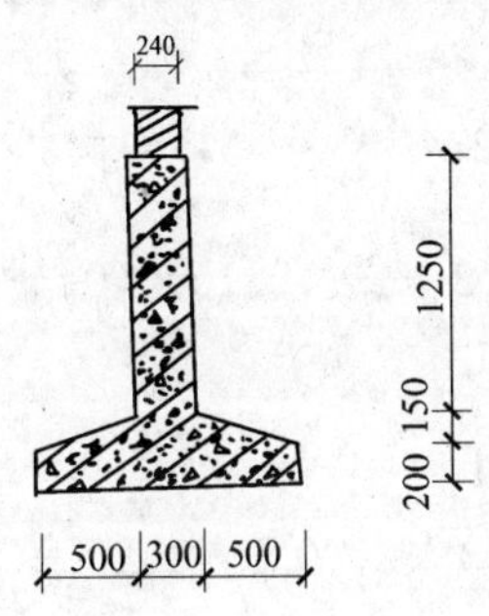

(*a*)

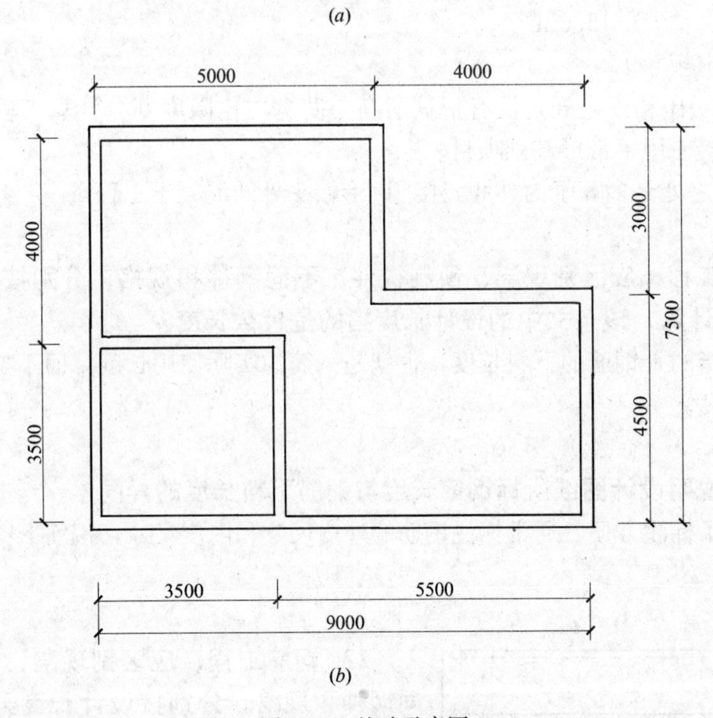

(*b*)

图 5-23　基础示意图

(*a*)剖面图；(*b*)平面图

（2）错误的计算方法：

1）带形基础混凝土工程量

$$=(9.0+7.5)\times2\times\left[(0.5\times2+0.3)\times0.2+\frac{1}{2}\times0.15+(0.3+1.3)\right]$$

$$+\left(3.5-0.5-\frac{0.3}{2}+3.5-0.5-\frac{0.3}{2}\right)\times0.2\times1.3$$

$$+\left(3.5-\frac{0.3}{2}-\frac{0.5}{2}+3.5-\frac{0.3}{2}-\frac{0.5}{2}\right)\times\frac{1}{2}\times0.15\times(0.3+1.3)$$

$$+(9.0+7.5)\times2\times0.3\times1.25+\left(3.5-\frac{0.3}{2}+3.5-\frac{0.3}{2}\right)\times0.3\times1.25$$

$$=12.54+1.482+0.744+12.375+2.5125$$

$$=29.65\text{m}^3$$

套用基础定额 5-9

2）板式基础混凝土工程量

$$=(9.0+7.5)\times2\times\left[(0.5\times2+0.3)\times0.2+\frac{1}{2}\times0.15\times(0.3+1.3)\right]$$

$$+(3.5+3.5)\times1.3\times0.2+\frac{1}{2}\times0.15\times(0.3+1.3)$$

$$=12.54+2.66$$

$$=15.20\text{m}^3$$

混凝土墙工程量 $=(9.0+7.5)\times2\times0.3\times1.25+(3.5+3.5)\times0.3\times1.25$

$$=12.375+2.625$$

$$=15.0\text{m}^3$$

套用基础定额 5-9

【分析】 1）中错误之处是没有根据肋高与肋宽之比限度划分计算工程量所需对应的定额项目，直接使用了带形基础项目。

2）中错误之处是多算了内外墙交接“T”形接头处的混凝土工程量。

20. 钢筋工程，应区别现浇、预制构件，不同钢种和规格，分别按设计长度乘以单位重量以吨计算，该条文中的设计长度指的是什么长度？

设计长度指的是钢筋的下料长度，也就是钢筋的实际使用长度，而不是设计施工图纸上所标注的长度。

21. 举例说明设计图纸所标钢筋长度与钢筋下料长度的异同？

设计中为了标注方便，通常标注钢筋的外皮尺寸和内皮尺寸，钢筋下料长度是指钢筋中心线长度。

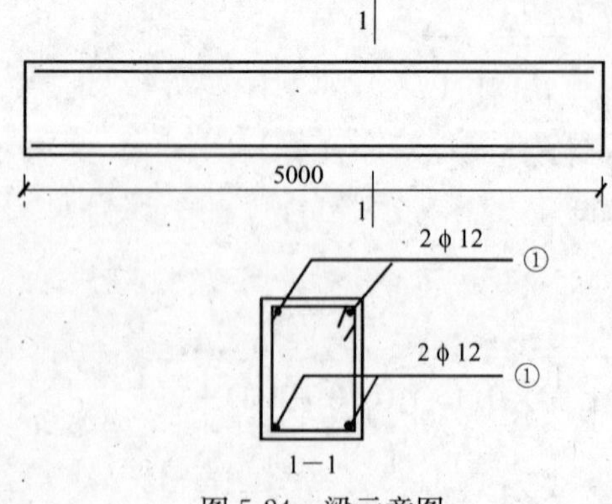

图 5-24 梁示意图

22. 钢筋工程，应区别现浇、预制构件、不同钢种和规格，分别按设计长度乘以单位重量，以吨计算，该规则中的设计长度在实际工程计算中有何简便方法？

理论上讲设计长度指的是钢筋的下料长度，但是实际工程中为了计算简便也可采取近似方法，但误差应在合理范围之内。

【例 5-20】 一现浇钢筋混凝土梁，有 4 根纵筋，如图 5-24 计算该纵筋工程量。

【解】 (1) 正确的计算方法：解法 1

钢筋工程量：4×(5.0−0.025×2)×0.888=17.582kg=0.018t

套用基础定额 5-297

【分析】 正确原因：对于矩形梁中的直钢筋，梁长减去保护层厚度即为钢筋的下料长度。

解法 2

钢筋材料明细表　　表 5-1

钢筋编号	简　图	规　格	数　量
①	L_1=4950	2ϕ12	24

钢筋工程量：4×4.95×0.888=17.582kg=0.018t

套用基础定额 5-297

清单工程量计算见下表：

清单工程量计算表

项目编码	项目名称	项目特征描述	计量单位	工程量
010416001001	现浇混凝土钢筋	4ϕ12	t	0.018

【分析】 正确原因：对于矩形梁中的直钢筋，钢筋材料明细表中所注长度即为钢筋下料长度。

(2) 错误的计算方法：解法 1

钢筋工程量 4×5.0×0.888=17.76kg=0.018t

套用基础定额 5-297

【分析】 错误原因：直钢筋下料长度非常简单，不宜再近似计算。

【例 5-21】 一钢筋混凝土现浇楼板，如图 5-25 所示，计算该楼板钢筋工程量。

【解】 解法 1

1) 竖向钢筋工程量

ϕ8 钢筋根数：

$$\frac{4.0}{0.15}=26.6\text{ 根}\approx 27\text{ 根}$$

每根长度：3.6m

钢筋工程量：

27×3.6×0.395=38.394kg

2) 横向钢筋工程量

ϕ8 钢筋根数：$\frac{3.6}{0.2}=18$ 根

每根钢筋长度：4.0m

钢筋工程量：18×4.0×0.395=28.440kg

3) ϕ8 分布筋工程量

钢筋根数：$\left(\frac{3.6}{0.25}+\frac{4.0}{0.25}\right)\times 2=62$ 根

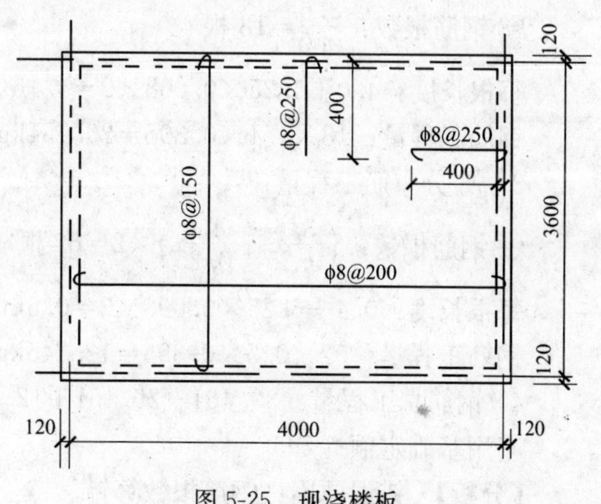

图 5-25　现浇楼板

每根长度：0.4m

钢筋工程量：62×0.4×0.395=9.796kg

4）钢筋工程量：(38.394+28.440+9.796)=76.63kg

套用基础定额 5-295

【分析】 错误原因：钢筋根数算错，钢筋长度弯钩漏算。

解法 2

1）竖向钢筋工程量

φ8 钢筋根数：$\left(\frac{4.0}{0.15}+1\right)=28$ 根　每根长度 3.6m

钢筋工程量：28×3.6×0.395=39.816kg

2）横向钢筋工程量

φ8 钢筋根数：$\left(\frac{3.6}{0.2}+1\right)=19$ 根　每根长度：4.0m

钢筋工程量：19×4.0×0.395=30.02kg

3）φ8 分布筋工程量

φ8 钢筋根数：$\left(\frac{3.6}{0.25}+\frac{4.0}{0.25}+2\right)\times2=66$ 根　每根长度 0.4m

钢筋工程量：66×0.4×0.395=10.428kg

4）钢筋工程总量：39.816+30.02+10.428=80.264kg

套用基础定额 5-295

【分析】 错误原因：漏算弯钩长度。

解法 3

1）竖向钢筋工程量

φ8 钢筋根数：$\frac{4.0}{0.15}$根=27 根

每根长度：3.6+6.25×0.008×2=3.7m

钢筋工程量：27×3.7×0.395=39.461kg

2）横向钢筋工程量

φ8 钢筋根数：$\frac{3.6}{0.2}=18$ 根

每根长度：4.0+6.25×0.008×2=4.1m

钢筋工程量：18×4.1×0.395=29.151kg

3）φ8 分布筋工程量：

φ8 钢筋根数：$\left(\frac{3.6}{0.25}+\frac{4.0}{0.25}\right)\times2=62$ 根

每根长度：0.4+6.25×0.008×2=0.5m

钢筋工程量：62×0.5×0.395=12.245kg

4）钢筋总工程量：39.461+29.151+12.245=80.857kg

套用基础定额 5-295

【分析】 错误原因：钢筋根数算错。

解法 4

1）竖向钢筋工程量

ϕ8 钢筋根数：$\frac{4.0}{0.15}+1=28$ 根　每根长度：$3.6+6.25\times0.008\times2=3.7$m

钢筋工程量：$28\times3.7\times0.395=40.92$kg

2）横向钢筋工程量

ϕ8 钢筋根数：$\frac{3.6}{0.2}+1=19$ 根　每根长度：$4.0+6.25\times0.008\times2=4.1$m

钢筋工程量：$19\times4.1\times0.395=30.77$kg

3）ϕ8 分布筋工程量：

钢筋根数：$\frac{3.6}{0.25}+\frac{4.0}{0.25}+2\times2=66$ 根

每根长度：$0.4+6.25\times0.008\times2=0.5$m

钢筋工程量：$66\times0.5\times0.395=13.035$kg

4）钢筋总量：$40.92+30.77+13.035=84.73$kg

套用基础定额 5-295

【分析】 正确。

清单工程量计算见下表：

清单工程量计算表

项目编码	项目名称	项目特征描述	计量单位	工程量
010416001001	现浇混凝土钢筋	ϕ8	t	0.085

【例 5-22】 已知一钢筋混凝土矩形梁，箍筋共用 15 个，梁高 $H=600$mm，梁宽 $B=300$mm，保护层厚度 $c=25$mm，箍筋弯钩为 135°，钢筋直径 $d=8$mm，如图 5-26 所示，试计算箍筋工程量。

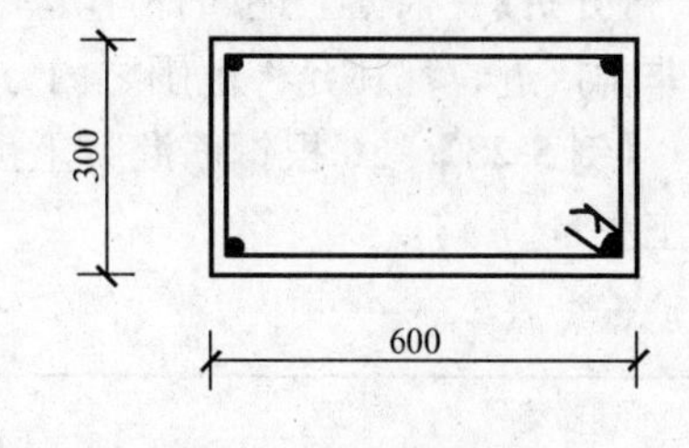

图 5-26　梁断面图

【解】 解法 1

$(2\times0.6+2\times0.3)\times15\times0.395=10.665$kg

套用基础定额 5-356

【分析】 正确原因：采用近似方法箍筋长度按钢筋混凝土构件断面周长计算，不减构件保护层厚度，不加弯钩长度。

解法 2

$$[2\times(0.6+0.3)-8\times0.025+0.16]\times15\times0.395=10.428\text{kg}$$

套用基础定额 5-356

【分析】 正确原因：该法采用近似方法，箍筋长度按断面周长减去 8 个保护层厚度加弯钩长，一般直弯钩按 100mm 计算，150°圆钩单头按 160mm 计算。

解法 3

$$[2\times(0.6+0.3)+0.01]\times15\times0.395=10.724\text{kg}$$

套用基础定额 5-356

【分析】 正确原因：该法采用近似方法，箍筋长度按：箍筋长$=L+\Delta L$，L 为构件断面周长，ΔL 为箍筋增减值，该法算出钢筋工程量略大一些，不过仍属正常范围之内，箍筋增减值见表 5-2。

箍筋增减值表（ΔL）　　表 5-2

形式		直径(mm)						备注
		4	6	6.5	8	10	12	
抗震结构		−90	−40	−30	10	70	120	平直长度 $10d$ 弯心圆 $2.5d$

解法 4

$(2\times0.6+2\times0.3-8\times0.025+28.272\times0.008)\times15\times0.395=10.701\text{kg}$

套用基础定额 5-356

【分析】 正确原因：该法计算是近似计算，箍筋下料长度精确计算，箍筋下料长度按以下两公式：箍筋下料长度$=2H+2B-8c+28.272d$（$10d>75\text{mm}$ 时）

箍筋下料长度$=2H+2B-8c+8.272d+150$（$75\text{mm}\geqslant10d$ 时）

（注：H 指构件截面高，B 指构件宽，d 指箍筋直径，c 指保护层厚度。）

清单工程量计算见下表：

清单工程量计算表

项目编码	项目名称	项目特征描述	计量单位	工程量
010416001001	现浇混凝土钢筋	ϕ8	t	0.011

【分析】 根据上述四种计算结果可以看出：箍筋的工程量计算方法并不唯一，计算结果非常接近，都在允许范围之内方法有简有繁，第一种方法最简单，根据需要自行决定。

【例 5-23】 10 根钢筋混凝土预制梁，其配筋见钢筋材料明细表（表 5-3），计算该梁钢筋工程量。

钢筋材料明细表　　表 5-3

钢筋编号	简图	规格	数量
①	100 4950 100	ϕ12	2
②	150 4950 150	ϕ18	3
③	200 600 900 2242 900 600 200	ϕ16	2
④	317 450 567 200	ϕ8	26

【解】 (1) 错误的计算方法：

①号钢筋工程量：

$(4.95+0.1+0.1)\times2\times10\times0.888=91.46=0.091\text{t}$

套用基础定额 5-328

②号筋工程量

(4.95+0.15+0.15)×3×10×1.998=314.69kg=0.315t

套用基础定额 5-334

③号筋工程量=(0.2+0.6+0.9+2.242+0.9+0.6+0.2)×2×10×1.578
=178.06kg=0.178t

套用基础定额 5-332

④号筋工程量=(0.45+0.567+0.2+0.317)×26×10×0.395=157.54kg=0.158t

套用基础定额 5-325

【分析】 错误原因：混淆了钢筋下料长度与钢筋材料明细表中所标钢筋长度(施工图中设计所标钢筋长度)的区别。

(2) 正确的计算方法

①号钢筋工程量 (4.95+0.2−2.931×0.012×2)×0.888×2×10
=90.21kg=0.092t

套用基础定额 5-328

②号钢筋工程量 (4.95+0.3−2.931×0.018×2)×1.998×3×10
=308.36kg=0.308t

套用基础定额 5-334

③号钢筋工程量 (0.2+0.6+0.9+2.242+0.9+0.6+0.2−2.931×0.016×2
−4×0.608×0.016)×2×10×1.578=173.87kg=0.173t

套用基础定额 5-332

④号钢筋工程量 (0.45+0.2+0.567+0.317−3×0.288×0.008)×26×10×0.395
=156.83kg=0.16t

套用基础定额 5-325

【分析】 正确。

清单工程量计算见下表：

清单工程量计算表

序号	项目编码	项目名称	项目特征描述	计量单位	工程量
1	010416002001	预制构件钢筋	φ12	t	0.09
2	010416002002	预制构件钢筋	φ18	t	0.31
3	010416002003	预制构件钢筋	φ16	t	0.17
4	010416002004	预制构件钢筋	φ8	t	0.16

23. 设计图中未注明，而施工规范中又明确规定构造钢筋是否列入工程量计算范围？

设计图中未注明，而施工规范中又明确规定构造钢筋应列入工程量计算范围，现举常见的两例。

【例 5-24】 某大厅入口处有 4 根直径 D=550mm，净高 H=6m 的圆形柱，如图 5-27 所示已知柱中配有 φ8 的螺旋箍筋，螺距 S=150mm，混凝土保护层厚度 C=25mm，计算螺旋箍筋的工程量。

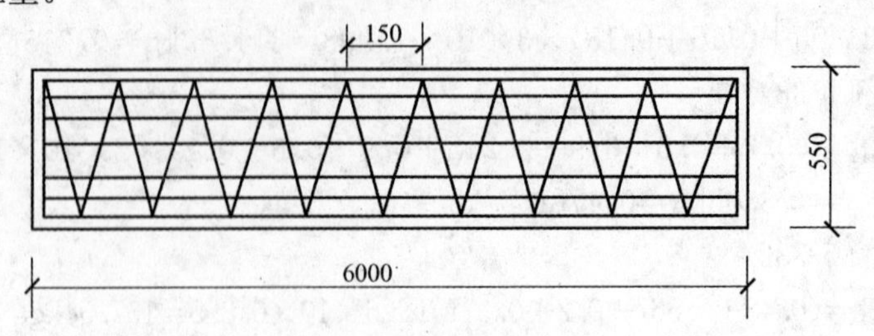

图 5-27 圆形柱示意图

【解】 解法 1

圈数 $N=\frac{6.0-0.025\times2}{0.15}=39.67$ 圈≈40 圈

每圈长度$=\sqrt{[(0.55-0.025\times2)\times3.1416]^2+0.15^2}=1.656\text{m}$

总长度$=6N\text{m}=6\times40\times1.656=397.48\text{m}$

钢筋工程量 $397.48\times0.395=157.004\text{kg}=0.157\text{t}$

套用基础定额 5-356

【分析】 错误原因：未考虑螺旋箍筋的始端与末端的构造要求。

解法 2

圈数 $n=\frac{6.0-0.025}{0.15}$圈$=39.83$ 圈≈40 圈

每根柱的螺旋箍筋展开长度

$=2\times1.5\pi(D-2c-d)+\sqrt{[n\pi(D-2C-d)]^2+(H-2c-3d)^2}-2\times$外皮差值$+2\times$钩长

$=2\times1.5\times3.14\times(0.55-2\times0.025-0.008)$

$+\sqrt{[40\times3.14\times(0.55-2\times0.025-0.008)]^2+(6.0-2\times0.025-3\times0.008)^2}$

$-2\times0.543\times0.008+2\times0.1$

$=66.912\text{m}$

总长度$=6\times66.912=401.472\text{m}$

钢筋工程量：$401.472\times0.395=158.581\text{kg}=0.159\text{t}$

套用基础定额 5-356

【分析】 正确原因：正确算出包括构造要求在内的箍筋长度，构造要求：螺旋箍筋的始端与末端，应各有不小于一圈半的端部筋，本例题计算时暂采用一圈半长度。

清单工程量计算见下表：

清单工程量计算表

项目编码	项目名称	项目特征描述	计量单位	工程量
010416001001	现浇混凝土钢筋	螺旋箍筋 ϕ8	t	0.16

【例 5-25】 一构造柱，从地圈梁底部至柱顶部高 21m，如图 5-28 所示，计算该构造柱钢筋工程量。

【解】 (1) 错误的计算方法：

纵筋钢筋工程量：$4\times21\times1.208=101.472\text{kg}=0.10\text{t}$

套用基础定额 5-309

箍筋工程量：

$$(2\times0.24+2\times0.24-8\times0.025+8.272\times0.006+0.15)\times\left(\frac{21}{0.2}+1\right)\times0.222$$

$$=22.591\text{kg}=0.023\text{t}$$

套用基础定额 5-355

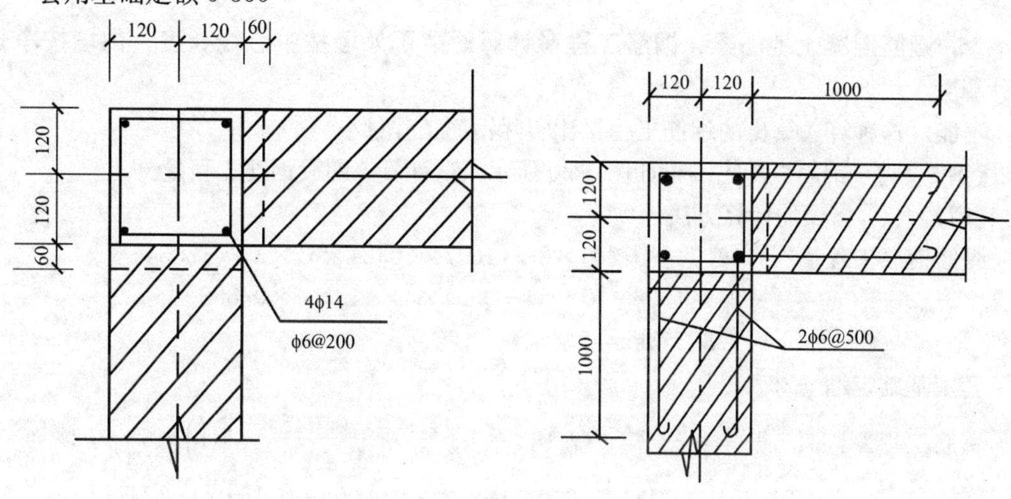

图 5-28　构造柱断面图　　　图 5-29　构造柱拉结筋示意图

【分析】 错误原因：本例题虽然未标注拉结筋，但施工规范中又明确规定构造钢筋应列入工程量计算范围，解法 1 漏算了拉结筋，拉结筋示意如图 5-29 所示。

(2) 正确的计算方法：

纵筋工程量：$4\times21\times1.208=101.472\text{kg}=0.101\text{t}$

套用基础定额 5-309

箍筋工程量：

$$(2\times0.24+2\times0.24+8.272\times0.006+0.15-8\times0.025)\times\left(\frac{21}{0.2}+1\right)\times0.222$$

$$=22.591\text{kg}=0.023\text{t}$$

套用基础定额 5-355

拉结筋工程量：

$$[(10+0.24-0.025)\times2+2\times6.25\times0.006+(1.0+0.025+6.25\times0.006)\times2-2\times2.288\times0.006]\times\left(\frac{21}{0.5}+1\right)\times0.222$$

$$=43.940\text{kg}=0.044\text{t}$$

套用基础定额 5-323

【分析】 正确。

清单工程量计算见下表：

清单工程量计算表

序号	项目编码	项目名称	项目特征描述	计量单位	工程量
1	010416001001	现浇混凝土钢筋	纵筋 4ϕ14	t	0.10
2	010416001002	现浇混凝土钢筋	箍筋 ϕ6，拉结筋 ϕ6	t	0.023+0.044=0.067

24. 钢筋混凝土地圈梁，钢筋工程量计算时能否外墙按中心线长度，内墙按净长度计算？

不能，这种算法算出的钢筋工程量比实际钢筋工程量小。

【例 5-26】 钢筋混凝土圈梁如图 5-30 所示，试计算该圈梁钢筋工程量。

【解】 (1) 错误的计算方法：

纵筋钢筋工程量：$[(16.74-0.24)\times2+(16.74-0.24\times6)\times2+(12.34-0.24)\times2+(12.34-0.24\times4)\times4]\times4\times0.888$
$=473.553\text{kg}=0.474\text{t}$

套用基础定额 5-297

箍筋工程量：$\left[\left(\dfrac{16.74-0.025\times2}{0.2}+1\right)\times4+\left(\dfrac{12.34-0.025\times2}{0.2}+1\right)\times6\right]\times(2\times0.24+2\times0.24-8\times0.025+8.272\times0.006+0.15)\times0.222$
$=89.084\text{kg}=0.089\text{t}$

套用基础定额 5-355

【分析】 错误原因：外墙圈梁纵筋按中心线长度算，内墙圈梁按净长算，比实际工程量少。

(2) 正确的计算方法：纵筋工程量：$[(16.74-0.05+6.25\times0.006\times2)\times4+(12.340-0.05+6.25\times0.006\times2)\times6]\times4\times0.888$
$=506.302\text{kg}=0.506\text{t}$

套用基础定额 5-297

箍筋工程量：$\left[\left(\dfrac{16.74-0.025\times2}{0.2}+1\right)\times4+\left(\dfrac{12.34-0.025\times2}{0.2}+1\right)\times6\right]\times(2\times0.24+2\times0.24-8\times0.025+8.272\times0.006+0.15)\times0.222$
$=89.084\text{kg}=0.089\text{t}$

套用基础定额 5-355

【分析】 正确。

清单工程量计算见下表：

清单工程量计算表

序号	项目编码	项目名称	项目特征描述	计量单位	工程量
1	010416001001	现浇混凝土钢筋	纵筋 4ϕ12	t	0.506
2	010416001002	现浇混凝土钢筋	箍筋 ϕ6	t	0.089

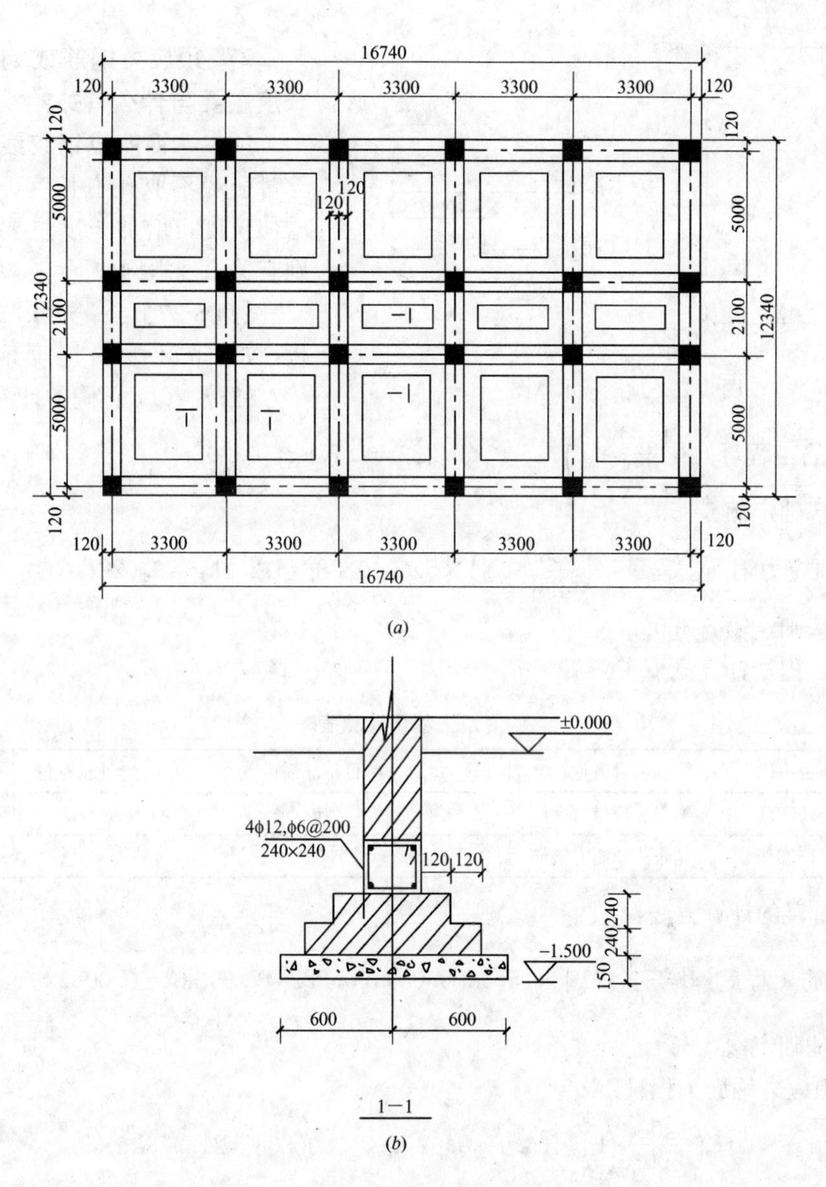

图 5-30　基础图

(a)基础平面图；(b)剖面图

25. 设计要求的钢筋长度大于实际钢筋长度，这时的钢筋工程量怎么计算?

(1) 设计注明搭接长度时考虑搭接长度，为了简化计算，可以采用钢筋接头系数的方法计算钢筋的搭接长度。

(2) 若无注明搭接长度而采用电对接焊，以实际焊接个数另列项计算。

26. 地下室外墙板施工时，其穿墙对拉螺栓中需增加止水钢片，止水钢板按什么算?

止水钢板按预埋铁件计算。

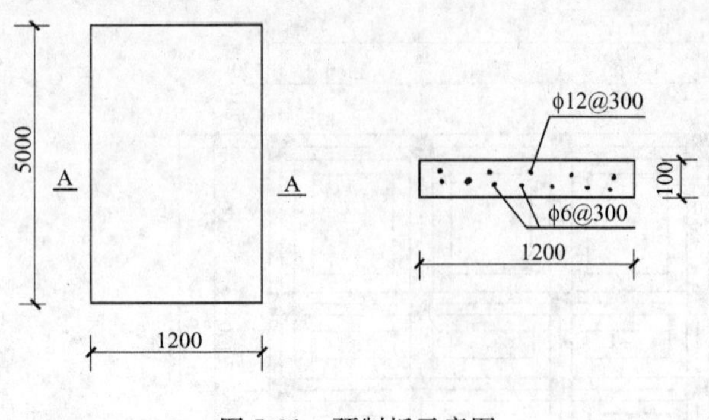

图 5-31 预制板示意图

27. 预应力钢筋或钢绞线增加长度主要与什么有关?

预应力钢筋或钢绞线工程量计算时一般不取孔道长度，还有一个增加长度，增加长度主要与锚具类别有关，现举例如下：

【例 5-27】 一先张法大型预制板，如图 5-31 所示，求其钢筋工程量。

【解】 (1) 正确的计算方法：

ϕ6 钢筋工程量：$\left(\frac{1200}{200}+1\right)\times5.0\times0.222=7.77\text{kg}=0.008\text{t}$

套用基础定额 5-359

ϕ12 预应力钢筋工程量：$\left(\frac{1200}{300}+1\right)\times5.0\times0.888=22.2\text{kg}=0.022\text{t}$

套用基础定额 5-360

清单工程量计算见下表：

清单工程量计算表

序号	项目编码	项目名称	项目特征描述	计量单位	工程量
1	010416005001	先张法预应力钢筋	ϕ6	t	0.008
2	010416005002	先张法预应力钢筋	ϕ12	t	0.022

(2) 错误的计算方法：

ϕ6 钢筋工程量：$\left(\frac{1200}{200}+1\right)\times(5.0-0.05)\times0.222=7.692\text{kg}=0.008\text{t}$

套用基础定额 5-359

ϕ12 预应力钢筋工程量：

$$\left(\frac{1200}{300}+1\right)\times(5.0-0.025\times2)\times0.888=21.978\text{kg}$$

套用基础定额 5-360

【分析】 先张法预应力钢筋，按构件外形尺寸计算长度，不扣除保护层厚度。

【例 5-28】 一根后张法预应力梁，如图 5-32 所示，采用混凝土自锚，试计算该梁钢筋工程量。

【解】 (1) 正确的计算方法：

①号钢筋工程量：$(18-0.025\times2+0.15\times2)\times3\times0.888=48.618\text{kg}=0.049\text{t}$

套用基础定额 5-366

②号钢筋工程量：$(18+0.35)\times3\times2.466=135.753\text{kg}=0.136\text{t}$

套用基础定额 5-366

③号钢筋工程量：$\left(\frac{18}{0.2}+1\right)\times(2\times0.6+2\times0.3-8\times0.025+28.272\times0.08)\times0.395$

$=58.482\text{kg}=0.058\text{t}$

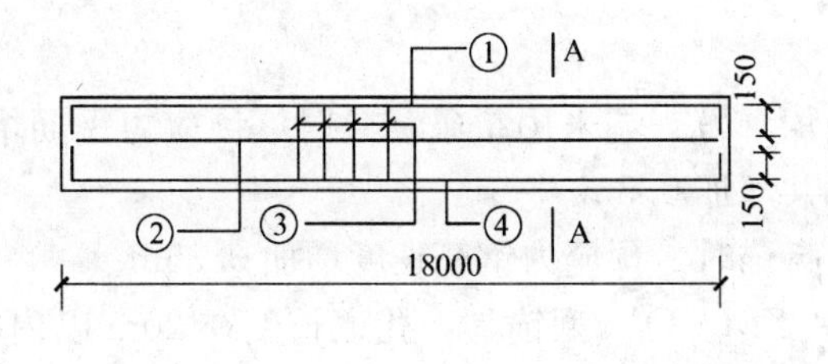

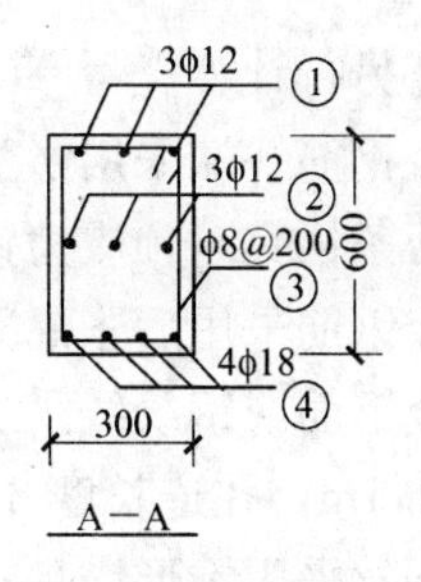

图 5-32 梁配筋图

套用基础定额 5-324

④号钢筋工程量：(18－0.025×2＋0.15×2)×4×1.998＝145.854kg＝0.146t

套用基础定额 5-334

清单工程量计算见下表：

清单工程量计算表

序号	项目编码	项目名称	项目特征描述	计量单位	工程量
1	010416006001	后张法预应力钢筋	3ϕ12	t	0.049
2	010416006002	后张法预应力钢筋	3ϕ12	t	0.136
3	010416006003	后张法预应力钢筋	ϕ8	t	0.058
4	010416006004	后张法预应力钢筋	4ϕ18	t	0.146

(2) 错误的计算方法：

①号钢筋工程量：(18－0.025×2＋0.15×2)×3×0.888＝48.618kg＝0.049t

套用基础定额 5-366

②号钢筋工程量：(18－0.025×2)×3×2.466＝132.794kg＝0.133t

套用基础定额 5-366

③号钢筋工程量：$\left(\frac{18}{0.2}+1\right)\times(2\times0.6+2\times0.3-8\times0.025+28.272\times0.008)$

$\times0.395=58.482\text{kg}=0.058\text{t}$

套用基础定额 5-324

④号钢筋工程量：(18－0.025×2＋0.15×2)×4×1.998＝145.854kg＝0.146t

套用基础定额 5-334

【分析】 错把②号预应力钢筋工程量算法当成一般钢筋工程量算法，没有弄清两者的异同，低合金钢筋采用后张法混凝土自锚时，预应力钢筋长度增加 0.35m 计算。

预应力钢筋(钢绞线)长度算法现总结如下

(1) 先张法预应力钢筋，按构件外形尺寸计算长度。

(2) 后张法预应力钢筋，按设计规定的预应力钢筋预留孔道长度并区别锚具的类别，分别按下列规定计算：

①低合金钢筋两端采用螺杆锚具时，预应力的钢筋按预留孔道长度减 0.35m，螺杆另行计算。

②低合金钢筋一端采用镦头插片，另一端螺杆锚具时，预应力钢筋长度按预留孔道长

度计算，螺杆另行计算。

③低合金钢筋一端采用镦头插片，另一端采用帮条锚具时，预应力钢筋增加 0.15m，两端均采用帮条锚具时预应力钢筋共增加 0.3m。

④低合金钢筋采用后张混凝土自锚时，预应力钢筋长度增加 0.35m。

⑤低合金钢筋或钢绞线采 JM、XM、QM 型锚具，孔道长度在 20m 以内时，预应力钢筋长度增加 1m，孔道长度 20m 以上时预应力钢筋长度增加 1.8m。

⑥光面钢丝采用锥形锚具，孔道长在 20m 以内时，预应力钢筋长度增加 1m；孔道长度在 20m 以上时，预应力钢筋长度增加 1.8m。

⑦光面钢丝两端采用镦粗头时，预应力钢丝长度增加 0.35m。

【例 5-29】 现浇钢筋混凝土独立基础，如图 5-33 所示，试计算该独立基础钢筋工程量。

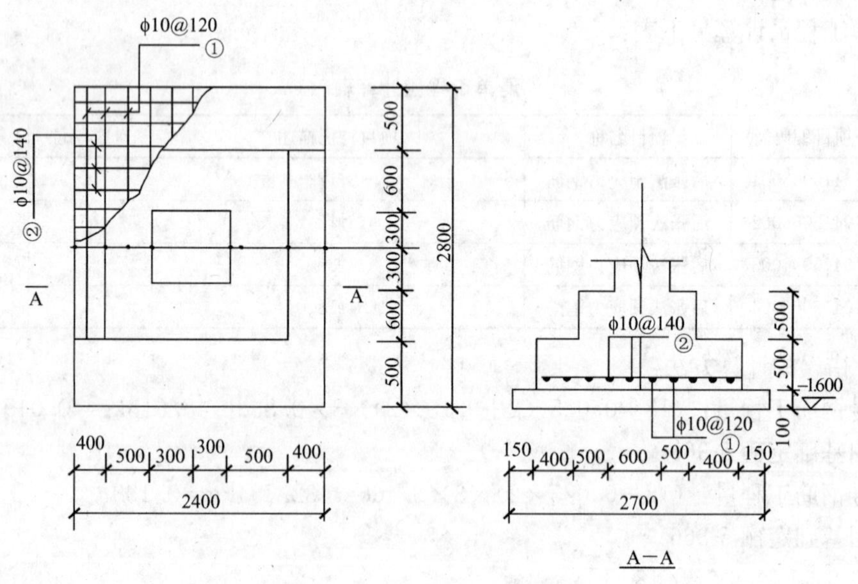

图 5-33 独立基础配筋图

【解】 (1) 正确的计算方法：

①号钢筋工程量：$\left(\frac{2400}{120}+1\right)\times(2.8-0.025\times2+2\times6.25\times0.01)\times0.617$

$=37.251\text{kg}=0.037\text{t}$

②号钢筋工程量：$\left(\frac{2800}{140}+1\right)\times(2.4-0.025\times2+2\times6.25\times0.01)\times0.617$

$=32.069\text{kg}=0.032\text{t}$

①＋② 37.251＋32.069＝69.320kg＝0.069t

套用基础定额 5-296

清单工程量计算见下表：

清单工程量计算表

项目编码	项目名称	项目特征描述	计量单位	工程量
010416001001	现浇混凝土钢筋	ϕ10	t	0.069

(2) 错误的计算方法：

解法 1：①号钢筋工程量：$\frac{2400}{120}\times(2.8-0.025\times2+2\times6.25\times0.01)\times0.617$

$=35.478\text{kg}=0.035\text{t}$

②号钢筋工程量：$\frac{2800}{140}\times(2.4-0.025\times2+2\times6.25\times0.01)\times0.617$

$=30.542\text{kg}=0.031\text{t}$

①+② 35.478+30.542=66.020kg=0.066t

套用基础定额 5-296

【分析】 钢筋根数算错。

解法 2：①号钢筋工程量：$\left(\frac{2400}{120}+1\right)\times(2.8-0.025\times2)\times0.617$

$=35.632\text{kg}=0.036\text{t}$

②号钢筋工程量：$\left(\frac{2800}{140}+1\right)\times(2.4-0.025\times2)\times0.617$

$=30.449\text{kg}=0.030\text{t}$

①+② 35.632+30.449=66.081kg=0.066t

套用基础定额 5-296

【分析】 漏算钢筋两端弯钩长度。

【例 5-30】 10 根现浇非抗震楼层框架梁(端支座弯锚)，如图 5-34 所示，试计算该批梁的钢筋工程量。

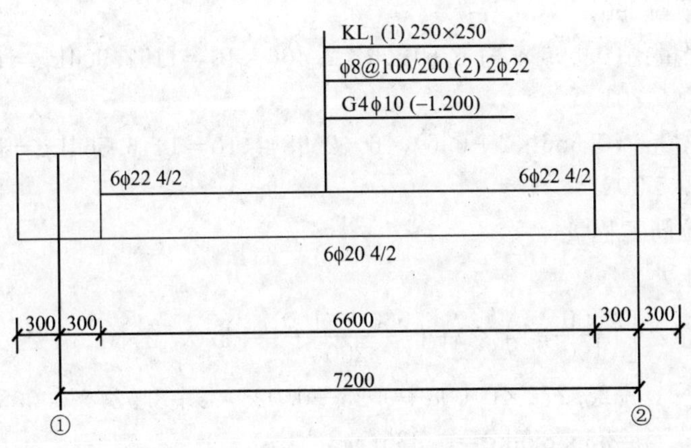

图 5-34 框架梁钢筋图

【解】 (1) 正确的计算方法：

ϕ8 钢筋工程量：$\left[\left(\frac{500}{100}+1\right)\times2+\left(\frac{6600-1000}{200}+1\right)\right]\times[2\times0.5+2\times0.25-8\times0.025$
$+28.272\times0.008+0.25-0.025\times2+8.924\times0.008\times2]\times0.395\times$
$10=302.678\text{kg}$

$=0.303\text{t}$

套用基础定额 5-295

ϕ10 钢筋工程量：$(0.27\times2+6.6)\times4\times0.617\times10=176.215\text{kg}=0.176\text{t}$

套用基础定额 5-296

ϕ20 钢筋工程量：(0.596×2+6.6)×6×2.466×10=1152.904kg=1.153t

套用基础定额 5-301

ϕ22 钢筋工程量：(0.656×2+6.6)×6×2.984×10=1416.564kg=1.417t

套用基础定额 5-302

清单工程量计算见下表：

清单工程量计算表

序号	项目编码	项目名称	项目特征描述	计量单位	工程量
1	010416001001	现浇混凝土钢筋	ϕ8	t	0.303
2	010416001002	现浇混凝土钢筋	ϕ10	t	0.176
3	010416001003	现浇混凝土钢筋	ϕ20	t	1.153
4	010416001004	现浇混凝土钢筋	ϕ22	t	1.417

(2) 错误的计算方法：

算法 1：

ϕ8 钢筋工程量：$\left[\left(\frac{500}{100}+1\right)\times 2+\left(\frac{6600-1000}{200}+1\right)\right]\times(2\times 0.5+2\times 0.25-8\times 0.025$
$+28.272\times 0.008)\times 0.395\times 10=247.164\text{kg}=0.247\text{t}$

套用基础定额 5-295

ϕ10 钢筋工程量：(0.27×2+6.6)×4×0.617×10=176.215kg=0.176t

套用基础定额 5-296

ϕ20 钢筋工程量：(0.596×2+6.6)×6×2.466×10=1152.904kg=1.153t

套用基础定额 5-301

ϕ22 钢筋工程量：(0.656×2+6.6)×6×2.984×10=1416.564kg=1.417t

套用基础定额 5-302

原因：漏算拉筋工程量

算法 2：

ϕ8 钢筋工程量：$\left[\left(\frac{500}{100}+1\right)\times 2+\left(\frac{6600-100}{200}+1\right)\right]\times[2\times 0.5+2\times 0.25-8\times 0.025$
$+28.272\times 0.008+0.25-0.025\times 2+8.924\times 0.008\times 2]\times 0.39510$
$=335.899\text{kg}=0.336\text{t}$

套用基础定额 5-295

ϕ10 钢筋工程量：7.2×4×0.617×10
=177.696kg=0.178t

套用基础定额 5-296

ϕ20 钢筋工程量：7.2×6×2.466×10
=1065.312kg=1.065t

套用基础定额 5-301

ϕ22 钢筋工程量：7.2×6×2.984×10
=1289.088kg=1.289t

套用基础定额 5-302

【分析】 错误原因：未查阅相关构造详图，钢筋锚固长度有误。

【例 5-31】 一剪力墙角柱，如图 5-35 所示，试计算该柱钢筋工程量。

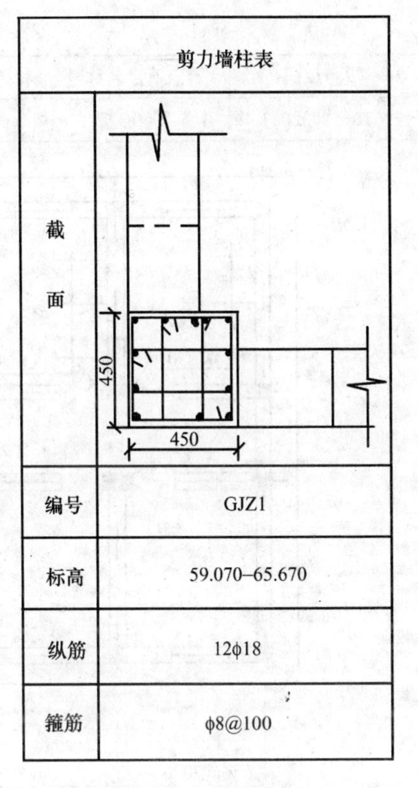

图 5-35　柱配筋图

【解】 ϕ18 钢筋工程量：

$12\times(65.670-59.070)\times1.998=158.242\text{kg}=0.158\text{t}$

套用基础定额 5-300

ϕ8 钢筋工程量：

$$\left(\frac{65.670-59.070}{0.1}+1\right)\times\{(2\times0.45+2\times0.45-8\times0.030+28.272\times0.008)+[(0.45-2\times0.03+0.45-2\times0.03+14.568\times0.008+\frac{2}{4})\times(0.45-2\times0.03-0.018)+0.018+\frac{2}{4}\times(0.45-2\times0.03-0.018)+0.018+14.568\times0.008-3\times2.288\times0.008]\times2\}\times0.395=119.622\text{kg}=0.120\text{t}$$

套用基础定额 5-356

清单工程量计算见下表：

清单工程量计算表

序号	项目编码	项目名称	项目特征描述	计量单位	工程量
1	010416001001	现浇混凝土钢筋	ϕ18	t	0.158
2	010416001002	现浇混凝土钢筋	ϕ8	t	0.120

【分析】 本题的关键是正确算出箍筋的下料长度。

28. 预应力圆孔板在预算过程中是以什么来分类的?

是以板的长度来分类的，板的长度即表示房间的不同开间。

【例 5-32】 计算如图 5-36 所示预制空心板的工程量。(C25 混凝土)

【解】

$V_{301}=0.115\text{m}^3/块$　$V_{33.1}=0.125\text{m}^3/块$　$V_{36.1}=0.135\text{m}^3/块$

空心板体积：开间3m：$4\times4\times0.115=1.84\text{m}^3$

3.3m：$4\times4\times0.125=2\text{m}^3$

3.6m：$2\times4\times0.135=1.08\text{m}^3$

合计：$1.84+2+1.08=4.92\text{m}^3$

预制空心板工程量为：$4.92\times(1+0.015)=4.99\text{m}^3$

套用基础定额 5-453

清单工程量计算见下表：

清单工程量计算表

项目编码	项目名称	项目特征描述	计量单位	工程量
010412002001	空心板	C25 混凝土	m^3	4.99

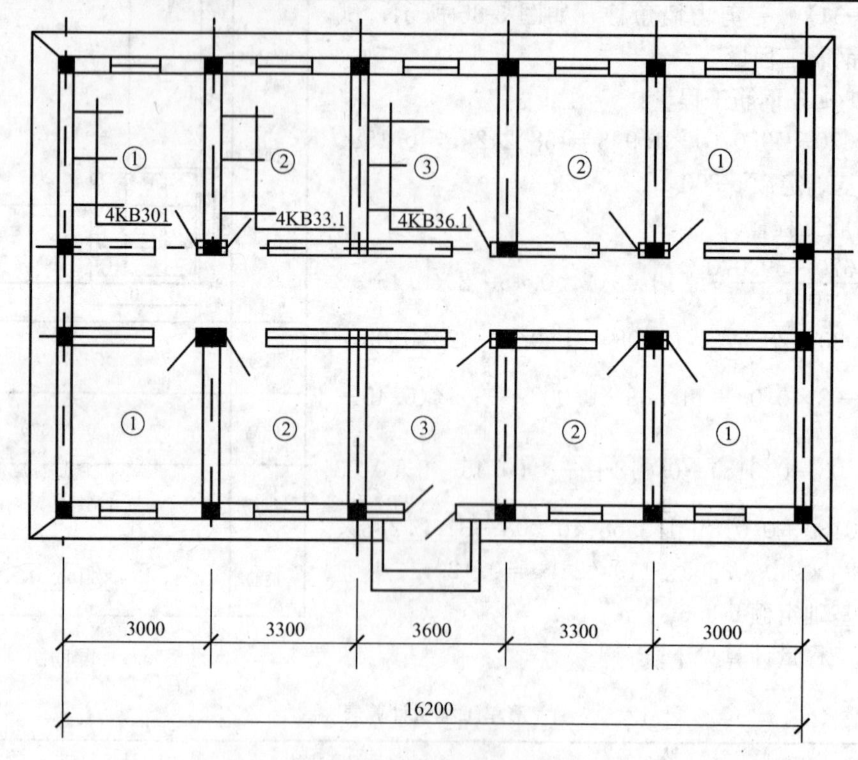

图 5-36 空心板布置图

29. 定额计价模式下，预制构件的工程量计算方法与工程量清单计价模式下，预制构件工程量的计算有什么区别?

工程量清单计价模式下，预制构件的工程量计算规则为：(1)按设计图示尺寸以体积计算。不扣除构件内钢筋、预埋铁件及单个尺寸 300mm×300mm 以内的孔洞所占体积，扣除空心踏步板、烟道、垃圾道、风道的孔洞所占体积。即清单所计算的工程量为预制构件的实体体积。

定额分为全国定额和各省市定额。

在这些不同地区的定额计算规则也有所不同。全国统一定额中，规定预制构件的工程量为构件的实体体积加上构件制作、运输、安装的损耗。

即工程量＝构件实体体积×(1＋损耗率)

(预制桩的体积应为桩体截面面积乘以桩长(包括桩尖))。

在各省市定额计算规则规定中，有些省市工程量计算加上损耗，有些只计算实体体积。

定额计算时，一定要注意计算规则中有没有损耗率。

【例 5-33】 如图 5-37 所示预制混凝土 L 形风道梁，计算其工程量。

【解】（1）正确的计算方法：

1）全国定额计算：

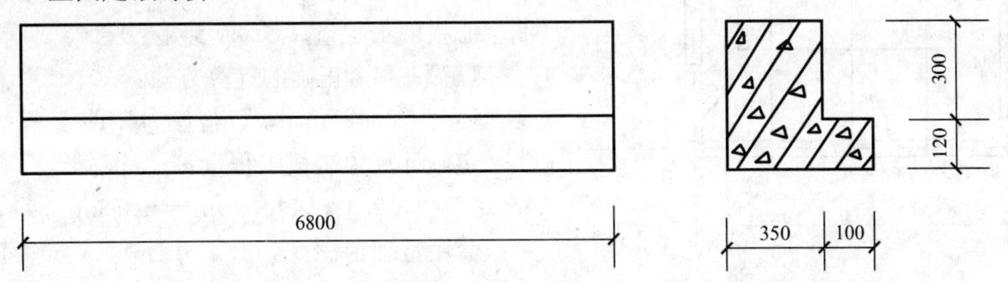

图 5-37 梁示意图

预制 L 形梁工程量为：(0.35×0.42＋0.1×0.12)×6.8×1.015
＝1.097m³

套用基础定额 5-444

2）江苏省定额计算：由于江苏省定额已考虑制作、运输、安装的损耗率，所以不再乘以损耗系数。

预制 L 形梁工程量为：(0.35×0.42＋0.1×0.12)×6.8
＝1.081m³

3）工程量清单计算：清单计算只考虑构件的实体体积。

预制 L 形梁工程量为：1.08m³

清单工程量计算见下表：

清单工程量计算表

项目编码	项目名称	项目特征描述	计量单位	工程量
010410002001	异形梁	单件体积为 1.08m³	m³	1.08

（2）错误的计算方法：

1）全国定额计算：

预制 L 形梁工程量为：(0.35×0.42＋0.1×0.12)×6.8
＝1.081m³

2）江苏省定额计算：

工程量为：(0.35×0.4＋0.1×0.12)×6.8×1.015＝1.097m³

【分析】 预算过程中，一定要注意计算规则中是否加上损耗率。常见的错误就是分不清各省市和全国定额之间的区别。

30. 施工图上“4KB 33.1”代表什么意思？

“4”表示数量在这里表示一定的面积内所用的空心板数量是 4 块，“KB”表示“空心板”即预制空心板。

“33.1”表示空心板的型号，所用在的房间开间为 3.3m。

31. 预制空心板、平板的工程量是否可根据所安装的平面面积计算。

不可以。这样计算会有偏差，因为这种计算方法，没有考虑板伸入墙体部分及搭接部

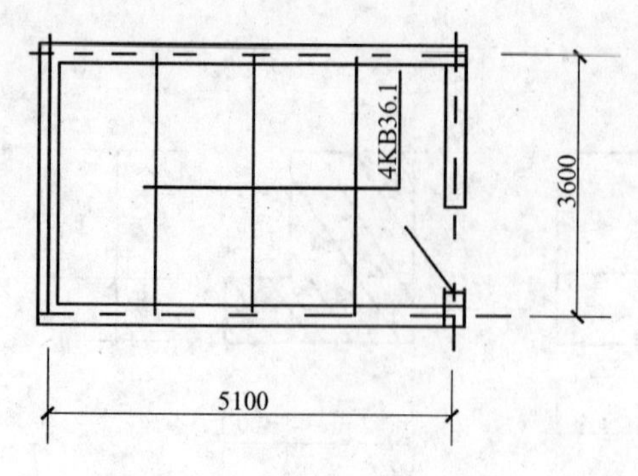

图 5-38 预制空心板布置图

分的水泥砂浆灌缝。

【例 5-34】 如图 5-38 所示，计算该房间预制空心板的工程量。(C 20混凝土)

【解】 (1) 正确的计算方法：

$V_{36.1}=0.425m^3$/块，板厚为0.1m。

定额计算预制板工程量：

$$4\times0.425\times1.015m^3=1.73m^3$$

套用基础定额 5-453

清单工程量计算见下表：

清单工程量计算表

项目编码	项目名称	项目特征描述	计量单位	工程量
010412002001	空心板	C 20混凝土	m^3	1.73

(2) 错误的计算方法：

定额计算：预制板工程量：$5.1\times3.6\times0.1\times1.015=1.864m^3$

套用基础定额 5-453

【例 5-35】 如图 5-39 所示，通廊安装预制平板，板的规格为 0.49m×0.49m×0.08m 通廊需 30 块板，计算其工程量。

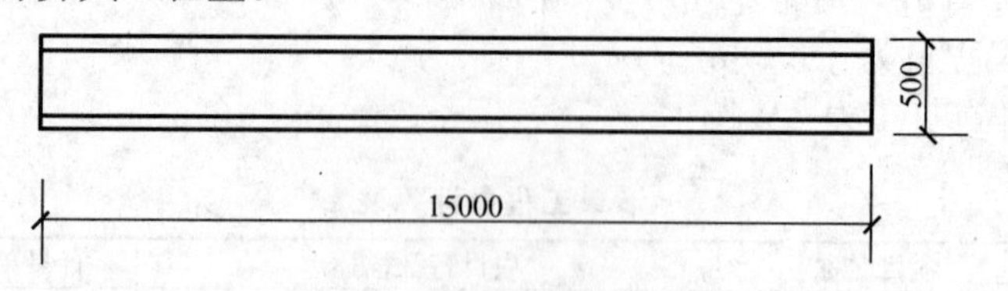

图 5-39 预制平板示意图

【解】 (1) 定额计算：

1) 正确计算方法：

预制板工程量：$0.49\times0.49\times0.08\times30\times1.015=0.585m^3$

套用基础定额 5-452

2) 错误的计算方法：

预制板工程量：$0.5\times15\times0.08\times1.015=0.609m^3$

套用基础定额 5-452

(2) 清单计算：

1) 正确计算方法：

预制板工程量：$0.49\times0.49\times0.08\times30=0.576m^3$

清单工程量计算见下表：

清单工程量计算表

项目编码	项目名称	项目特征描述	计量单位	工程量
010412001001	平板	板的规格为 0.49m×0.49m×0.08m	m^3	0.58

2) 错误的计算方法：

预制板工程量：0.5×15×0.08=0.6m³

【分析】 根据房间面积计算预制空心板的工程量是不可取的。这种方法过于粗略，而且不能详细计算所需空心板的规格和各种规格分别的工程量。

32. 预制挑檐板的工程量时，是否以构件所在位置的外围尺寸计算？

不是；应该按预制挑檐板的实体尺寸计算，即应除去安装挑檐板后的抹灰厚度及女儿墙的高度。

【例 5-36】 如图 5-40 所示预制 C 20混凝土挑檐板剖面图，已知其长度为 13.15m，计算其工程量。

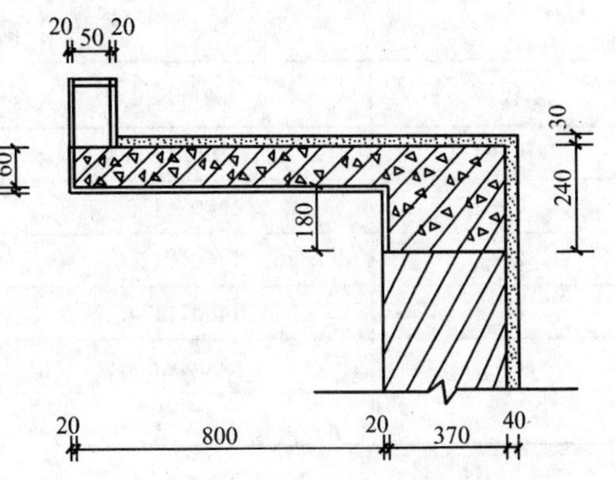

图 5-40 预制 C20 混凝土挑檐板剖面图

【解】 (1) 正确的计算方法：

板工程量：

[(0.8+0.39)×0.06+0.37×0.18]×13.15×1.015=1.842m³

套用基础定额 5-462

清单工程量计算见下表：

清单工程量计算表

项目编码	项目名称	项目特征描述	计量单位	工程量
010412006001	带肋板	C 20混凝土	m³	[(0.8+0.39)×0.06+0.37×0.18]×13.15=1.81

(2) 错误的计算方法：

[(0.06+0.025)×(0.82+0.39)+(0.39×0.18)]×13.15×1.015=2.31m³

套用基础定额 5-462

除此之外将挑檐板外围任何部分计算在工程量内都是错误的。

【分析】 计算规则中重点指出：计算构件工程量时，要去掉外围抹灰以及其他附属工程的厚度。然而不细心的计算仍然容易将这一点忽略，从而对预算的正确性造成影响。

33. 预制过梁的设计尺寸一般有什么要求？

预制过梁有矩形梁、有异形梁，异形梁多为 L 形，矩形梁截面宽度设计应与砌筑墙体相同。L 形梁中如果突出墙体则截面宽度较宽部分要与砌筑墙体相同，如果没有突出墙体则截面宽度较宽部分要与砌筑墙体相同。预制过梁的长度一般为：砌筑墙体空洞宽度加上 0.5m。

【例 5-37】 某工程门窗统计见表 5-4，窗上均安装预制 C15 混凝土过梁，过梁截面积为0.096m²计算预制过梁工程量。

【解】 (1) 正确的计算方法：

过梁实体体积C—1：(1.8+0.5)×42×0.096=9.274m³

C—2：(1.5+0.5)×12×0.096=2.304m³

C—3：(1.65+0.5)×6×0.096=1.238m³

C−4：(1.4+0.5)×12×0.096=2.189m³

C−5：(0.6+0.5)×36×0.096=3.802m³

过梁工程量：(9.274+2.304+1.238+2.189+3.802)×1.015

=18.807×1.015

=19.089m³

门窗统计表 表 5-4

代号	洞口尺寸	数量	选用图集
C−1	1800×1500	42	（略）
C−2	1500×1500	12	
C−3	1650×1500	6	
C−4	1400×1740	12	
C−5	600×1500	36	
	（门略）		

套用基础定额 5-441

清单工程量计算见下表：

清单工程量计算表

项目编码	项目名称	项目特征描述	计量单位	工程量
010410003001	过梁	C15 混凝土	m³	9.274+2.304+1.238+2.189+3.802=18.81

(2) 错误的计算方法：

过梁实体体积 C−1：(1.8+0.1)×42×0.096=7.66m³

C−2：(1.5+0.1)×12×0.096=1.843m³

C−3：(1.65+0.1)×6×0.096=1.008m³

C−4：(1.4+0.1)×12×0.096=1.728m³

C−5：(0.6+0.1)×36×0.096=2.419m³

过梁工程量：(7.66+1.843+1.008+1.728+2.419)

×1.015=14.878m³

套用基础定额 5-441

【分析】 预制过梁的一般尺寸要求都是门窗洞口宽加上 0.5m，若有不同，要认真参照设计图纸的预制构件尺寸表，或标准图集。

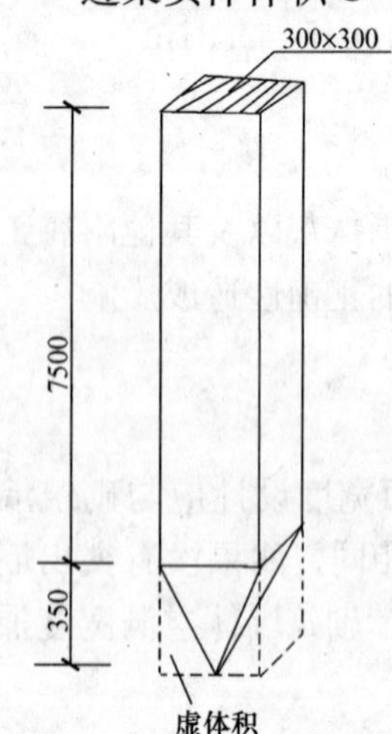

图 5-41 预制桩立面图

34. 预制桩的工程量是否以混凝土实体体积计算？其定额计价计算时其损耗量如何计算？

预制桩的工程量，不是以混凝土实体体积计算的。在工程量清单计算的时候，工程量=桩长×桩体截面面积，即：工程量=桩实体体积+桩尖体积。

全国统一定额计算中：工程量=(桩长×桩体截面面积)×(1+损耗率)，其中损耗率与其他预制构件不同，详见表 5-5。

表 5-5

名称	制作废品率	运输堆放损耗	安装损耗
各类预制构件	0.2%	0.8%	0.5%
预制混凝土桩	0.1%	0.4%	1.5%

【例 5-38】 已知如图 5-41 所示，预制混凝土桩，计算其工程量。

【解】 (1) 定额计算：

1) 正确的计算方法：

预制桩工程量：$(0.35+7.5)\times0.3\times0.3\times1.02$

$=0.721\text{m}^3$

套用基础定额 5-434

2) 错误计算方法：

①预制桩工程量

$$7.5\times0.3\times0.3+0.35\times0.3\times0.3\times\frac{1}{3}=0.686\text{m}^3$$

套用基础定额 5-434

②预制桩工程量

$$7.5\times0.3\times0.3+\frac{1}{3}\times0.35\times0.3\times0.3\times1.02=0.699\text{m}^3$$

套用基础定额 5-434

(2) 清单计算：

1) 正确的计算方法：

预制桩工程量：$7.5+0.35=7.85\text{m}$

清单工程量计算见下表：

清单工程量计算表

项目编码	项目名称	项目特征描述	计量单位	工程量
010201001001	预制钢筋混凝土桩	桩的截面为 300mm×300mm，单根桩长 7.85m	m	7.85

2) 错误的计算方法：同定额计算错误相似。

【分析】 预制混凝土构件中，预制桩是较为特殊的一种构件，首先，其工程量计算并非实体体积，其次，其制作运输安装的损耗率不同于其他预制构件。

35.【例 5-39】 如图 5-42 所示某工程门窗预制过梁，已知过梁截面尺寸均为 400mm × 300mm，其工程量如何计算？

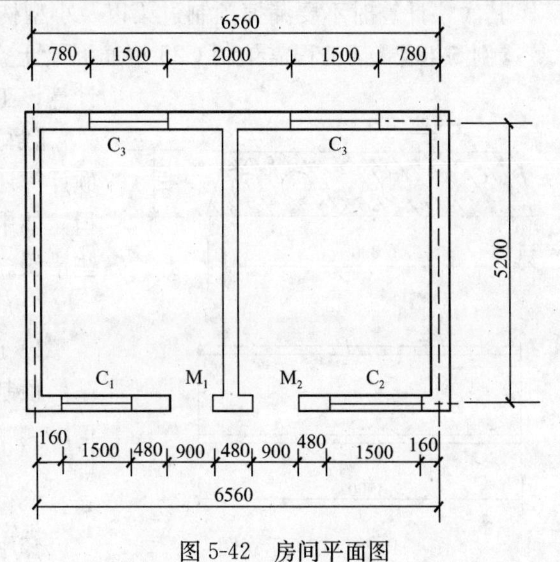

图 5-42 房间平面图

【解】 (1) 正确的计算方法：

由于门 M_1、M_2、窗 C_1、C_2 之间的

隔墙间距为480mm，若过梁长度等于门窗宽度加上500mm则不符合实际应用要求。所以门过梁长度应为：门窗宽度加上480mm，窗与门相接部分长度为240mm，则正确的计算方法如下：

过梁体积：[(1.5+0.5)×2+(1.5+0.48)×2+(0.9+0.48)×2]×0.4×0.3
=1.286m³

过梁工程量为：1.28×1.015=1.308m³

套用基础定额5-441

工程量清单计算：

过梁工程量为：

[(1.5+0.5)×2+(1.5+0.48)×2+(0.9+0.48)×2]×0.4×0.3=1.286m³

清单工程量计算见下表：

清单工程量计算表

项目编码	项目名称	项目特征描述	计量单位	工程量
010410003001	过梁	过梁截面尺寸为400mm×300mm	m³	1.29

(2) 错误的计算方法：

过梁体积：[(1.5+0.5)×4+(0.9+0.5)×2]×0.4×0.3=1.296m³

工程量：1.296×1.015=1.315m³

套用基础定额5-441

【分析】 本题表示的是预算中的细节问题，也是大多数人经常忽略的问题，若有大量这样的失误，将会对概预算造成影响。

36. 在计算预制构件时有哪些注意事项？

首先，预制构件包括两种：一种是标准规格的预制构件，另一种是非标准预制构件。标准规格预制构件按照标准图集中的尺寸、体积计算工程量，非标准预制构件按照实体尺寸计算工程量，圆孔板应扣除孔洞体积。

其次，计算时不要漏掉预制过梁以及小型构件的工程量。

【例5-40】 某工程需预制C25钢筋混凝土空心板117块，其尺寸如图5-43所示，试计算该工程预制空心板的工程量。

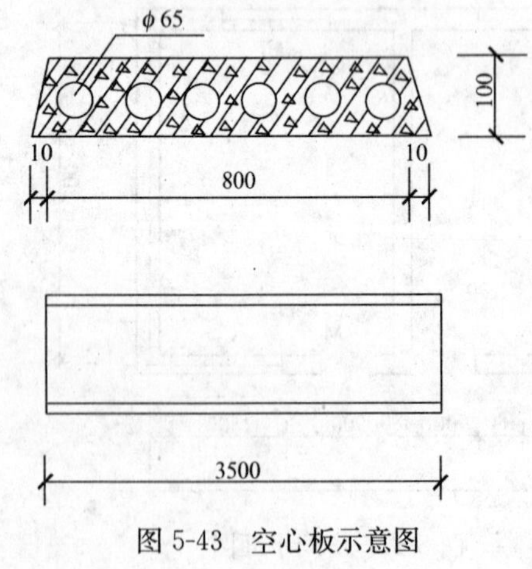

图5-43 空心板示意图

【解】 预制空心板工程量的计算，无论是定额计算还是清单计算，其体积都应扣除孔洞的体积，如果读者不认真阅读计算规则，则容易犯一些错误。

(1) 定额计算：

1) 正确的计算方法：

预制空心板的工程量为：

$$\left[\frac{1}{2}\times(0.8+0.82)\times0.1-6\times\frac{\pi}{4}\times0.065\times0.065\right]\times3.5\times1.015=0.217\text{m}^3$$

套用基础定额5-453

2）错误的计算方法：

$$\frac{1}{2}(0.8+0.82)\times0.1\times3.5\times1.015=0.288\text{m}^3$$

套用基础定额 5-453

(2) 清单计算：

1）正确的计算方法：

预制空心板工程量：$\left[\frac{1}{2}\times(0.8+0.82)\times0.1-\frac{\pi}{4}\times0.065\times0.065\right]\times3.5$

$=0.214\text{m}^3$

清单工程量计算见下表：

清单工程量计算表

项目编码	项目名称	项目特征描述	计量单位	工程量
010412002001	空心板	C25 混凝土	m^3	0.21

2）错误的计算方法：

清单计算方法的常犯错误类似于定额计算。

37. 现浇混凝土构件与预制混凝土构件在定额计算模板工程量有什么区别？

定额计算中现浇混凝土构件模板工程量是以构件的表面积，以 m^2 计算的，而预制混凝土构件模板工程量是以构件体积以 m^3 计算的。清单计算中，无构件模板工程量，该项的费用包括在混凝土的综合单价中。

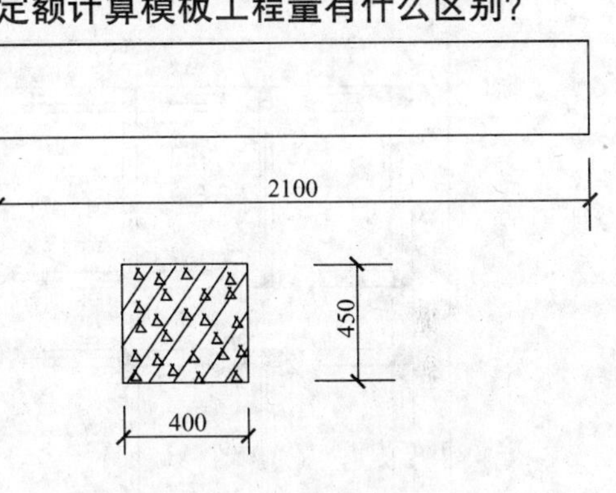

图 5-44　梁示意图

【例 5-41】 如图 5-44 所示，某已建工程某个部分，若此梁为现浇混凝土圈梁，定额计算中如何计算其模板工程量，若为预制构件，定额计算中如何计算其模板工程量？

【解】 定额计算：

(1) 该梁为现浇混凝土梁：

正确的计算方法：模板工程量为：

$$(0.4+0.45)\times2\times2.1+(0.4\times0.45)\times2=5.27\text{m}^2$$

套用基础定额 5-82

错误的计算方法：模板工程量为：

$$0.4\times0.45\times2.1=0.378\text{m}^3$$

套用基础定额 5-82

(2) 该梁为预制混凝土梁：

正确的计算方法：$0.4\times0.45\times2.1\times1.015=0.384\text{m}^3$

套用基础定额 5-147

错误的计算方法：$[(0.4+0.45)\times2\times2.1+0.4\times0.45\times2]\times1.015=5.35\text{m}^2$

套用基础定额 5-147

【分析】 定额计算中，混凝土现浇和混凝土预制有很多的区别，其中最主要的就是损耗率问题。在预算过程中，请读者一定要分清。

38. 在内外墙预制构件计算中，要注意哪些事项？

无论计算何处预制构件都要以设计图纸上的尺寸为准。一般的，外墙要比内墙宽，而且外墙构件的承受荷载能力强，这就要求外墙上的预制构件尺寸与内墙上的不同。

【例 5-42】 某工程如图 5-45、表 5-6 所示。已知外墙预制混凝土过梁截面为 370mm×300mm，内墙预制混凝土过梁截面为 240mm×240mm，计算门窗洞口预制过梁工程量。(C15 混凝土)

门　窗　表　　表 5-6

名称	洞口尺寸/mm	数量
C_1	1500×1500	10
M_1	900×2400	10

【解】 (1) 定额计算：

1) 正确的计算方法：

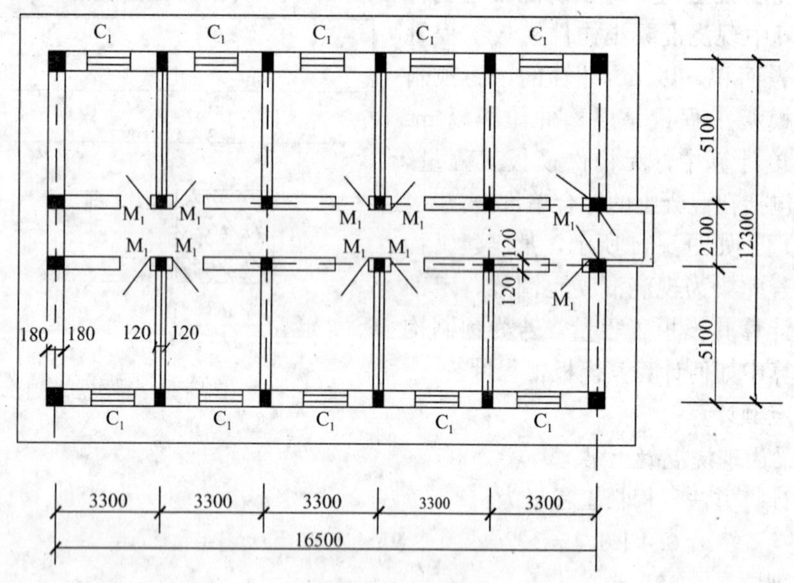

图 5-45　墙平面图

预制过梁工程量：$[(1.5+0.5)\times10\times0.37\times0.3+(0.9+0.5)\times10\times0.24\times0.24]\times1.015=3.072m^3$

套用基础定额 5-441

2) 错误的计算方法：预制过梁工程量：

$$(1.5+0.5+0.9+0.5)\times10\times0.37\times0.3\times1.015=3.831m^3$$

套用基础定额 5-441

(2) 清单计算：

1）正确的计算方法：

预制过梁工程量：(1.5+0.5)×10×0.37×0.3+(0.9+0.5)×10×0.24×0.24

=3.026m³

清单工程量计算见下表：

清单工程量计算表

项目编码	项目名称	项目特征描述	计量单位	工程量
010410003001	过梁	C15混凝土	m³	3.03

2）错误的计算方法：其易犯错误与定额计算中错误类似。

【分析】 由于设计尺寸的不同，在各墙上的预制构件尺寸也有不同，计算中要注意这些细节问题。

39. 同一窗户的预制过梁和预制窗台板尺寸之间有什么区别？

一般情况下预制过梁为承重构件，左右搭接长度一般为500mm，而窗台板的搭接只起到连接作用，所以搭接长度一般为100mm，在工程量计算过程中，不应将两者混淆。

【例 5-43】 如图 5-46 所示——窗洞的预制过梁和预制窗台板，分别计算其工程量。

【解】 (1) 定额计算：

1）正确的计算方法：窗台板工程量：0.32×0.04×(1.8+0.1)×1.015=0.025m³

套用基础定额 5-483

过梁工程量：0.37×0.24×(1.8+0.5)×1.015=0.207m³

套用基础定额 5-441

2）错误的计算方法：窗台板工程量：0.32×0.04×(1.8+0.5)×1.015=0.03m³

套用基础定额 5-483

过梁工程量：0.37×0.24×(1.8+0.1)×1.015

=0.171m³

套用基础定额 5-441

(2) 清单计算：

正确的计算方法：窗台板工程量：

0.32×0.04×(1.8+0.1)

=0.024m³

过梁工程量：0.37×0.24×(1.8+0.5)

=0.204m³

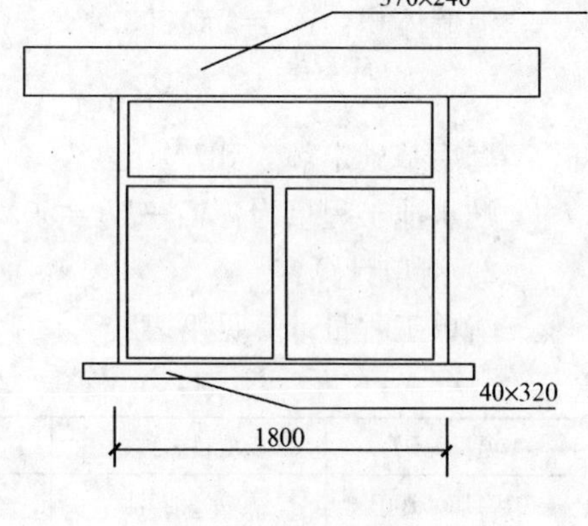

图 5-46 窗示意图

清单工程量计算见下表：

清单工程量计算表

序号	项目编码	项目名称	项目特征描述	计量单位	工程量
1	010414002001	其他构件	窗台板	m³	0.024
2	010410003001	过梁	过梁尺寸为370mm×240mm	m³	0.204

【分析】 窗台板和过梁的区别在于，过梁承重，而窗台板不承重，或者说其承重较小，所以尺寸之间应有区别。若含糊不清，请读者认真参照设计图纸的预制构件尺寸表。

40. 定额计算中贮水池的工程量，该如何计算？

应该按设计图示尺寸以体积计算，其中分池底和池壁两部分其计算按照现浇混凝土部分相应项目计算。

【例 5-44】 如图 5-47 所示一圆形水池计算其工程量。

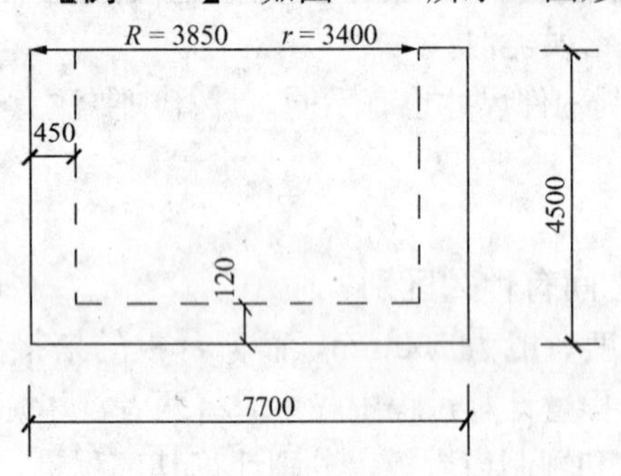

图 5-47 圆形水泥装门面图

【解】 (1) 正确的计算方法：

1) 定额计算：

①池底体积：

$V_1=\pi\times3.85\times3.85\times0.12=5.585\text{m}^3$

套用基础定额 5-486

池壁体积：$V_2=2\pi\times(3.4+\frac{1}{2}\times0.45)\times0.45\times(4.5-0.12)=44.562\text{m}^3$

套用基础定额 5-487

贮水池工程量为：$V_1+V_2=50.147\text{m}^3$

②池底体积：$V_1=\pi\times3.4\times3.4\times0.12=4.356\text{m}^3$

套用基础定额 5-486

池壁体积：$V_2=2\pi\times\left(3.4+\frac{1}{2}\times0.45\right)\times0.45\times4.5=45.791\text{m}^3$

套用基础定额 5-487

贮水池工程量为：$V_1+V_2=50.147\text{m}^3$

2) 清单计算：

清单工程量计算见下表：

清单工程量计算表

项目编码	项目名称	项目特征描述	计量单位	工程量
010415001001	贮水(油)池	贮水池	m^3	50.15

(2) 错误的计算方法：池底体积：$V_1=\pi\times3.85\times3.85\times0.12=5.585\text{m}^3$

套用基础定额 5-486

池壁体积：$V_2=\pi\times\left(3.4+\frac{1}{2}\times0.45\times0.45\right)\times(4.5-0.12)=44.562\text{m}^3$

套用基础定额 5-487

贮水池工程量为：$(V_1+V_2)\times1.015=50.899\text{m}^3$

【分析】 贮水池的工程量计算按照现浇混凝土的计算规则进行计算，而不是按照预制混凝土构件的计算规则进行计算。两者的区别在于预制构件有损耗率，而现浇混凝土无此费用，请读者要区别清，正确计算。

41. 混凝土水塔筒身与槽底是怎样划分的?

筒身与槽底连接的圈梁底为界，以上为槽底，以下为筒身。在计算槽底工程量时，应加上圈梁的工程量。

42. 混凝土水塔塔顶及槽底的工程量如何计算?

塔顶及槽底，塔顶包括顶板和圈梁，槽底包括底板挑出的斜壁板和圈梁等，合并计算。

43. 在计算预制混凝土柱的工程量时，应注意哪些事项?

首先要注意哪些柱是现浇，哪些柱是预制，不能混淆。其次，还要注意每一根预制混凝土柱的尺寸，按不同尺寸统计柱的数量，这样在计算时才能准确。

【例 5-45】 如图 5-48 所示，某工程首层平面图已知该层柱均为预制混凝土矩形柱，且柱高均为 3.3m，试计算预制柱的工程量。

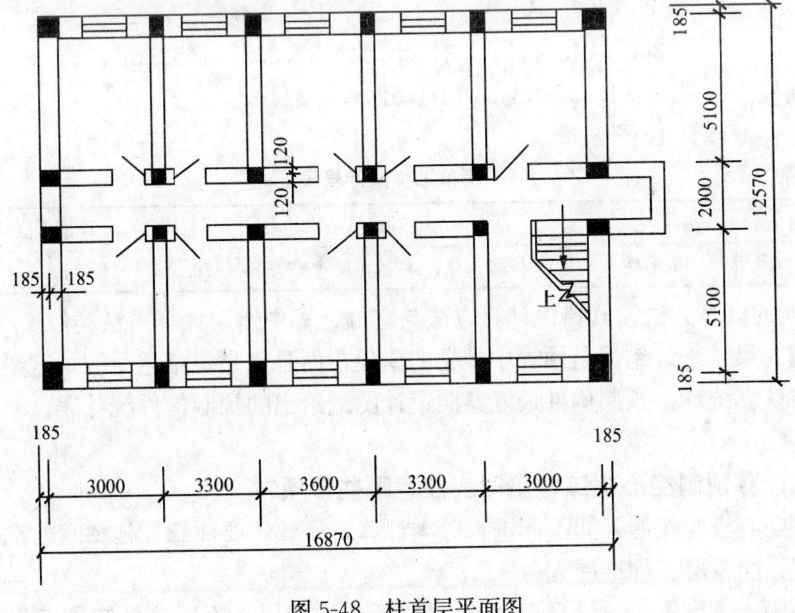

图 5-48 柱首层平面图

【解】 (1) 定额计算：

1) 正确的计算方法：

按柱的截面尺寸不同分类计算工程量为

$$370\times370：V=0.37\times0.37\times4\times3.3\times1.015=1.834\text{m}^3$$

$$370\times240：V=0.37\times0.24\times12\times3.3\times1.015=3.569\text{m}^3$$

$$240\times240：V=0.24\times0.24\times8\times3.3\times1.015=1.543\text{m}^3$$

即预制柱工程量为：$V=1.834+3.569+1.543=6.946\text{m}^3$

套用基础定额 5-437

2）错误的计算方法 1：

按柱的截面尺寸不同分类计算工程量为：

$$370\times370：V=0.37\times0.37\times16\times3.3\times1.015=7.337m^3$$

$$240\times240：V=0.24\times0.24\times8\times3.3\times1.015=1.543m^3$$

即预制柱工程量为：$V=7.337+1.543=8.88m^3$

套用基础定额 5-437

错误的计算方法 2：

按柱的截面尺寸不同分类计算工程量为：

$$370\times370：V=0.37\times0.37\times4\times3.3\times1.015=1.834m^3$$

$$240\times240：V=0.24\times0.24\times20\times3.3\times1.015=3.859m^3$$

即预制柱工程量为：$V=1.834+3.859=5.693m^3$

套用基础定额 5-437

（2）清单计算：

1）正确的计算方法：按柱截面尺寸不同分类计算工程量为：

$$370\times370：V=0.37\times0.37\times4\times3.3=1.807m^3$$

$$370\times240：V=0.37\times0.24\times12\times3.3=3.516m^3$$

$$240\times240：V=0.24\times0.24\times8\times3.3=1.521m^3$$

即预制柱工程量为：$1.807+3.516+1.521=6.844m^3$

清单工程量计算见下表：

清单工程量计算表

项目编码	项目名称	项目特征描述	计量单位	工程量
010409001001	矩形柱	柱高 3.6m，柱截在尺寸 370mm×370mm	m^3	6.84

2）错误的计算方法：其错误计算方法与定额计算中错误计算方法类似。

【分析】 尺寸统计错误是预算中常见的错误，而且也是很难避免的。这要求我们在计算过程中要认真统计。预制构件最好参照设计图纸给出的预制构件统计表。

44. 在计算预制空心板工程量时应注意哪些事项？

应注意空心板应按照开间不同进行分类计算，另外还要注意，楼梯间的空心板数量一般为顶层有，而首层、标准层无。

【例 5-46】 如图 5-48 所示某工程设计图纸中的首层平面图。已知该工程为六层，楼梯间如图 5-48 所示，按照开间不同，分别安装的空心板规格见表 5-7。每间的空心板数均为 4 块（楼梯间除外）。试计算该工程量预制空心板的工程量。（C25 混凝土）

空心板规格 表 5-7

开间尺寸 /mm	楼空心板标号	尺寸规格 /mm	体积 m^3/块
3000	KB30.1	3300×1750×100	0.115
3300	KB33.1	3600×1250×100	0.125
3600	KB36.1	3900×1250×100	0.135

【解】 (1) 定额计算：

1) 正确的计算方法：

按开间分类计算工程量：

首层：

开间 3.0m：$V=3\times4\times0.115\times1.015=1.40\text{m}^3$

开间 3.3m：$V=4\times4\times0.125\times1.015=2.03\text{m}^3$

开间 3.6m：$V=2\times4\times0.135\times1.015=1.096\text{m}^3$

标准层(二至五层、每层)：

开间 3.0m：$V=3\times4\times0.115\times1.015=1.401\text{m}^3$

开间 3.3m：$V=4\times4\times0.125\times1.015=2.03\text{m}^3$

开间 3.6m：$V=2\times4\times0.135\times1.015=1.096\text{m}^3$

顶层：

开间 3.0m：$V=4\times4\times0.115\times1.015=1.868\text{m}^3$

开间 3.3m：$V=4\times4\times0.125\times1.015=2.03\text{m}^3$

开间 3.6m：$V=2\times4\times0.135\times1.015=1.096\text{m}^3$

合计：预制空心板工程量为：

$$V=(1.401+2.03+1.096)\times5+1.868+2.03+1.096=27.629\text{m}^3$$

套用基础定额 5-453

2) 错误的计算方法 1：

按开间分类计算工程量：

首层：

开间 3.0m：$V=4\times4\times0.115\times1.015=1.868\text{m}^3$

开间 3.3m：$V=4\times4\times0.125\times1.015=2.03\text{m}^3$

开间 3.6m：$V=2\times4\times0.135\times1.015=1.096\text{m}^3$

标准层和顶层每层空心板工程量同首层相同。

合计：预制空心板工程量：

$V=(1.868+2.03+1.096)\times6=29.964\text{m}^3$

套用基础定额 5-453

3) 错误的计算方法 2：

按开间尺寸分类计算工程量：

首层：开间 3.0m：$V=3\times4\times0.115\times1.015=1.401\text{m}^3$

开间 3.3m：$V=4\times4\times0.125\times1.015=2.03\text{m}^3$

开间 3.6m：$V=2\times4\times0.135\times1.015=1.096\text{m}^3$

标准层和顶层每层空心板工程量同首层相同。

合计：预制空心板工程量：

$$V=(1.401+2.03+1.096)\times6=27.162\text{m}^3$$

套用基础定额 5-453

(2) 清单计算：

正确的计算方法：

按开间尺寸分类计算工程量：

首层：开间 3.0m：$V=3\times4\times0.115=1.38m^3$

开间 3.3m：$V=4\times4\times0.125=2m^3$

开间 3.6m：$V=2\times4\times0.135=1.08m^3$

标准层(二至五层、每层)同首层空心板工程量。

顶层：开间 3.0m：$V=4\times4\times0.115=1.84m^3$

开间 3.3m：$V=4\times4\times0.125=2m^3$

开间 3.6m：$V=2\times4\times0.135=1.08m^3$

合计：预制空心板工程量为：$V=(1.38+2+1.08)\times5+1.84+2+1.08=27.22m^3$

清单工程量计算见下表：

清单工程量计算表

项目编码	项目名称	项目特征描述	计量单位	工程量
010412002001	空心板	C25 混凝土	m^3	27.22

【分析】 在计算工程的预制空心板时，不但要注意按照开间尺寸分类计算，而且要注意楼梯间非顶层无空心板。

45. 不规则形状的水塔的工程量应如何计算?

水塔属于构筑物，构筑物的工程量均为构筑物实体的体积，但是在计算不规则形状几何体的过程中，应采取相应的计算方法，计算的思路很简单，计算的过程应根据图形而定。

【例 5-47】 如图 5-49 所示，试计算该水塔的工程量(除去 M 形基础和基础梁，仅计算水塔的塔身(C15 混凝土))。

【解】 (1) 正确的计算方法：

塔圆柱的截面积为：

$$S_{柱}=\frac{1}{4}\times\pi\times(9+0.6)^2-\frac{1}{4}\pi\times9^2=8.77m^2$$

塔圆柱的体积为：

$$V_{柱}=S_{柱}\cdot H=8.77\times20=175.4m^3$$

由于半圆的截面积各不相同，因此采用积分的方法，求体积：

设截面的高度为 x，则在高为 x 的圆截面积 ABCD 中，截面外圆的半径为：(以 0 为圆心)

$$R_{大}=0.3+\sqrt{5^2-(5-x)^2}=\sqrt{-x^2+10x}+0.3$$

内圆的半径为：

$$R_{小}=\sqrt{5^2-(5-x)^2}=\sqrt{10x-x^2}$$

则半圆形圆壳的体积为：

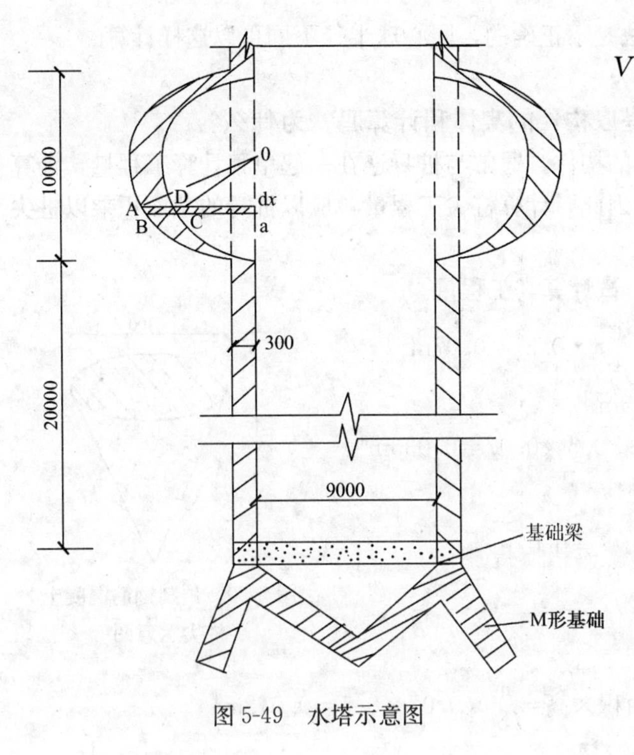

图 5-49 水塔示意图

$$V_{圆壳}=2\int_0^5\pi[(R_{大}+4.5)^2-(R_{小}+4.5)^2]dx$$

$$=2\int_0^5\pi[(9+R_{大}+R_{小})\cdot(R_{大}-R_{小})]dx$$

$$=2\pi\int_0^5(2.79+0.6\sqrt{10x-x^2})dx$$

$$=2\times2.79\times\pi\times5+1.2\times\pi\int_0^5\sqrt{10x-x^2}dx$$

$$=87.65+3.768\times8.944$$

$$=121.37m^3$$

则水塔的工程量为：

$$V_{塔}=V_{柱}+V_{壳}=175.4+121.37=296.77m^3$$

套用基础定额 5-495

清单工程量计算见下表：

清单工程量计算表

项目编码	项目名称	项目特征描述	计量单位	工程量
010415003001	水塔	C15 混凝土	m^3	296.77

(2) 错误的计算方法 1：

圆壳截面积：

$$S_{截}=\pi(4.5+5+0.3)^2-\pi(4.5+5)^2=(96.04-90.25)\times3.14=18.18m^2$$

圆壳的体积： $V_{壳}=S_{截}\cdot H=18.18\times10=181.8m^3$

错误的计算方法 2：

圆壳的体积：

$$V_{壳}=V_{外圆}-V_{内圆}=\frac{4}{3}\pi(5+0.3)^3-\frac{4}{3}\pi\times5^3$$

$$=\frac{4}{3}\times3.14\times(148.88-125)$$

$$=99.98m^3$$

【分析】

1) 圆壳的形状形似一个“坛子”，中部是一个虚圆柱体，两端为半圆，在计算其截面积时，外圆与内圆所夹截面的宽度是不等的，因此不能笼统地按 0.3m 计算，只有等截面才能这样计算。

2) 圆壳圆形不是两个完整的球体，即使是球体，其半径都是 5m，只是位置上有些偏差，这样用半径为 5 和 5+0.3 的算法是不正确的，同心球半径不同可以这样计算。

46. 预制混凝土桩尖的工程量是以构件的实体积计算吗？为什么？

预制混凝土桩尖是一个较为特殊的构件，通常与桩身连在一起单独计算工程量，计算长度为桩的总长度(含桩尖的长度)，因此，计算桩尖工程量，应以桩身的截面积乘以桩尖的高度，而不是桩尖的实体积。

【例 5-48】 桩尖如图 5-50 所示，试计算其工程量。

【解】 正确算法：桩身截面积：$\frac{1}{4}\pi\times0.3^2=0.07\text{m}^2$

桩尖高度：0.5m

桩尖工程量为：$0.5\times0.07=0.035\text{m}^3$

套用基础定额 5-436

错误算法：桩尖底面积：$\frac{1}{4}\pi\times0.3^2=0.07\text{m}^2$

桩尖高度：0.5m

桩尖工程量即为桩尖的实体积为：

$$V_{桩尖}=\frac{1}{3}\times桩尖底面积\times高=\frac{1}{3}\times0.07\times0.5=0.012\text{m}^3$$

套用基础定额 5-436

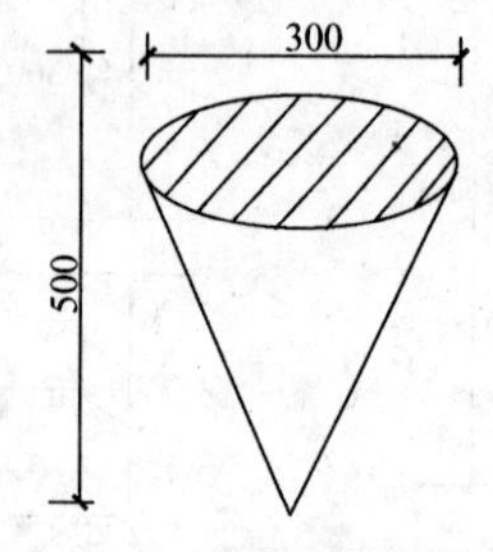

图 5-50 预制钢筋混凝土桩尖示意图

【分析】 无论是整个桩构件，还是桩尖，在计算工程量时，桩尖部分的工程量应用桩身的截面积乘以桩尖的总长度，而不是桩尖部分的体积。

47. 构筑物筒仓的工程量应如何计算？应注意哪些问题？

构筑物筒仓建筑工程量的计算，应根据筒仓的结构分成若干部分计算，化整为零，计算以构筑物筒仓的实体积以 m^3 为单位计算。

在计算过程中应当注意：筒仓壁工程量要扣除 0.05m^2 以上的孔洞体积，一般分成立壁和漏斗两个部分分别计算工程量。

【例 5-49】 如图 5-51 所示为贮仓(矩形仓)，分立壁和漏斗，按不同厚度计算体积。

【解】 (1) 正确的计算方法：

筒仓顶板的体积：

$$V_{顶板}=\frac{1}{4}\pi(8+0.6)^2\times0.3=17.43\text{m}^3$$

套用基础定额 5-492

筒仓壁的截面积为：

$$S_{截}=\frac{1}{4}\pi[(8+0.6)^2-8^2]=7.82\text{m}^2$$

筒仓壁的体积为：

$$V_{壁}=S_{截}\cdot H=7.82\times30=234.60\text{m}^3$$

套用基础定额 5-489

设漏斗“虚尖”部分的高度为 x，则

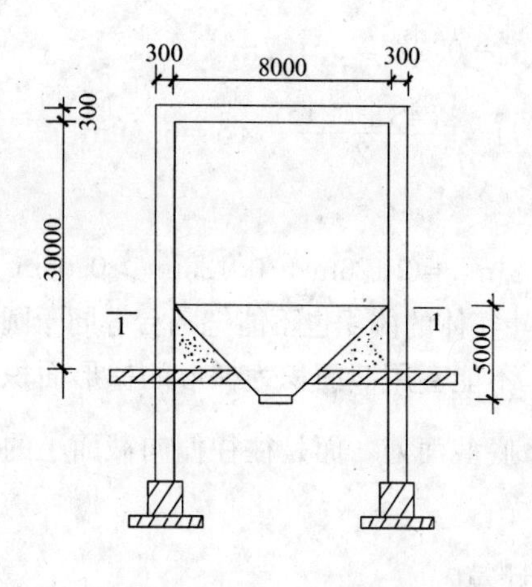

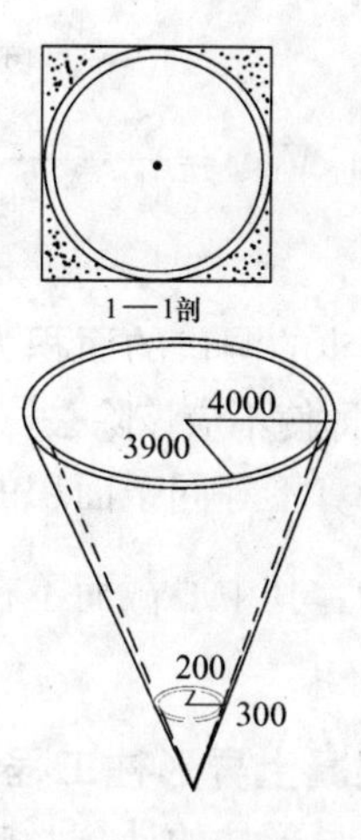

图 5-51　矩形贮仓示意图

$$\frac{0.3}{x}=\frac{4}{x+5}$$

解得：$x=0.4$

则　　$V_{外圆台}=\frac{1}{3}\times\pi\times4^2\times(5+0.4)-\frac{1}{3}\times\pi\times0.3^2\times0.4$

$=90.39m^3$

$V_{内圆台}=\frac{1}{3}\pi\times3.9^2\times(5+0.4)-\frac{1}{3}\pi\times0.2^2\times0.4$

$=85.95m^3$

$V_{漏斗}=V_{外圆台}-V_{内圆台}=90.39-55.95=4.44m^3$

套用基础定额 5-490

则筒仓的工程量

$$V=V_{漏斗}+V_{壁}+V_{板}=4.44+234.6+17.43=256.47m^3$$

清单工程量计算见下表：

清单工程量计算表

项目编码	项目名称	项目特征描述	计量单位	工程量
010415002001	贮仓	贮仓尺寸如图 5-51 所示	m³	256.47

（2）错误的计算方法：

错误算法 1：

$$V_{外圆台}=\frac{1}{3}\times\pi\cdot4^2\times5=83.73m^3$$

$$V_{内圆台}=\frac{1}{3}\times\pi\times3.9^2\times5=79.6m^3$$

$$V_{漏斗}=V_{外}-V_{内}=83.73-79.6=4.13m^3$$

套用基础定额 5-490

错误算法 2：

$$S_{上圆环}=\pi(4^2-3.9^2)=2.48m^2$$

$$S_{下圆环}=\pi(0.3^2-0.2^2)=0.157\text{m}^2$$

$$V_{漏斗}=\frac{S_{上圆环}+S_{下圆环}}{2}\times H=\frac{2.48+0.157}{2}\times 5=6.59\text{m}^3$$

【分析】

1)筒壁或漏斗的洞口的面积为 $\pi\times 0.2^2\text{m}^2=0.126\text{m}^2$，$0.126\text{m}^2>0.05\text{m}^2$，故该漏斗的洞口应该除去，即使不应该除去，计算漏斗实体的体积也不能把圆台等同于圆锥进行计算。

2)体积的计算不等同于面积的计算，不能套用截面积为梯形的梯形面积公式，由于它们不是等截面的，其中心截而不在$\frac{1}{2}$上下底截面处，而是往往偏向截面小的一方。

48. 钢筋混凝土异形柱工程量如何计算?

钢筋混凝土异形柱的计算，应根据柱的截面形状，分成若干相同的部分，分别计算。

在计算比较特殊形状的柱截面时，其工程量应根据截面形状的特点选择合适的计算方法计算截面积，然后乘以该截面的高度。

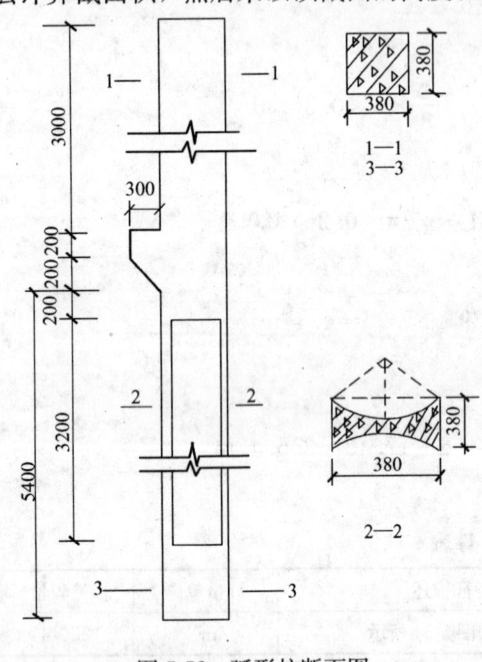

图 5-52 弧形柱断面图

【例 5-50】 如图 5-52 所示，预制钢筋混凝土弧形柱，求其工程量。

【解】 (1) 正确的计算方法：

柱的工程量计算分成 3 部分：

V_1＝截面积为 1—1 或 3—3 的部分（含 2—2 中的长度部分）

V_2＝牛腿部分

V_3＝2—2 部分挖空体积

则柱的工程量为 $V=V_1+V_2-2V_3$

$V_1=0.38\times 0.38\times(5.4+0.2\times 2+3)=1.27\text{m}^3$

$V_2=(0.2+0.4)\times 0.3\div 2\times 0.38=0.0342\text{m}^3$

V_3 在计算时应先计算圆弧的半径 r：

$$r=\frac{0.38}{2}\cdot\frac{2}{\sqrt{3}}\text{m}=0.22\text{m}$$

$$扇形面积\ S=\frac{120^\circ}{360^\circ}\times\pi\cdot r^2=\frac{1}{3}\times\pi\times 0.22^2=0.05\text{m}^2$$

$$三角形面积：\frac{1}{2}\times 0.38\times\frac{0.19}{\sqrt{3}}=0.02\text{m}^2$$

$$弧形面积=S_{扇}-S_{\triangle}=0.05-0.02=0.03\text{m}^2$$

$$V_3=S_{弧}\times H=0.03\times 3.2\text{m}^3=0.096\text{m}^3$$

则柱的工程量为：

$$V=V_1+V_2-2V_3=1.27+0.0342-2\times 0.096=1.112\text{m}^3$$

套用基础定额 5-438

清单工程量计算见下表：

清单工程量计算表

项目编码	项目名称	项目特征描述	计量单位	工程量
010409002001	异形柱	预制钢筋混凝土弧形柱	m^3	1.11

(2) 错误的计算方法 1：

计算 V_2 时，横着剖切，断面是长方形或是三角形，误认为等截面

$$0.3\times0.38\times0.4=0.0456m^3$$

或纵着剖切，断面为一长方形，剖切位置不同误认为等截面

$=\frac{1}{2}$(上截面+下截面)$=\frac{1}{2}(0.2\times0.38+0.4\times0.38)=0.3\times0.38m^2$

$=0.114m^2$

$$V_2=0.3\times0.114=0.0342m^3$$

错误的计算方法 2：计算 V_3 时，没有错误，且在计算整个柱的工程量时

$$V=V_1+V_2-V_3=1.27+0.0342-0.096=1.21m^3$$

【分析】

1) 没有掌握计算异形柱工程量的方法，选择剖切位置方向错误，应平行于纸面侧着剖切形成等截面再乘以高度(厚度)。

2) 牛腿下面的挖空部分是两面的，见 2—2 剖，应减去两倍的挖空体积，容易忽视这一点。

49. 怎样计算预制钢筋混凝土梁中混凝土的工程量和钢筋的工程量？

预制钢筋混凝土梁混凝土的工程量按其图示尺寸计算实体积，以 m^3 为单位，钢筋工程量以钢筋的重量表示，以 kg 为单位。

在计算钢筋的工程量时，应特别注意钢筋长度的计算方法，弯钩长度，保护层厚度等对钢筋长度计算的影响。

【例 5-51】 一根预制钢筋混凝土风道梁，其尺寸如图 5-53 所示，计算混凝土的工程量和钢筋的点焊工程量。

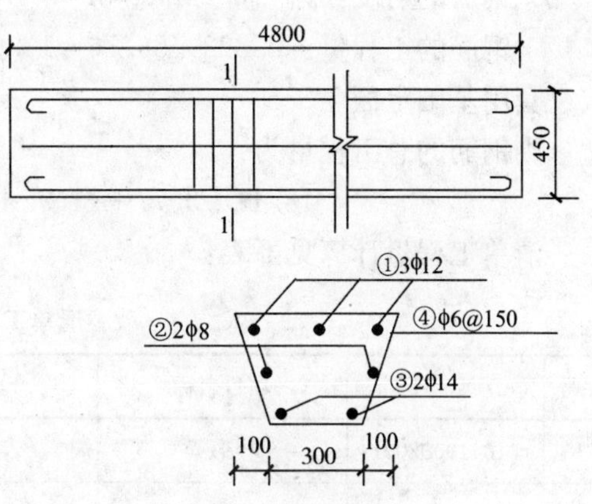

图 5-53 预制钢筋混凝土梁配筋图

【解】 (1)正确的计算方法：

梁的截面积：$S_{截}=\frac{0.3+0.5}{2}\times0.45$

$=0.18m^2$

梁的混凝土工程量为：

$V=S_{截}\times L=0.18\times4.8=0.864m^3$

套用基础定额 5-444

钢筋工程量：

①号钢筋：3ϕ12

钢筋长度：$4.8-2\times0.015+6.25\times0.012\times2=4.92m$

钢筋总长度：$4.92\times3=14.76m$

钢筋密度：$\rho_{\phi12}=0.888$kg/m

钢筋工程量：14.76×0.888kg=13.11kg

套用基础定额 5-329

②号钢筋：2ϕ8

钢筋长度：4.8－2×0.015＝4.77m

钢筋总长度：4.77×2＝9.54m

钢筋密度：$\rho_{\phi8}=0.395$kg/m

钢筋工程量：0.395×9.54＝3.77kg

套用基础定额 5-325

③号钢筋：2ϕ14

钢筋的长度：4.8－2×0.015＋6.25×0.014×2＝4.945m

钢筋的总长度：4.945×2＝9.89m

钢筋的密度：$\rho_{\phi14}=1.208$kg/m

钢筋的工程量：9.89×1.208＝11.95kg

套用基础定额 5-331

④号箍筋：ϕ6@150

钢筋的长度：$0.3+0.5+2\times\sqrt{0.45^2+\left(\frac{0.5-0.3}{2}\right)^2}=1.72\text{m}$

钢筋的根数：$\frac{4.8-0.015\times2}{0.15}+1=32.8\approx33$ 根

钢筋的总长度：33×1.72＝56.76m

钢筋的密度：$\rho_{\phi6}=0.222$kg/m

钢筋的工程量：0.222×56.76＝12.60kg

套用基础定额 5-355

则钢筋的总工程量为：

$$13.11+3.77+11.95+12.60=41.43\text{kg}=0.041\text{t}$$

清单工程量计算见下表：

清单工程量计算表

序号	项目编码	项目名称	项目特征描述	计量单位	工程量
1	010410002001	异形梁	C20 混凝土	m^3	0.86
2	010416002001	预制构件钢筋	ϕ8、ϕ14、ϕ6	t	0.041

（2）错误的计算方法 1：

①号钢筋 3ϕ12

长度：　　4.8－2×0.015＝4.77m

或　　4.8＋6.25×2×0.012＝4.95m

错误的计算方法 2：

④号箍筋：

根数：　　$\dfrac{4.8-0.015\times2}{0.15}=31.8$ 根≈31 根

【分析】 ①钢筋长度的计算为构件长度减去 2 倍保护层厚度，如果有弯钩的话，应加上两个弯钩长度。

②箍筋根数的计算，有效长度除以间距后应加“1”，得出的数值为小数时，应取该小数的整数部分再加 1。

50. 混凝土小型池槽的模板工程量应如何计算？

混凝土小型池槽，无论是现浇的还是预制的，其模板工程量按照构件外围体积计算，而池槽内外侧及底部的模板不应另行计算，这一点是许多读者朋友常犯的错误。

【例 5-52】 如图 5-54 所示，混凝土洗菜池水槽的工程量计算。

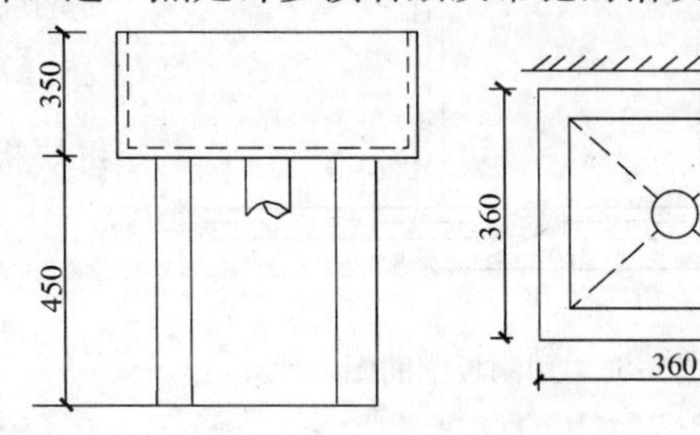

图 5-54　洗菜池示意图

【解】 (1)正确的计算方法：

构件外围面积：$0.36\times0.36\times0.35=0.045\text{m}^3$

套用基础定额 5-280

(2) 错误算法 1，构件实体体积：

$0.36\times0.36\times0.35-(0.36-0.04)^2\times$

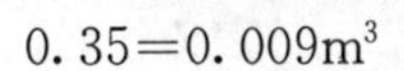

$0.35=0.009\text{m}^3$

套用基础定额 5-280

错误的计算方法 2，模板混凝土接触面积：

$$0.36\times0.35\times3+0.36\times0.36+(0.36-0.04)\times(0.35-0.02)\times4=0.93\text{m}^2$$

套用基础定额 5-280

【分析】 小型池槽模板工程量的计算不能套用实体体积(预制混凝土构件)，也不能套用模板与混凝土的接触面积(现浇混凝土构件)，而应计算其外围体积。

51. 预制混凝土桩计算工程量时，是否包括桩尖的“虚体积”？

包括桩尖的虚体积，预制桩的长度应计算包括桩尖的全长。

【例 5-53】 如图 5-55 所示，求此预制混凝土桩工程量。

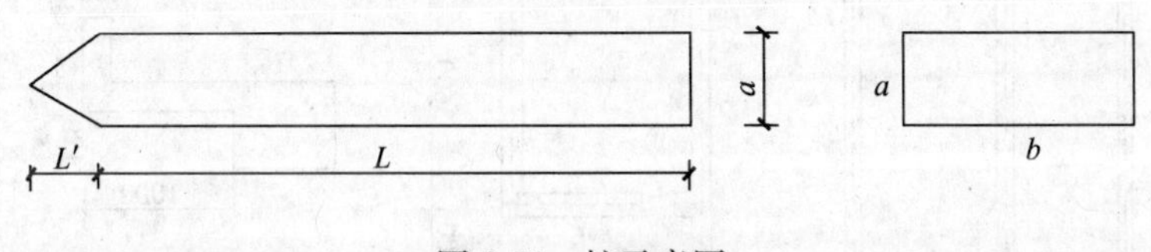

图 5-55　桩示意图

【解】 桩的工程量为$(L+L')\times a\times b\times1.02$

而不是$L\times a\times b\times1.02$

应当注意的是各类预制构件的损耗率为 1.5%，而预制钢筋混凝土桩的损耗率为 2%。

52. 计算预制板受力钢筋时，应注意哪些问题？

①计算预制钢筋混凝土板受力钢筋根数时，应先计算一块板的受力筋根数，再乘以板块数，而不是用整个开间的长度除以间距的方法计算，从而混淆与计算现浇混凝土的方法。

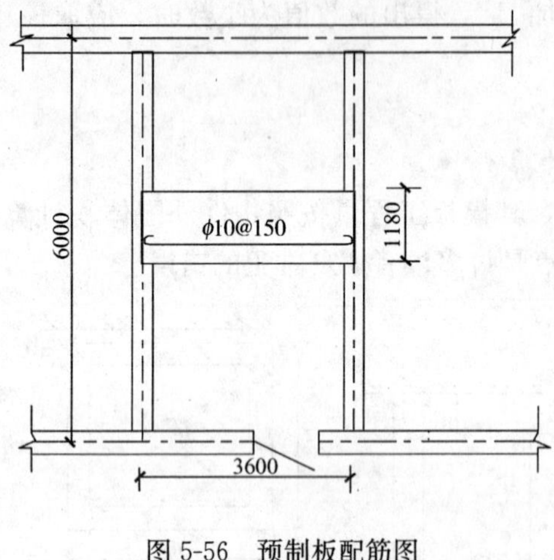

图 5-56 预制板配筋图

②计算时，计算长度为构件的总长度减两个保护层厚度，然后再除以间距再加 1，一般情况下，不是整数时，只取小数的整数部分为根数。

【例 5-54】 如图 5-56 所示，求预制板受力钢筋工程量。

【解】 (1) 正确的计算方法：

每块板的钢筋数$\frac{1180-2\times15}{150}+1=7.67\approx8$ 根

板的总数$\frac{6000}{1180}=5.08$ 块≈5 块

钢筋总根数为 $5\times8=40$ 根

(2) 错误的计算方法：

钢筋根数$\frac{6-0.015\times2}{0.15}+1=40.8$ 根≈40 根

53. 在计算预制构件的模板工程量时，挑檐模板的工程量应如何计算？

挑檐模板的工程量仍是以其实体积以 m^3 计算，但在其计算过程中，可采用以下的计算方法。

$$挑檐模板工程量=V_{挑檐底板}+V_{挑檐弯起}$$
$$=(L_{外}+n\times檐宽)\times底板断面+V_{挑檐弯起}$$

而 $V_{挑檐弯起}=[L_{外}+2n\times(檐宽-1/2\times翻起厚)]\times翻起断面$

单位仍以 m^3 计算。

说明：上公式中“n”为建筑物平面图外围的转角。

【例 5-55】 如图 5-57 所示，求挑檐模板工程量。

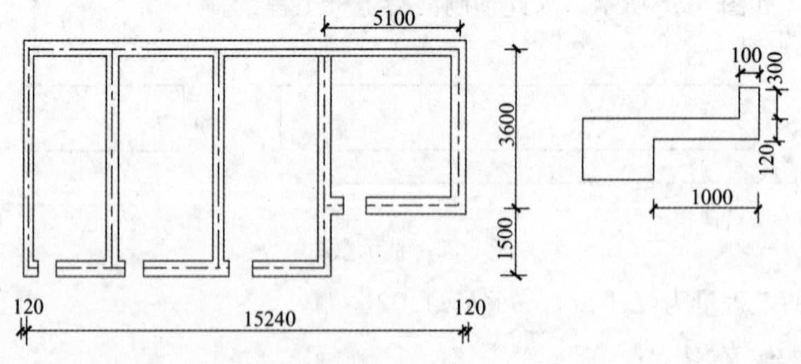

图 5-57 挑檐示意图

【解】 (1) 正确的计算方法：

$L_{外}=(15.24+0.24)+1.5+(3.6+0.24)+(15.24+0.24)+(1.5+3.6+0.24)$
$=41.64\text{m}$

挑檐水平部分工程量为：

$$V_1=(L_{外}+6\times1)\times1\times0.12=(41.64+6)\times0.12=5.72\text{m}^3$$

挑檐弯起部分工程量为：

$$V_2=[L_{外}+12\times(1-\frac{1}{2}\times0.1)]\times0.1\times0.3=(41.64+12\times0.95)\times0.03$$
$$=1.59\text{m}^3$$

挑檐模板工程量为：$V=V_1+V_2=5.72+1.59=7.31\text{m}^3$

套用基础定额 5-181

(2) 错误的计算方法：

$$L_{外}\times 挑檐截面积=41.64\times[(1\times0.12)+0.1\times0.3]=6.246\text{m}^3$$

套用基础定额 5-214

54. 如何计算预制钢筋混凝土屋架？应注意哪些问题？

预制混凝土屋架工程量计算应以构件的实际体积以 m^3 计算，在计算其体积的正确方法是其截面积乘以对应的长度，再求和，而往往不用表面积乘以其厚度，尽管它也是一种正确算法。

【例 5-56】 计算图 5-58 所示预制混凝土组合形屋架工程量。

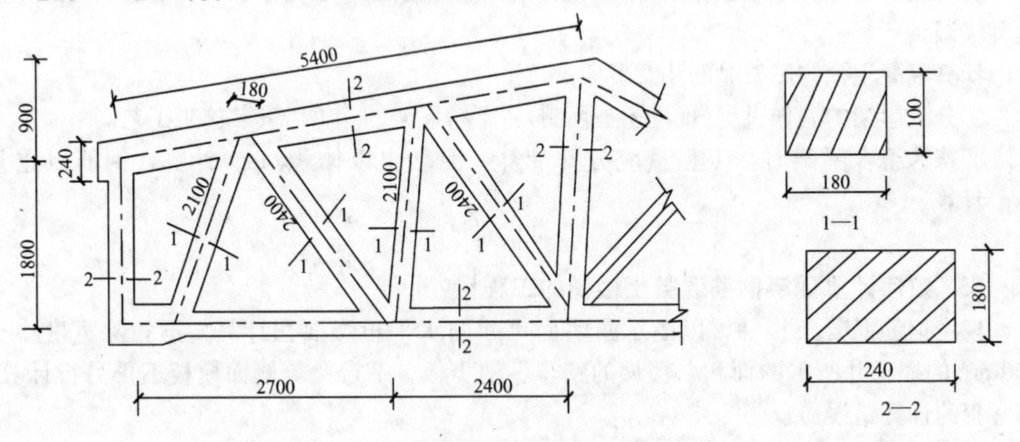

图 5-58 屋架示意图

【解】 (1) 正确的计算方法 1(截面积×长度)：

1—1 截面的截面积为：$0.1\times0.18=0.018\text{m}^2$

1—1 截面的总长度为：$2.1+2.4+2.1+2.4=9\text{m}$

则 1—1 截面的体积：

$$V_{1-1}=0.018\times9=0.162\text{m}^3$$

2—2 截面的截面积为　$0.24\times0.18=0.043\text{m}^2$

2—2 截面的总长度为　$1.8+5.4+(1.8+0.9)+(2.7+2.4)=15\text{m}$

2—2 截面的总体积为　$V_{2-2}=15\times0.043=0.645\text{m}^3$

则屋架的工程量　　$V_{1-1}+V_{2-2}=0.645+0.162=0.807\text{m}^3$

套用基础定额 5-158

正确的计算方法 2(表面积×厚度)：

$$S_{1-1}=(2.1+2.4+2.1+2.4)\times0.18=1.62\text{m}^2$$

$$V_{1-1}=S_{1-1}\times d=1.62\times0.1=0.162\text{m}^3\ (d\ \text{为厚度})$$

$$S_{2-2}=0.24\times(1.8+5.4+2.7+5.1)$$

$$=0.24\times15=3.6\text{m}^2$$

$$V_{2-2}=S_{2-2}\times d=3.6\times0.18=0.648\text{m}^3$$

则屋架工程量：$V_{1-1}+V_{2-2}=0.648+0.162=0.81\text{m}^3$

套用基础定额 5-158

清单工程量计算见下表：

清单工程量计算表

项目编码	项目名称	项目特征描述	计量单位	工程量
010411002001	组合屋架	预制混凝土组合屋架	m^3	0.81

(2) 错误的计算方法常表现为：

1) 各截面结点处的混凝土的体积重复计算。

2) 混淆截面 1－1，2－2 的尺寸大小，尤其是在比较复杂的屋架体系中。

【分析】 在计算屋架工程量时，一般推崇第一种解法，因为第二种算法容易导致以上两种错误。

计算混凝土预制屋架时的注意事项：

①分清屋架的制作过程(现浇还是预制)，了解屋架的运输、安装施工工艺。

②若为组合屋架时，工程量应分开计算，混凝土以体积(m^3)计算，钢筋以重量(kg)计算。

55. 如何计算现浇钢筋混凝土楼梯的工程量?

现浇钢筋混凝土楼梯，以图示露明面尺寸的水平投影面积计算，不扣除宽度小于500mm 的楼梯井所占的面积，楼梯的踏步、踏步板、平台梁等侧面模板不再另行计算，经常犯的计算错误为：

①重复计算楼梯的踏步、踏步板、平台梁等侧面模板工程量。

②没有扣除大于 500mm 的楼梯井所占的面积或扣除小于 500mm 楼梯井所占的面积。

③重复计算平台板嵌入墙体内的工程量。

【例 5-57】 如图 5-59 所示为半个楼层的直形楼梯示意图，计算其模板工程量。

【解】 楼梯模板工程量计算方法：

(1) 正确的计算方法：$3.9\times2.5=9.75\text{m}^2$

套用基础定额 5-119

(2) 错误的计算方法 1：重复计算嵌入墙内部分的工程量

$$(3.9+0.12)\times(2.5+0.24)=11.01\text{m}^2$$

套用基础定额 5-119

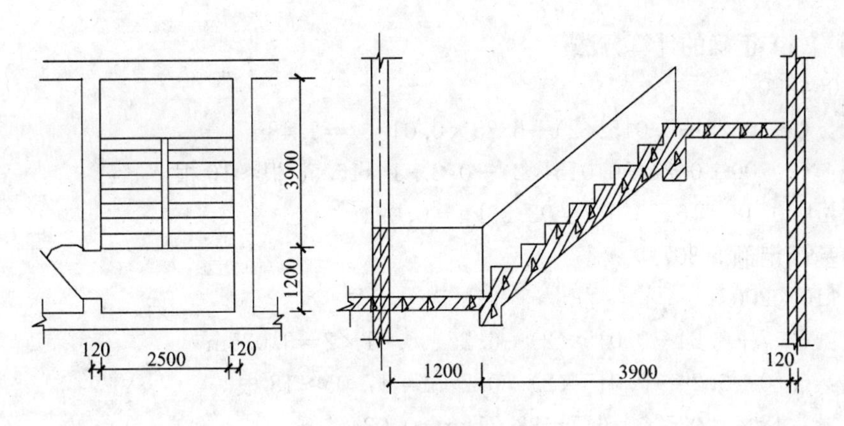

图 5-59　楼梯示意图

错误的计算方法 2：水平投影长度包含了 2 个休息平台

$$(3.9+1.2)\times 2.5=12.75\text{m}^2$$

套用基础定额 5-119

【分析】

1)“以图示露明面尺寸的水平投影面积”所指的含义是嵌入墙内的部分已经综合在定额内，不另计算。

2)“水平投影面积”包括休息平台、平台梁、斜梁及连接楼梯与楼板的梁。

56. 如何计算预制混凝土板中钢筋的工程量？经常出现的错误有哪些？

计算预制混凝土板中的钢筋时，应按不同钢种和规格分类，分别按设计长度乘以单位重量，以 t 计算。

常见的计算错误有：

①“构件总长”为该构件左右外边缘的总长度，不是构件中心线的长度，也不见构件净长度。

②计算有间距钢筋长时，忘记了减去保护层厚度或加上钢筋弯钩长度。

③计算钢筋根数时，间距钢筋忘记了多加上“1”根，且根数是小数时，应取整数而不能四舍五入。

【例 5-58】 如图 5-60 所示，钢筋混凝土槽形板的配筋，求钢筋工程量。

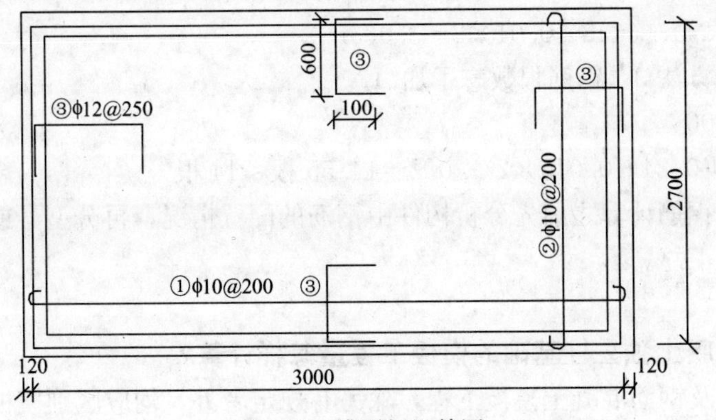

图 5-60　槽形板配筋图

【解】(1) 正确的计算方法：

①ϕ10@200

长度：(3＋0.24－0.015×2)＋6.25×0.01×2＝9.48m

根数：(2.700＋0.24－0.015×2)÷0.2＋1＝15.55 根≈16 根

工程量：9.48×16×0.617＝93.59kg＝0.094t

套用基础定额 5-307

②：ϕ10@200

长度：(2.7＋0.24－0.015×2)＋6.25×0.01×2＝3.035m

根数：(3.0＋0.24－0.015×2)÷0.2＋1＝17.05≈18 根

工程量：18×3.035×0.617＝33.71kg＝0.034t

套用基础定额 5-357

③ϕ12@250

长度：0.6＋0.1×2＝0.8m

根数：[(3－0.015×2)＋(2.7－0.015×2)]×2÷0.25＋4＝49.12 根≈50 根

工程量：50×0.8×0.888＝35.52kg≈0.036t

套用基础定额 5-358

清单工程量计算见下表：

清单工程量计算表

序号	项目编码	项目名称	项目特征描述	计量单位	工 程 量
1	010416002001	预制构件钢筋	ϕ10@200	t	0.094＋0.034＝0.128
2	010416002002	预制构件钢筋	ϕ12@250	t	0.036

(2) 错误的计算方法 1：(构件长算成净长或中心线长)

如①ϕ10@200

长度：(3－0.015×2)＋6.25×0.01×2＝3.095m

或：(3－0.24－0.015×2)＋6.25×0.01×2＝2.855m

错误的计算方法 2：没有加上钢筋弯钩长度或没有减去保护层厚度

如②ϕ10@200

长度：2.7＋0.24－0.015×2＝2.91m

或(2.7＋0.24)＋6.25×0.01×2＝3.065m

错误的计算方法 3：钢筋根数忘了加“1”。

如①ϕ10@200

根数：2.7＋0.24－0.015×2)÷0.2＝14.55 根≈14 根

【分析】 在钢筋计算之前先分析构件中钢筋的配置情况，再分型号或分编码逐一进行计算，最后进行汇总。

57. 现浇混凝土独立柱基础的模板工程量怎样计算？

现浇混凝土及钢筋混凝土模板工程，除另有规定者外，均应区别模板的不同材质，按混凝土与模板的接触面积，以 m^2 计算。

【例 5-59】 如图 5-61 为现浇混凝土独立柱基模板，求其工程量。

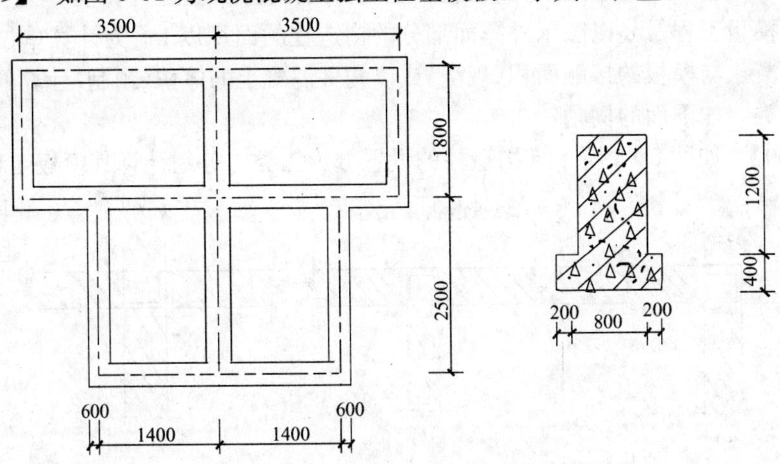

图 5-61 独立柱基模板示意图

【解】 (1) 正确的计算方法：

[(3.5×2+0.6×2)+(1.8×2+0.6×2)+2.5×2+0.6×2
+(1.4×2+0.6×2)+2.1×2]×0.4+[(3.5−0.6×2)×4
+(1.8−0.6×2)×4+(1.4−0.6×2)×4+(2.5−0.6×2)×4]×1.2
=10.96+21.12
=32.08m²

套用基础定额 5-17

(2) 错误的计算方法 1：

[3.5×2+(1.8+2.5)×2+1.4×2]×(1.2+0.4)=18.4×1.6
=29.44m²

套用基础定额 5-17

错误的计算方法 2：

[3.5×2+(1.8+2.5)×2+1.4×2]×[(0.8+0.2+0.2)×0.4+0.8×1.2]
=18.4×(0.48+0.96)
=26.496m³

套用基础定额 5-17

【分析】

1)对“接触面积”的理解有误，基础的下半部分仅与基槽的对外边线相接触，基础的上半部分仅与基槽的内边线接触，应分成两部分计算，而不能笼统地按照基槽的中心线计算。

2)现浇混凝土构件与预制混凝土构件在计算模板工程量时方法不同，现浇混凝土模板以模板与混凝土的接触面积以 m² 计算，但由于预制构件因预制场地和立模方式有所不同，很难统一，按接触面积计算，故仍按以往的办法以混凝土实体积以 m³ 计算。

第二种解法把现浇混凝土误认为预制混凝土而按混凝土体积计算，故而出现错误。

58. 怎样计算构造柱模板的工程量？它与梁板模板工程量计算有哪些不同？

构造柱模板工程量是以图示外露面部分的构造柱的面积以 m^2 为计算单位的，而梁板模板是以混凝土与模板的接触面积(现浇)或以构件混凝土的体积(预制)计算的，构造柱模板常分为三类，如下面的例题。

【例 5-60】 如图 5-62 所示，构造柱的设置分为三类，分别计算其模板工程量。

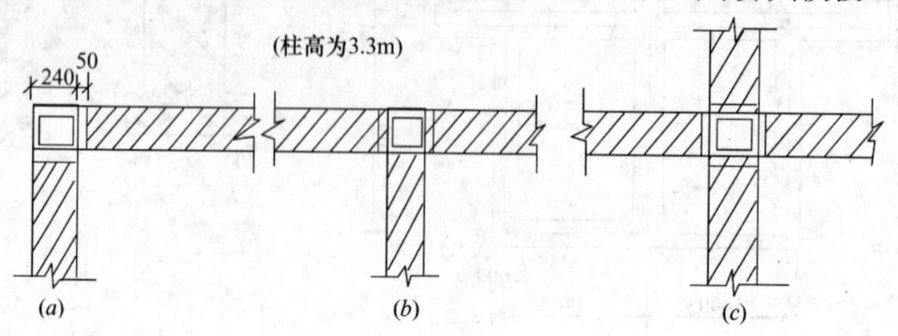

图 5-62 构造柱示意图

【解】 经分析：以上三种图形代表了构造柱的三种常见形式，即“L”形，“T”形和“十”字形。

(1) 正确的计算方法：

1)“L”形

$$[(0.24+0.05)\times2+0.05\times2]\times3.3=2.244m^2$$

套用基础定额 5-58

2)“T”形

$$[0.24+0.05\times2+0.05\times4]\times3.3=1.782m^2$$

套用基础定额 5-58

3)“十”字形

$$0.05\times2\times4\times3.3=1.32m^2$$

套用基础定额 5-58

(2)错误的计算方法：

1)“L”形 $[(0.24+0.05)\times2+0.24\times2]\times3.3=3.498m^2$

2)“T”形 $[(0.24+0.05)+0.24\times3]\times3.3=3.333m^2$

3)“十”字形 $0.24\times4\times3.3=3.168m^2$

【分析】 构造柱的计算模板工程量仅计算模板构造柱外露部分的面积，而不包括墙体内模板的面积。

59. 构筑物混凝土贮水池的工程量应如何计算？

构筑物混凝土除另有规定外，均按图示尺寸扣除门窗洞口及大于 $0.3m^2$ 的孔洞所占体积，以实体积计算，应当注意的两点是：

①工程量为构筑物实体体积而不是接触面积或容积。

②注意扣除尺寸大于 $0.3m^2$ 孔洞所占的体积。

【例 5-61】 如图 5-63 所示为 C20 混凝土贮水池，计算其工程量。

【解】 (1) 正确的计算方法：

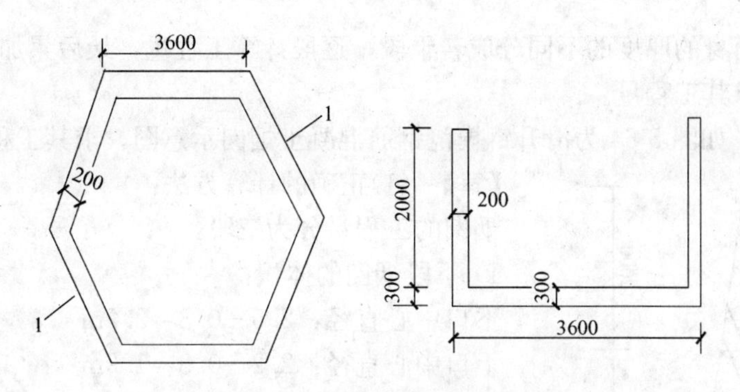

图 5-63 贮水池示意图

池底的外围面积：$\left(\frac{1}{2}\times3.6\times1.8\times\sqrt{3}\right)\times6=33.67\text{m}^2$

池底的工程量为：$0.3\times33.67=10.1\text{m}^3$

套用基础定额 5-486

池底的内围面积：$\left(\frac{1}{2}\times3.4\times1.7\times\sqrt{3}\right)\times6=30.03\text{m}^2$

池壁的净截面积：$33.67-30.03=3.64\text{m}^2$

套用基础定额 5-487

池壁的工程量为：$3.64\times2=7.28\text{m}^3$

贮水池的工程量为：$7.28+10.1=17.38\text{m}^3$

清单工程量计算见下表：

清单工程量计算表

项目编码	项目名称	项目特征描述	计量单位	工程量
010415001001	贮水(油)池	C20 混凝土	m^3	17.38

(2) 错误的计算方法 1：

$$L_{外中}=\frac{1}{2}\times(3.6+3.4)=3.5\text{m}$$

水池工程量为：$L_{外中}$的模截面积×高度

$$=\left(\frac{1}{2}\times3.5\times1.75\times\sqrt{3}\right)\times6\times2=63.65\text{m}^3$$

套用基础定额 5-487

错误的计算方法 2：

$$池底内围面积+6\times2\times3.4+6\times2\times3.6=30.3+84=114.3\text{m}^2$$

套用基础定额 5-487

【分析】

1)构筑物的实体体积误认为容器的容积。

2)贮水池的工程量是混凝土的工程量，而不是现浇混凝土模板的工程量(接触面积)。

60. 构筑物烟囱的工程量应如何计算?

构筑物烟囱的工程量应以构筑物实体体积以 m^3 为单位进行计算，计算方法为分段计算，根据烟囱筒身的厚度的不同分成若干段，逐段计算工程量，最后累加即可，不能利用其平均尺寸，求其工程量。

【例 5-62】 如图 5-64 为滑升钢模浇钢筋混凝土烟囱示意图，求其工程量。

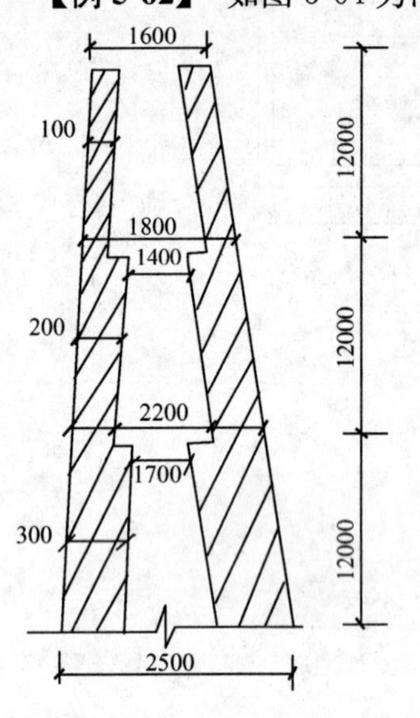

图 5-64 烟囱示意图

【解】 (1)正确的计算方法：

烟囱的工程量分为三段：

1) 下段烟囱的体积：

下口中心直径：2.5－0.3＝2.2m

上口中心直径：2.2－0.3＝1.9m

筒壁厚为 0.3m

下段体积：$\pi\times\frac{2.2+1.9}{2}\times1.2\times0.3=23.17m^3$

2) 中段烟囱体积：

下口直径：2.2－0.2＝2m

上口直径：1.8－0.2＝1.6m

筒壁厚：0.2m

中段体积：$\pi\times\frac{2+1.6}{2}\times12\times0.2=13.56m^3$

3) 上段烟囱体积：

下口直径：1.8－0.1＝1.7m

上口直径：1.6－0.1＝1.5m

筒壁厚：0.1m

上段体积：$\pi\times\frac{1.7+1.5}{2}\times12\times0.1=6.03m^3$

4) 烟囱工程量为：

$$23.17+13.56+6.03=42.76m^3$$

套用基础定额 5-506

清单工程量计算见下表：

清单工程量计算表

项目编码	项目名称	项目特征描述	计量单位	工程量
010415004001	烟囱	烟囱高度为 36m	m^3	42.76

(2) 错误的计算方法：

平均厚度：$\frac{1}{3}\times(100+200+300)=20mm=0.2m$

平均直径：$\frac{1}{4}\times(1.6+1.8+2.2+2.5)=2.025m$

工程量：$\pi\times2.025\times(12\times3)\times0.2=45.78m^3$

套用基础定额 5-506

【分析】 筒壁厚度不同的烟囱构筑物，其实体体积的计算应分段进行，不能简单地求其平均值计算工程量，应正确地利用几何尺寸求其中心线的长度，对于少数规则的图形可以利用均值求其工程量。

61. 混凝土剪力墙中的暗柱计算工程量时是并入柱工程量还是墙的工程量？应如何计算？

对于与墙同厚的混凝土剪力墙中的暗柱应并入墙的工程量计算，计算方法以实体体积以 m^3 为计算单位计算。

【例 5-63】 图 5-65 所示为某混凝土剪力墙，计算其工程量。

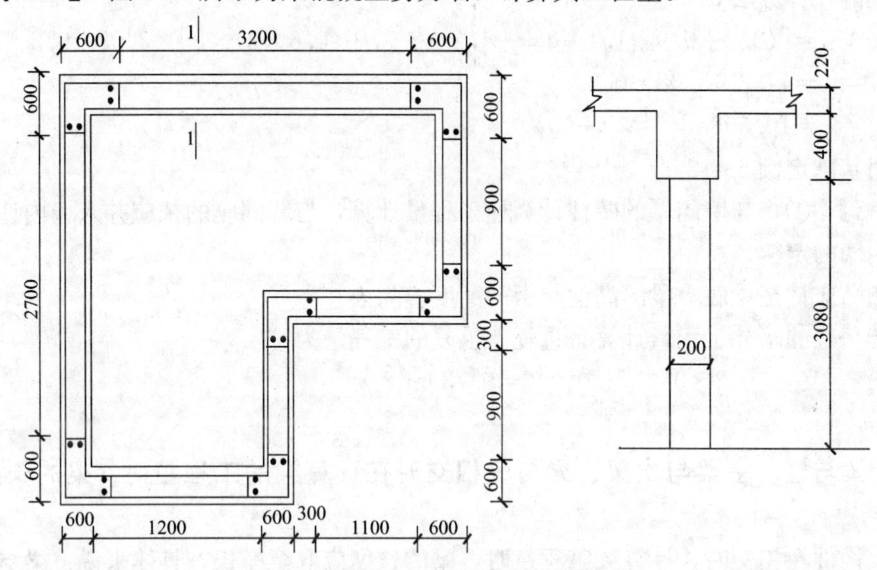

图 5-65　剪力墙示意图

【解】 (1)正确的计算方法：

$$V_{墙}=[(3.2+0.6\times2)+(0.9+0.6+0.6)+(1.1+0.3+0.6)+(0.9+0.6+0.3)+(0.6+1.2+0.6)+(0.6+2.7+0.6)]\times0.2\times3.08$$
$$=16.6\times0.2\times3.08$$
$$=10.23m^3$$

套用基础定额 5-412

清单工程量计算见下表：

清单工程量计算表

项目编码	项目名称	项目特征描述	计量单位	工程量
010404001001	直形墙	剪力墙墙厚为 200mm	m^3	10.23

(2) 错误的计算方法

错误计算方法 1：

$$V_{墙}=(2.7+3.2+0.9+1.1+0.9+1.2)\times0.2\times3.08$$
$$=6.16m^3$$
$$V_{柱}=(0.6\times0.2+0.3\times0.2)\times(3.08+0.4+0.12)$$
$$=0.583m^3$$

套用基础定额 5-412

错误的计算方法 2：

$$V_{墙}=[(3.2+0.6\times2)+(0.9+1.1+0.9+1.2)+4\times(0.6+0.3)+(2.7+0.3\times2)]\times0.2\times(3.08+0.4+0.12)$$
$$=15.4\times0.2\times3.6$$
$$=11.088\text{m}^3$$

套用基础定额 5-412

错误的计算方法 3：

$$V_{墙}=[(3.2+0.9+1.1+0.9+1.2+2.7)+(0.6\times2)\times6]\times3.08\times0.2$$
$$=17.2\times3.08\times0.2$$
$$=10.596\text{m}^3$$

套用基础定额 5-412

【分析】 ①将与墙同厚的暗柱计为柱工程量计算，与墙同厚的柱应并入墙内计算工程量，套用墙的定额。

②墙高应计至梁底，梁的高度与板的高度应除去。

③转角处的暗柱工程量计算有重复，重复的工程量为：

$$V_{重}=0.2\times0.2\times3.08\times6=0.739\text{m}^3$$

62. 梁与柱、主梁与次梁、梁与墙相交时在计算梁的工程量时，梁的长度如何取值？

以上构件在相交时，计算梁工程量时，梁的长度应取至净长，具体来说：梁与柱、主梁与次梁相交时，梁长度算至柱的侧面和主梁的侧面，而伸入墙内的梁头，应计算在梁的长度以内，梁头有梁垫的，并入梁的体积计算。

【例 5-64】 如图 5-66 所示梁与柱交接(*a*)、梁与墙交接(*b*)、计算梁的工程量。

【解】 (1) 正确的计算方法：

1) $V=0.3\times0.5\times3.2=0.48\text{m}^3$

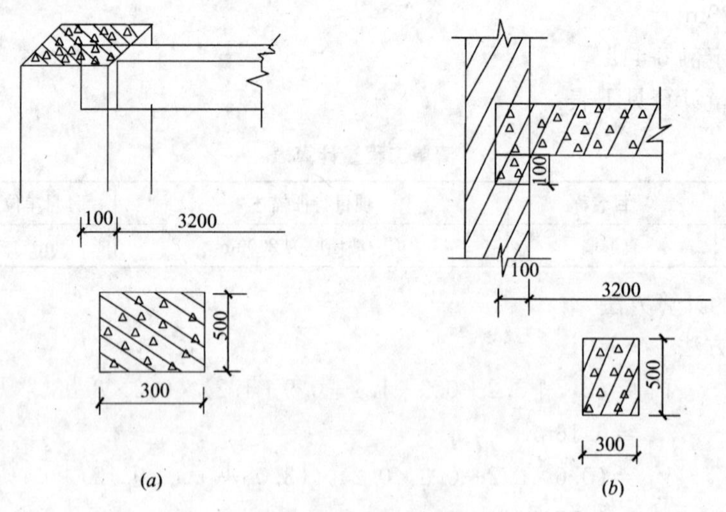

图 5-66 梁示意图

套用基础定额 5-409

2) $V=0.3\times0.5\times(3.2+0.1)+0.1\times0.1\times0.3=0.498\text{m}^3$

套用基础定额 5-409

清单工程量计算见下表：

清单工程量计算表

序号	项目编码	项目名称	项目特征描述	计量单位	工程量
1	010403002001	矩形梁	梁截面为 300mm×500mm	m^3	0.48
2	010403002002	矩形墙	梁截面为 300mm×500mm	m^3	0.50

(2) 错误的计算方法：

错误的计算方法 1：

1) $V=0.3\times0.5\times(3.2+0.1)=0.495\text{m}^3$

2) $V=0.3\times0.5\times3.2+0.1\times0.1\times0.3=0.483\text{m}^3$

错误的计算方法 2：

1) $V=0.3\times0.5\times(3.2+0.1)=0.495\text{m}^3$

2) $V=0.3\times0.5\times(3.2+0.1)=0.495\text{m}^3$

【分析】

(1) 1) 中梁柱交接处，梁长度应算至柱的侧面。

2) 中梁墙交接处，梁在墙内的梁头应算至梁工程量内。

(2) 2) 中梁的梁垫应算至梁工程量以内。

经验总结：在计算钢筋混凝土工程量时，经常出现“少算”和“多算”的情况。

①“少算”情况常包括：钢筋搭接长度、弯钩长度、保护层厚度、墙内的梁头、梁垫等情况以及桩工程量少算桩尖。

②容易“多算”的情况包括：梁在柱内的梁头，暗柱在墙转角处的重复计算，构造柱与墙接触面不计入模板量，钢筋根数计算为小数时“四舍五入”等情况。

63. 计算现浇钢筋混凝土整体楼梯的工程量时，是否包括与梯段梁相连的楼层板的工程量？

不包括。因为根据计算规则可知现浇钢筋混凝土楼梯的模板和混凝土工程量均以图示露明面尺寸的水平投影面积计算，不扣除小于或等于 500mm 楼梯井，踏步、踏步板、平台梁等侧面模板，不另计算。

【例 5-65】 如图 5-67 所示，为直形楼梯示意图计算其工程量。(C20 混凝土)

【解】 (1)正确的计算方法：

$$\text{工程量}=(1.6-0.12+0.2+3.6+0.2)\times(3.6-0.12\times2)\times1=18.41\text{m}^2$$

套用基础定额 5-421

清单工程量计算见下表：

清单工程量计算表

项目编码	项目名称	项目特征描述	计量单位	工程量
010406001001	直形楼梯	C20 混凝土	m^2	18.41

错误的计算方法1：

工程量$=(1.6-0.12+0.2+3.6+0.2+1.0-0.12)\times(3.6-0.12\times2)\times1$
$=21.37\text{m}^2$

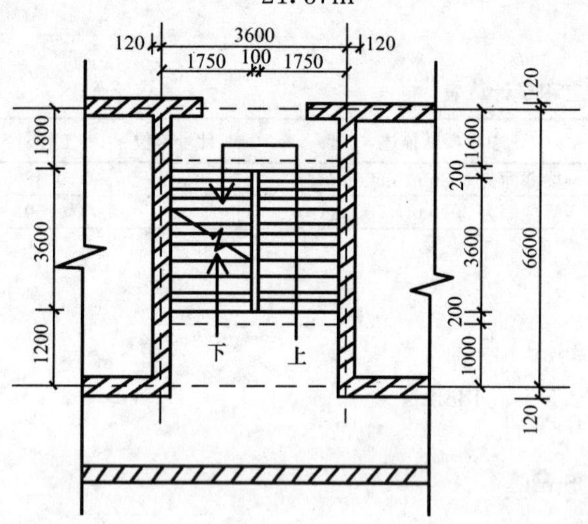

图5-67 楼梯平面图(两个梯段)

错误的计算方法2：

工程量$=(1.6+0.2+3.6+0.2)\times3.6\times1$
$=20.16\text{m}^2$

套用基础定额5-421

错误的计算方法3：

工程量$=(1.6-0.12+0.2+3.6+0.2)\times(3.6-0.12\times2)\times1-0.1\times3.6\times1$
$=18.05\text{m}^2$

套用基础定额5-421

【分析】 算法1计算时多加了楼层板的工程量，算法2没有去掉墙的$\frac{1}{2}$厚度，算法3扣除了梯井的面积，由于本题井宽100mm，小于500mm所以没有必要扣除梯井的面积。

64. 框架结构中，梁柱板均现浇在一起，梁柱混凝土工程量该如何计算?

根据定额计算规则可知梁柱混凝土工程量均按图示构件尺寸以m^3计算，即$V=$断面面积$S\times$长度l，不扣除钢筋、铁件、螺栓以及预应力钢筋灌浆孔道所占体积，不扣除面积在0.3m^2以内的孔洞所占体积。

【例5-66】 如图5-68所示，计算其梁柱混凝土工程量。

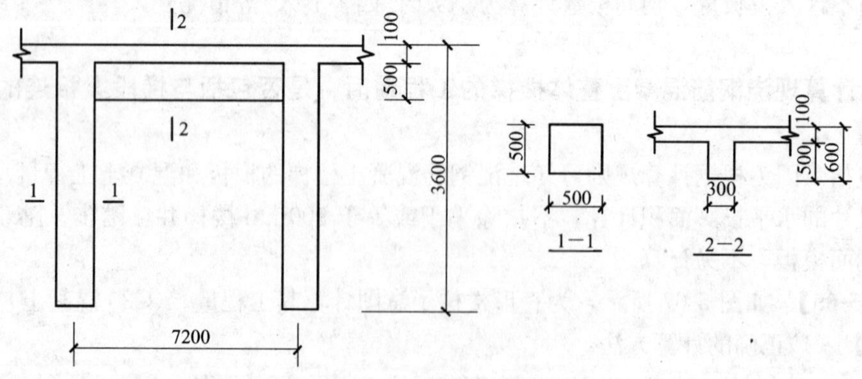

图5-68 梁柱示意图

【解】 (1)单梁的混凝土工程量计算：

1) 正确的计算方法：工程量$=(7.2-0.25-0.25)\times(0.6-0.1)\times0.3=1.01\text{m}^3$

套用基础定额5-406

2) 错误的计算方法：工程量$=7.2\times0.6\times0.3=1.30\text{m}^3$

【分析】 梁长计算没有扣除柱所占部分，梁高未扣除板厚。由定额计算规则可知梁长应按柱与柱之间净距离计算，即梁长算至柱侧面、梁高应扣除楼板厚度部分。

(2) 构造柱的混凝土工程量计算：

1) 正确的计算方法：工程量＝0.5×0.5×3.6×2＝1.8m^3

套用基础定额 5-403

2) 错误的计算方法：工程量＝0.5×0.5×(3.6－0.1)×2＝1.75m^3

【分析】 柱高计算时多扣除了板厚尺寸。根据定额计算规则可知计算柱高时其计算高度自基础上表面至楼板上表面高度计算或楼板上表面至上一层楼板上表面之间距离计算。

(3) 清单工程量计算见下表：

清单工程量计算表

序号	项目编码	项目名称	项目特征描述	计量单位	工程量
1	010403002001	矩形梁	梁的截面为 300mm×500mm	m^3	1.01
2	010402001001	矩形柱	柱的截面为 500mm×500mm，柱高 3.6m	m^3	1.8

65. 在计算圈梁的工程量时，有时会遇到圈梁代过梁的情况，此时如何计算圈梁的工程量？

根据定额工程量计算规则，圈梁的工程量＝圈梁断面面积×长度，但在圈梁代替过梁的情况下，圈梁的工程量要扣除按过梁计算的工程量，然后分别套用圈梁和过梁的定额，而不是统一按圈梁计算，这一点必须引起大家的注意。

【例 5-67】 如图 5-69 所示为圈梁布置图，断面尺寸为 240mm×240mm，建筑中门窗如下表所示，过梁全部由圈梁代替。所有墙体交接处均设构造柱，断面尺寸为 240mm×240mm，求其工程量。

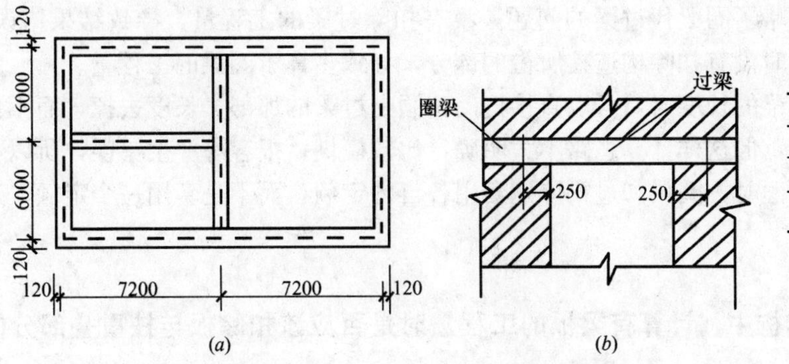

门窗表

代号	宽×高	数量
M_1	1.2×2.5	1
M_2	0.9×2.5	4
C_1	1.5×1.5	9

图 5-69 圈梁示意图

(a)二层圈梁布置图；(b)圈梁代过梁示意图

【解】 (1) 正确的计算方法：

圈梁工程量＝圈梁断面积×圈梁长度－过梁工程量

过梁工程量＝过梁断面面积×过梁长度

过梁长度按跨越洞口的宽度每边各加 250mm 来计算。

则过梁长度＝(1.2＋0.5)×1＋(0.9＋0.5)×4＋(1.5＋0.5)×9＝25.3m

过梁工程量＝0.24×0.24×25.3＝1.46m^3

套用基础定额 5-409

圈梁长度按建筑中心线长来计算

则圈梁长度＝7.2×4＋6.0×4＋(7.2－0.24)＋(6.0×2－0.24)－8×0.24＝69.6m

圈梁的工程量＝69.6×0.24×0.24×2－1.46＝6.56m^3

套用基础定额 5-408

清单工程量计算见下表：

清单工程量计算表

项目编码	项目名称	项目特征描述	计量单位	工程量
010403004001	圈梁	圈梁断面尺寸为 240mm×240mm	m^3	6.56

(2) 错误的计算方法：

错误的计算方法 1：

圈梁长度＝7.2×4＋6.0×4＋(7.2－0.24)＋(6.0×2－0.24)－8×0.24＝69.6m

圈梁工程量＝69.6×0.24×0.24×2＝8.02m^3

套用基础定额 5-408

错误的计算方法 2：

过梁工程量＝0.24×0.24×[(1.2＋0.5)×1＋(0.9＋0.5)×4＋(1.5＋0.5)×9]

＝1.46m^3

套用基础定额 5-409

圈梁长度＝7.2×4＋6.0×4＋(7.2－0.24)＋(6.0×2－0.24)＝71.52m

圈梁的工程量＝71.52×0.24×0.24×2－1.46＝6.76m^3

套用基础定额 5-408

【分析】 算法 1 忽略了圈梁代过梁的问题，没有扣除过梁的工程量，导致结果错误，算法 2 在计算圈梁长度时没有扣除构造柱所占的部分，导致多算了圈梁的工程量。

【备注】 在计算圈梁的长度时，可以直接把门窗洞上过梁的那部分长度去掉，而不再另外计算过梁的工程量，但这样计算思路不太明确，比较模糊，很容易产生错误，所以不提倡这种做法。套用定额时，圈梁和过梁分别套用各自的定额，而不是套用一个定额，这两者有着本质上的区别。

66. 在现场框架结构中，计算有梁板的工程量时是否应该扣除板与柱重叠部分的工程量？

是应该扣除板与柱重叠部分的工程量。根据定额工程量计算规则可知，有梁板的工程量＝板体积＋梁体积，有梁板至少三边由承重梁支承，与板现浇，板与柱重叠的那部分我们一般称为柱头，柱头工程量应该算到柱子的工程量中。

【例 5-68】 如图 5-70 所示，现浇 C30 框架结构平面布置图，柱断面尺寸 600mm×600mm，梁断面尺寸为 300mm×600mm，现浇板厚 100mm，计算有梁板的工程量：

【解】 (1) 正确的计算方法 1：

板的外形体积＝(7.2×3＋0.3)×(6.0×2＋0.3)×0.1

＝26.94m^3

梁的体积＝[(7.2－0.6)×9＋(6.0－0.6)×8]×0.3×(0.6－0.1)＝15.39m^3

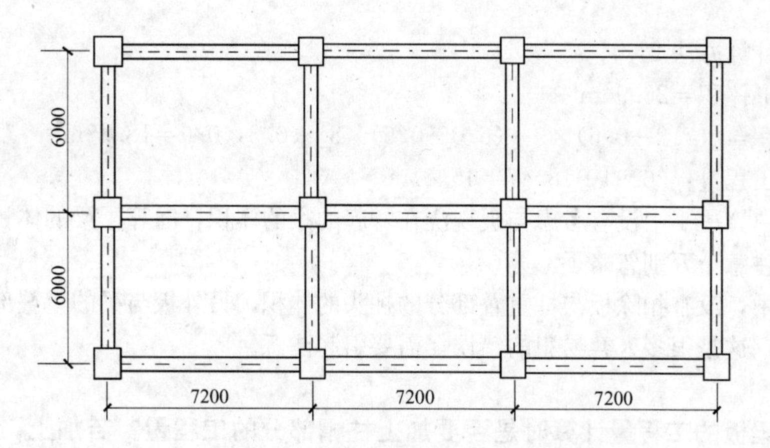

图 5-70　框架结构平面布置图

板体积的柱头体积＝0.6×0.6×0.1×2＋0.45×0.6×0.1×6＋0.45×0.45×0.1×4

＝0.288m³

则有梁板的工程量＝26.94＋15.39－0.288＝42.04m³

套用基础定额 5-417

正确的计算方法 2：

板的净体积＝(7.2－0.6)×(6.0－0.6)×0.1×6＝21.38m³

梁的体积＝[(7.2－0.6)×9＋(6.0－0.6)×8]×0.3×0.6

＝18.47m³

漏算的部分板体积＝0.15×(6.0－0.6)×12×0.1＋0.15×(7.2－0.6)×12×0.1

＝2.16m³

则有梁板的工程量＝21.38＋18.47＋2.16＝42.01m³

套用基础定额 5-417

清单工程量计算见下表：

清单工程量计算表

项目编码	项目名称	项目特征描述	计量单位	工程量
010405001001	有梁板	现浇板厚 100mm	m³	42.04

【分析】 其中算法 2 虽然结果与算法 1 相差不大，但不提倡这种算法，因为这种算法方式不妥当，思路比较模糊，梁的体积计算时把梁与板重叠的那部分算到了一起，对于单独计算梁的工程量时，是不正确的，梁的工程量不包括重叠部分，但在此处计算板的工程量时是可以的，我们的最终目的只是求出板的工程量即可，并没有要求计算出梁、柱工程量。

(2) 错误的计算方法 1：

板的外形体积＝(7.2×3＋0.3)×(6.0×2＋0.3)×0.1＝26.94m³

板中柱头体积＝0.6×0.6×0.1×2＋0.45×0.6×0.1×6＋0.45×0.45×0.1×4

＝0.288m³

则板的工程量＝26.94－0.288＝26.65m³

套用基础定额 5-419

错误的计算方法 2：

板的外形体积＝26.94m³

梁的体积＝[(7.2－0.6)×9＋(6.0－0.6)×8]×0.3×0.6＝18.47m³

则板的工程量＝26.94＋18.47＝45.41m³

【分析】 算法 1 中没有考虑与板现浇在一起的梁的体积，漏算了梁的体积这是很大一项工程量，注意千万别忽略了。

算法 2 中，没有扣除板与柱重叠部分的柱头的体积，另外板与梁的重叠部分的体积又多算了一遍，这是很多人容易犯的错误，需要引起注意。

67. 无梁板的工程量计算时是否要加上柱帽部分的工程量？若加上，其工程量又该怎样计算？

是应该加上柱帽部分的工程量。根据工程量计算规则，无梁板工程量按板和柱帽体积之和计算，柱帽体积计算按四棱台体积公式来套用。

【例 5-69】 如图 5-71 所示，板厚 150mm，计算无梁板的工程量。

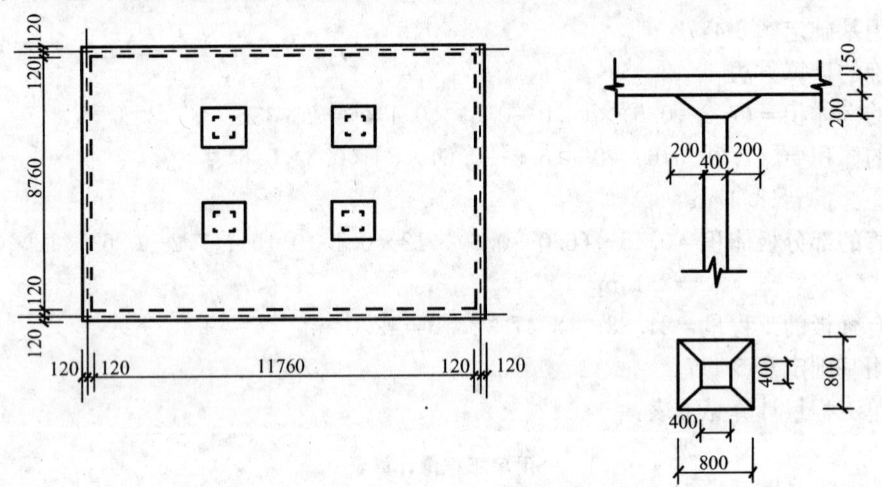

图 5-71 无梁板示意图

【解】 (1) 正确的计算方法：

板的体积＝12×9×0.15＝16.2m³

柱帽体积＝$\frac{1}{6}$×0.2×[0.8×0.8＋(0.8＋0.4)×(0.8＋0.4)＋0.4×0.4]×4

＝0.30m³

则无梁板的工程量＝16.2＋0.30＝16.5m³

套用基础定额 5-418

清单工程量计算见下表：

清单工程量计算表

项目编码	项目名称	项目特征描述	计量单位	工程量
010405002001	无梁板	无梁板厚 150mm	m³	16.5

(2) 错误的计算方法：

板的体积＝(12－0.12×2)×(9.0－0.12×2)×0.15＝15.45m³

柱帽体积＝$\frac{1}{6}$×0.2×[0.8×0.8＋(0.8＋0.4)×(0.8＋0.4)＋0.4×0.4]×4

＝0.30m³

则无梁板的工程量＝15.45＋0.30＝15.75m³

套用基础定额 5-418

【分析】 板的体积计算时板伸入墙内的板头的体积没有计算，本题板的四周支撑在墙上，伸入墙内到墙的中心线处，这部分体积容易忽略、漏算。柱帽虽然与柱子有关，但是它是为了增大板的受力面积而设的，故而要与板计算在一起，而不能作为柱子部分，算入柱子的工程量中。

68. 带反挑檐的雨篷模板工程量该怎样计算？

雨篷属于钢筋混凝土现浇悬挑板，根据工程量计算规则可知，雨篷的模板面积按图示外挑部分尺寸的水平投影面积计算，其反挑檐部分按展开面积计算并计入雨篷模板工程量内。

【例 5-70】 如图 5-72 所示，求带反挑檐直形雨篷模板工程量计算。

【解】 (1) 正确的计算方法：

带反挑檐雨篷模板工程量

＝投影宽度×投影长度＋反挑檐展开投影面积

＝1.2×3.6＋[0.1×3.6＋0.1×(1.2－0.06)×2]＝4.91m²

套用基础定额 5-121

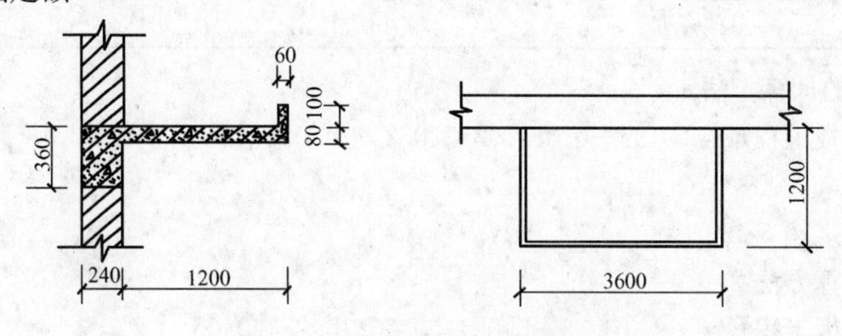

图 5-72 带反挑檐直形雨篷示意图

(2) 错误的计算方法 1：

模板工程量＝1.2×3.6＋[(0.1＋0.08)×3.6＋(0.11－0.08)×(1.2－0.06)×2]

＝5.38m²

套用基础定额 5-121

错误的计算方法 2：

模板工程量＝1.2×3.6＋(0.1×3.6＋0.1×1.2×2)＝4.92m²

套用基础定额 5-121

【分析】 算法 1 和算法 2 都对反挑檐的展开面积计算错误，首先必须指出反挑檐只是雨篷板上面露出的部分，其尺寸为 60mm×100mm，展开以后宽度即为 100mm，长度即为 3.6+(1.2−0.06)×2=5.88m。算法 1 把宽度当作 180mm，多算了雨篷板部分，算法 2 把反挑檐长度计算错误，转角相交部分多算了一次，导致计算错误，希望引起大家的注意。

69. 现浇混凝土小便槽的模板工程量和混凝土工程量是否一样？若不一样各自又是如何计算的？

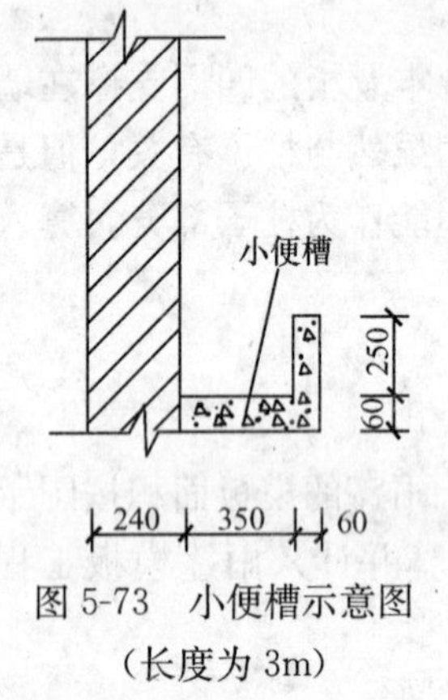

图 5-73 小便槽示意图（长度为 3m）

不一样。根据工程量计算规则可知小便槽的模板工程量按小便槽外形体积来计算的。混凝土工程量是按构件体积来计算的，两者是有着本质的区别的。

【例 5-71】 如图 5-73 所示，计算小便槽的工程量。

【解】 (1)正确的计算方法：

小便槽的模板工程量=3×(0.35+0.06)×(0.25+0.06)
=0.38m³

套用基础定额 5-132

小便槽的混凝土工程量=3×[(0.35+0.06)×0.06
+0.25×0.06]
=0.12m³

套用基础定额 5-433

清单工程量计算见下表：

清单工程量计算表

项目编码	项目名称	项目特征描述	计量单位	工程量
010407001001	其他构件	小便槽	m³	0.12

(2) 错误的计算方法 1：

小便槽模板工程量=(0.35+0.06)×3+(0.25+0.06)×3+0.25×3
=2.91m²

套用基础定额 5-132

错误的计算方法 2：

小便槽模板工程量=3×[(0.35+0.06)×0.06+0.25×0.06]
=0.12m³

套用基础定额 5-433

【分析】 算法 1 中小便槽模板工程量是按与混凝土接触面积计算的，不符合计算规则，算法 2 虽然是按体积来计算，但是它是按实体体积来计算的。小便槽属于现浇混凝土小型池槽，模板工程量一律按构件外围体积计算，不是实体体积，混凝土工程量是按实体体积计算。

70. 压顶是什么？其工程量该如何计算？

压顶是指在有关墙板(如栏板、女儿墙等)的顶面，为了加固其整体稳定性而设置的封顶构件，它的顶面宽度一般都较所封的墙板稍宽，要求在墙板的两边出檐。根据工程量计算规则可知，压顶工程量是按实体体积以立方米来计算的。

【例 5-72】 如图 5-74 所示，计算现浇钢筋混凝土压顶的混凝土工程量。

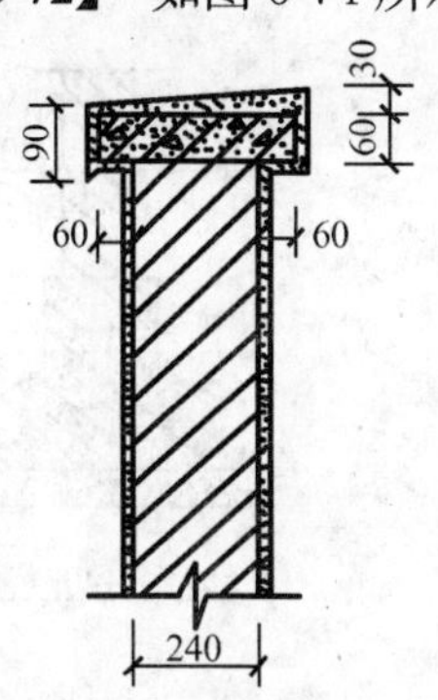

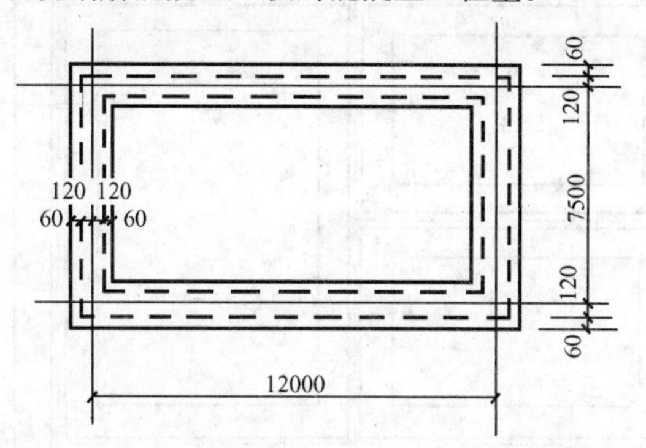

图 5-74 压顶示意图

【解】 (1)正确的计算方法：

压顶总长度按女儿墙中心线长来计算

即压顶长度 $l=12\times2+7.5\times2=39\text{m}$

压顶混凝土工程量＝压顶断面面积 $S\times$长度 l

$$=(0.24+0.06\times2)\times0.06\times39=0.84\text{m}^3$$

套用基础定额 5-432

清单工程量计算见下表：

清单工程量计算表

项目编码	项目名称	项目特征描述	计量单位	工程量
010407001001	其他构件	压顶	m^3	0.84

(2) 错误的计算方法：

$$压顶长度\ l=(12.0+0.12\times2)\times2+(7.5+0.12\times2)\times2=39.96\text{m}$$

$$压顶混凝土工程量=(0.24+0.06\times2)\times0.06\times39.96=0.86\text{m}^3$$

套用基础定额 5-432

【分析】 压顶长度计算错误，是按女儿墙外边线长度来计算的，导致多算了工程量。女儿墙中心线长即为压顶中心线长度，这才是压顶实际长度，另外注意模板工程量计算时不能这样计算长度，要分内边线和外边线。

71. 有梁式条形基础的模板工程量计算时，基础垫层是否需要支模？若不需要，那么基础的模板工程量该如何计算？

基础垫层不需要支模，也就没有模板工程量，有梁式条形基础的垫层以上部分需要计算模板工程量，根据工程量计算规则可知基础的模板工程量是按混凝土与模板的接触面积，以 m^2 计算的，基础模板工程量＝混凝土与模板的接触面积＝基础支模长度×支模高度。

【例 5-73】 如图 5-75 所示，求有梁式条形基础的模板工程量计算。

【解】 (1) 正确的计算方法 1：

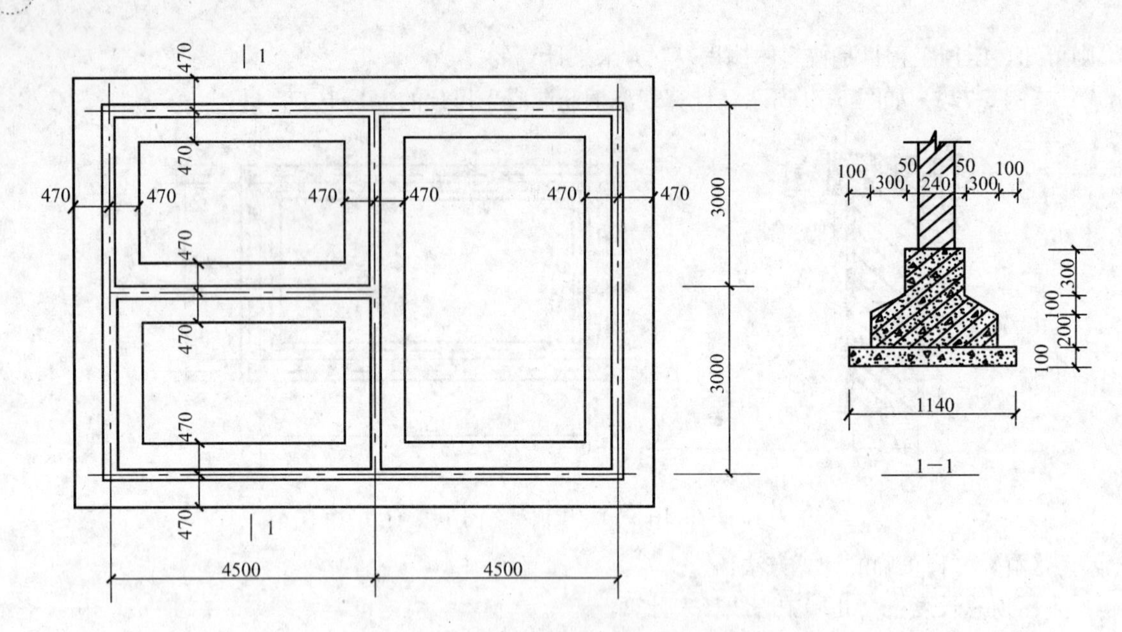

图 5-75　基础平面及剖面图(有梁式条形基础)

基础底板(外墙)外边线长度＝(4.5×2＋0.47×2＋3.0×2＋0.47×2)×2

＝33.76m

基础底板(外墙)内边线长度＝(4.5－0.47×2)×4＋(3.0－0.47×2)×2

＋(3.0×2－0.47×2)

＝23.42m

则(外墙)基础底板模板工程量＝33.76×0.2＋23.42×0.2＝11.44m²

套用基础定额 5-100

基础梁(外墙)外边线长度＝(4.5×2＋0.17×2)×2＋(3.0×2＋0.17×2)×2

＝31.36m

基础梁(外墙)内边线长度＝(4.5－0.17×2)×4＋(3.0×2－0.17×2)

＋(3.0－0.17×2)×2

＝27.62m

则(外墙)基础梁模板工程量＝31.36×0.3＋27.62×0.3＝17.69m²

套用基础定额 5-69

(内墙)基础底板模板工程量＝[(4.5－0.47×2)×2＋(3.0－0.47×2)×2

＋(3.0×2－0.47×2)]×0.2

＝3.26m²

套用基础定额 5-100

内墙基础梁模板工程量＝[(4.5－0.17×2)×2＋(3.0－0.17×2)×2

＋(3.0×2－0.17×2)]×0.3

＝5.79m²

套用基础定额 5-69

则有梁式条形基础的模板总工程量＝(11.44＋17.69＋3.26＋5.79)

＝38.18m²

正确的计算方法 2：

用中心线长度来表示支模长度

外墙中心线长度＝(4.5×2＋3.0×2)×2＝30m

(外墙)基础底板模板工程量＝30×0.2×2－0.47×2×3×0.2

＝11.44m^2

套用基础定额 5-100

(外墙)基础梁模板工程量＝30×0.3×2－0.17×2×3×0.3

＝17.69m^2

套用基础定额 5-69

则(外墙)基础模板工程量＝11.44＋17.69＝29.13m^2

(内墙)基础底板模板工程量＝[(4.5－0.47×2)×2＋(3.0－0.47×2)×2

＋(3.0×2－0.47×2)]×0.2

＝3.26m^2

套用基础定额 5-100

(内墙)基础梁模板工程量＝[(4.5－0.17×2)×2＋(3.0－0.17×2)×2

＋(3.0×2－0.17×2)]×0.3

＝5.79m^2

套用基础定额 5-69

则(内墙)基础模板工程量＝3.26＋5.79＝9.05m^2

则有梁式条形基础模板总工程量＝(29.13＋9.05)m^2＝38.18m^2

【分析】 以上两种算法均可以得出正确结果，但算法 2 计算简便、快捷，可以提高工作效率，算法 1 思路清晰，比较容易懂，算法 2 有点难理解，但只要明白其中的道理，便可迎刃而解。两种算法各有利弊，提倡用算法 2，对于初级学者，还是用算法 1 比较好。

(2) 错误的计算方法 1：

(外墙)基础底板模板工程量＝(4.5×2＋0.57×2＋3.0×2＋0.57×2)×2×0.3

＋[(4.5－0.57×2)×4＋(3.0－0.57×2)×2

＋(3.0×2－0.57×2)]×0.3

＝16.97m^2

套用基础定额 5-100

(外墙)基础梁模板工程量＝[(4.5×2＋0.12×2)×2＋(3.0×2＋0.12×2)×2]×0.3

＋[(4.5－0.12×2)×4＋(3.0×2－0.12×2)

＋(3.0－0.12×2)×2]×0.3

＝17.78m^2

套用基础定额 5-69

(内墙)基础底板模板工程量＝[(4.5－0.57×2)×2＋(3.0－0.57×2)×2

＋(3.0×2－0.57×2)]×0.3

＝4.59m^2

套用基础定额 5-100

(内墙)基础梁模板工程量＝[(4.5－0.12×2)×2＋(3.0－0.12×2)×2

$$+(3.0\times2-0.12\times2)]\times0.3$$
$$=5.04\text{m}^2$$

套用基础定额 5-69

则基础模板总工程量＝16.97＋17.78＋4.59＋5.04＝44.38m²

错误的计算方法 2：

基础中心线长度＝(4.5×2＋3.0×2)×2＝30m

则(外墙)基础模板工程量＝30×0.2×2＋30×0.3×2＝30m²

(内墙)基础模板工程量＝[(4.5－0.47×2)×2＋(3.0－0.47×2)×2＋(3.0×2－0.47×2)]×0.2＋[(4.5－0.17×2)×2＋(3.0－0.17×2)×2＋3.0×2－0.17×2]×0.3＝9.05m²

基础模板总工程量＝30＋9.05＝39.05m²

套用基础定额 5-9

【分析】 算法 1 没有弄清楚基础底板，基础梁的具体尺寸及分界位置，计算时把基础底板以下基础垫层的尺寸也加上了，基础度板边基础梁边位置弄错，把墙边线当作了基础梁边线，基础垫层边线当作了基础底板边线，从而导致计算错误。

算法 2 没有扣除纵横墙交接处基础的模板工程量，因为在纵横墙交接处，基础不支模，所以不需要计算此处的工程量，这一点在计算时很容易被忽略，希望多加注意。

72. 计算现浇钢筋混凝土墙的模板工程量时，若墙上有孔洞面积大于 0.3m²，是否应该扣除孔洞部分的模板工程量，扣除之后是否就是最终的墙模板工程量？

若墙上有面积大于 0.3m² 的孔洞，应该扣除孔洞的部分，但扣除之后，还要加上孔洞侧壁的模板面积，而不是扣除之后的面积，因为模板工程量是以模板与混凝土相接触的面积进行计算的，所以大于 0.3m² 以上的孔洞不应该计算模板面积，但孔洞四周侧壁应计算模板面积。另外，若孔洞面积小于 0.3m² 时，孔洞面积不予扣除，而孔洞侧面面积亦不予以增加。

【例 5-74】 如图 5-76 所示，求现浇钢筋混凝土墙的模板工程量。

【解】 (1)正确的计算方法：

$$\text{孔洞 1 面积 } S_1=\frac{1}{4}\pi\times1.0^2=0.79\text{m}^2$$

$$\text{孔洞 2 面积 } S_2=\frac{1}{4}\pi\times0.6^2=0.28\text{m}^2$$

$$\text{孔洞 3 面积 } S_3=\frac{1}{4}\pi\times1.0^2=0.79\text{m}^2$$

$$\text{孔洞 4 面积 } S_4=\frac{1}{2}\times1.5\times2.0=1.5\text{m}^2$$

其中孔洞 2 的面积 S_2＝0.28m²＜0.3，其他三个孔洞面积都大于 0.3m²，孔洞侧面面积要算出来。

$$\text{孔洞 1 洞侧壁面积 } S'=\pi\times1.0\times0.25=0.79\text{m}^2$$
$$\text{孔洞 3 洞侧壁面积 } S'_3=S'_1=0.79\text{m}^2$$

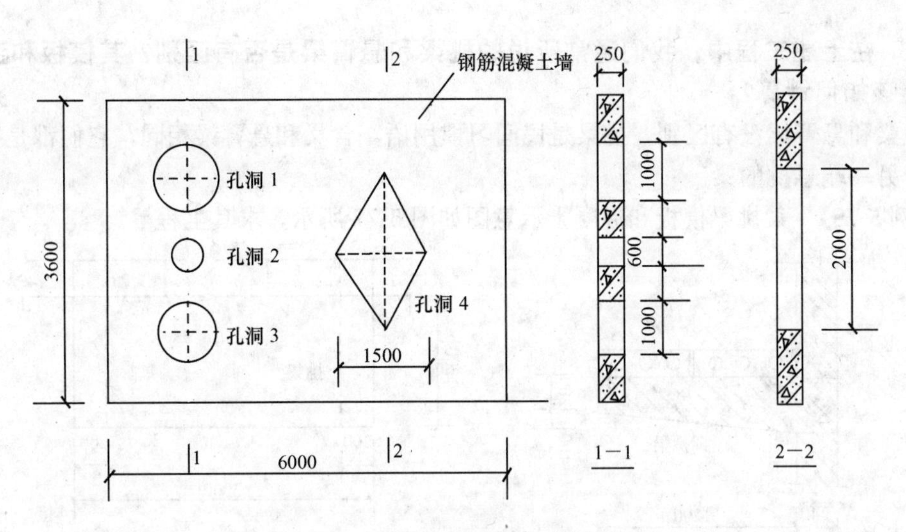

图 5-76 现浇钢筋混凝土墙示意图

$$孔洞 4 洞侧壁面积 S'_4=\sqrt{\left(\frac{1.5}{2}\right)^2+1.0^2}\times0.25\times4=1.25m^2$$

则现浇钢筋混凝土墙的模板工程量$=(3.6\times6.0-0.79\times2-1.5)\times2+3.6\times0.25\times2+0.79\times2+1.25$

$=41.67m^2$

套用基础定额 5-87

(2) 错误的计算方法 1：

孔洞 1，孔洞 2，孔洞 3，孔洞 4 的面积分别为：

$$S_1=S_3=0.79m^2，S_2=0.28m^2，S_4=1.5m^2$$

孔洞侧壁面积$S'_1=S'_3=0.79m^2$，$S'_4=1.25m^2$

$$S'_2=\pi\times0.6\times0.25=0.47m^2$$

则墙的模板工程量$=(3.6\times6.0-0.79\times2-0.28-3.0)\times2+3.6\times0.25\times2+0.79\times2+1.25+0.47$

$=37.45m^2$

套用基础定额 5-87

错误的计算方法 2：

墙的模板工程量$=3.6\times6.0\times2+3.6\times0.25\times2+0.79\times2+1.25+0.47$

$=47.51m^2$

套用基础定额 5-87

【分析】 错误算法 1 中把孔洞面积小于 0.3m² 的孔洞口的面积扣除了，而且还增加了孔洞 2 的侧壁面积，这些做法都是错误的，只有孔洞面积大于 0.3m² 的才扣除，此时洞壁面积才予以增加。

错误算法 2 中把所有孔洞侧壁的面积都加上了，但没有对孔洞面积的大小予以区分，该扣除的也没有扣除，导致结果不正确，其结果与正确结果相差比较大，这就是由于没有扣除孔洞面积大于 0.3m² 的洞口的面积造成的。应给予强调。

73. 在土建工程中，我们通常所说的挑梁和悬臂梁是否有区别？其模板和混凝土工程量该如何计算？

挑梁和悬臂梁没有区别，挑梁是民间习惯用语，含义和悬臂梁相同，它们都是指一端固定，另一端悬挑的梁。

【例 5-75】 某挑梁模板和混凝土示意图如图 5-77 所示，求其工程量。

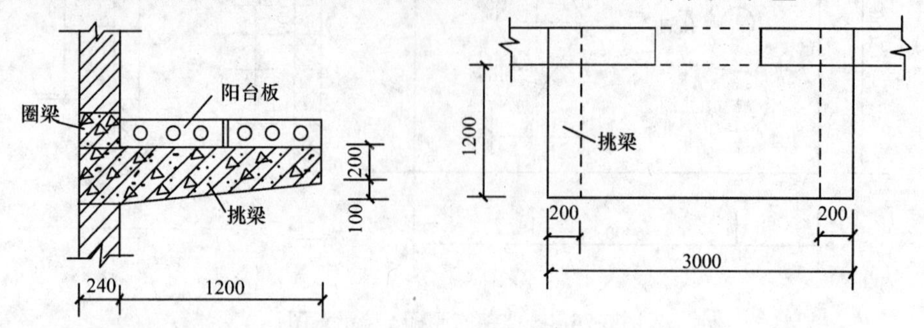

图 5-77 挑梁模板和混凝土示意图

【解】 (1)正确的计算方法：

$$挑梁的混凝土工程量=\frac{1}{2}\times(0.2+0.2+0.1)\times1.2\times0.2\times2$$
$$=0.06\times2=0.12m^3$$

套用基础定额 5-406

$$挑梁的模板工程量=[\sqrt{1.2^2+(0.1)^2}\times0.2+\frac{1}{2}\times(0.2+0.2+0.1)\times1.2\times2$$
$$+0.2\times0.2+0.3\times0.24\times2+0.3\times0.2]\times2$$
$$=2.88\times2$$
$$=5.76m^2$$

套用基础定额 5-73

清单工程量计算见下表：

清单工程量计算表

项目编码	项目名称	项目特征描述	计量单位	工程量
010403003001	异形梁	梁的截面尺寸 200mm×1440mm	m^3	0.12

(2) 错误的计算方法：

$$挑梁的混凝土工程量=\frac{1}{2}\times(0.2+0.3)\times1.2\times0.2\times2+0.24\times0.3\times0.2\times2$$
$$=0.15m^3$$

套用基础定额 5-406

$$挑梁的模板工程量=1.2\times0.2\times2+0.2\times0.2\times2+0.3\times0.2\times2+\frac{1}{2}\times(0.2+0.3)$$
$$\times1.2\times2\times2+0.24\times0.3\times4$$
$$=5.77m^2$$

套用基础定额 5-73

【分析】 挑梁的混凝土工程量计算加上了伸入墙内的部分，是错误的。本题挑梁与圈梁在墙内连接固定，那么计算挑梁的工程量时只计算外挑部分的体积，墙内部分并入圈梁计算，只有当其伸入墙身内不与其他混凝土构件连接时，工程量按整个挑梁体积计算。

挑梁的模板工程量计算时，底部按水平投影长度计算是错误，因为模板工程量是按模板与混凝土接触面积来计算的，并不是梁的投影长度。另外梁的侧面模板也容易漏掉。

74. 现浇钢筋混凝土台阶不包括梯带，其模板工程量该如何计算?

其模板工程量应按图示台阶尺寸的水平投影面积计算，台阶端头两侧不另计算模板面积，而不是按混凝土与模板接触面积计算。

【例 5-76】 如图 5-78 所示，求台阶模板工程量。

【解】 (1) 正确的计算方法：

台阶与平台相连，台阶应算至最上一层踏步外加 300mm，如图 5-78 中虚线所示，则

台阶模板工程量＝其水平投影面积－平台部分面积

$$=(3.0+0.3\times6)\times(1.2+0.3\times3)-(3.0-0.3\times2)\times(1.2-0.3)$$

$$=10.08-2.16$$

$$=7.92\text{m}^2$$

套用基础定额 5-123

(2)错误的计算方法 1：

$$台阶模板工程量=(3.0+0.3\times6)\times(1.2+0.3\times3)$$

$$=10.08\text{m}^2$$

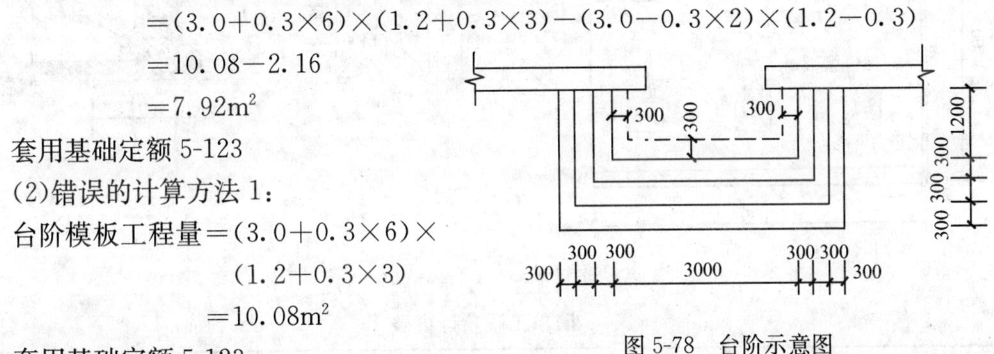

图 5-78 台阶示意图

套用基础定额 5-123

错误的计算方法 2：

$$台阶模板工程量=(3.0+0.3\times6)\times(1.2+0.3\times3)+(3.0+0.3\times6)\times0.15$$
$$+(1.2+0.9)\times0.15\times2+(3.0+0.3\times4)\times0.15$$
$$+(1.2+0.6)\times0.15\times2+(3.0+0.3\times2)\times0.15$$
$$+(1.2+0.3)\times0.15\times2+3.0\times0.15$$
$$+1.2\times0.15\times2$$
$$=14.4\text{m}^2$$

套用基础定额 5-123

【分析】 算法 1 中把平台部分也考虑进去了，是错误的，台阶与平台的分界线是以最上一层踏步外沿加 300mm 来计算的，而不是一并算入台阶部分。

算法 2 中把台阶边的模板也考虑了进去，更加错误，台阶端头侧模不计算模板面积，多加了反而画蛇添足。

75. 基础有很多种形式，那么什么是满堂基础，其混凝土工程量又该如何计算?

满堂基础其实是钢筋混凝土筏形基础的俗称，当地基础特别软，而上部结构的荷载又十分大时，特别是带有地下室的高层建筑物，如设计时不采用桩基线人工地基时，可将基础设计成满堂基础，满堂基础按构造又分为无梁式满堂基础和有梁式满堂基础。根据工程

量计算规则可知：无梁式满堂基础体积＝底板面积×板厚＋柱帽总体积，有梁式满堂基础的体积＝基础底板面积×板厚＋梁截面面积×梁长。其具体计算方法思路如下例题：

【例 5-77】 如图 5-79 所示，求无梁式满堂基础混凝土工程量。

【解】（1）正确的计算方法：

底板的体积＝底板面积×板厚＝12×9×0.25＝27m³

基础底板上柱帽总体积$=\frac{1}{6}\times0.3\times[1.0\times1.0+(1.0+0.4)(1.0+0.4)+0.4\times0.4]\times6$

$=0.94\text{m}^3$

则基础的混凝土工程量＝27＋0.94＝27.94m³

套用基础定额 5-399

清单工程量计算见下表：

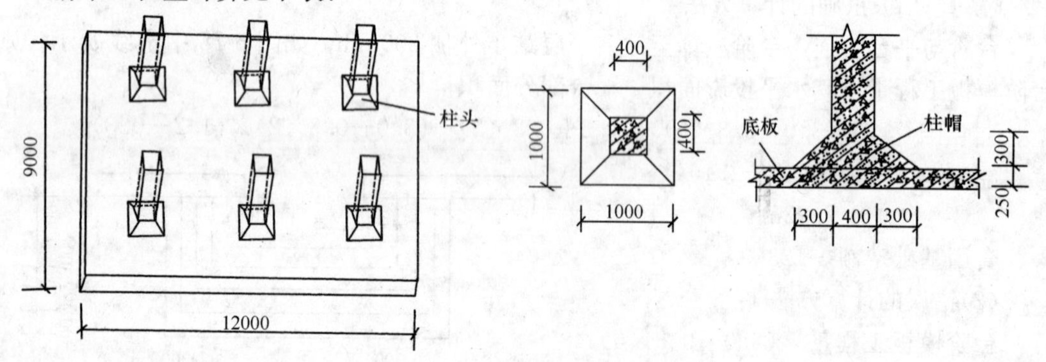

图 5-79　无梁式满堂基础示意图

清单工程量计算表

项目编码	项目名称	项目特征描述	计量单位	工程量
010401003001	满堂基础	无梁式满堂基础	m³	27.94

（2）错误的计算方法：

基础底板体积＝12×9.0×0.25＝27m³

则基础的混凝土工程量＝27m³

套用基础定额 5-399

【分析】 在计算过程中，把柱与底板相连部分柱帽的体积给漏掉了，这部分柱帽的体积并不是计算到柱子的工程量中，而是计算到基础工程量中，这就像一块倒置的无梁板，计算内部是类似的。

【例 5-78】 如图 5-80 所示，求有梁式满堂基础混凝土工程量。

【解】（1）正确的计算方法：

基础底板的体积＝基础底板面积×板厚＝15×9.0×0.2＝27m³

基础底板上面梁的体积＝梁截面面积×梁长

$=0.3\times0.3\times(15\times2+9\times3-0.3\times6)=4.97\text{m}^3$

则有梁式满堂基础混凝土工程量＝27＋4.97＝31.97m³

套用基础定额 5-398

清单工程量计算见下表：

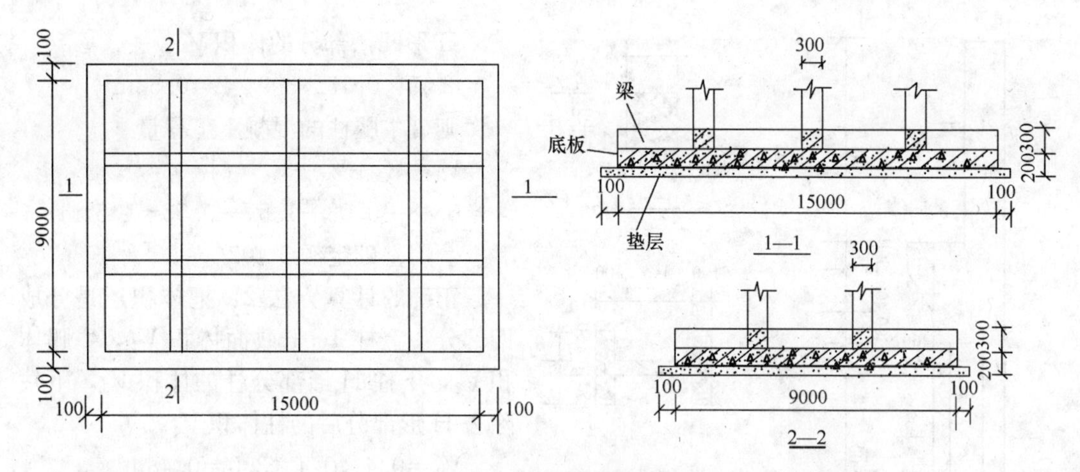

图 5-80 有梁式满堂基础

清单工程量计算表

项目编码	项目名称	项目特征描述	计量单位	工程量
010401003001	满堂基础	有梁式满堂基础	m^3	31.97

(2) 错误的计算方法 1：

基础底板的体积＝15×9.0×0.2＝27m^3

则基础的混凝土工程量＝27m^3

套用基础定额 5-398

错误的计算方法 2：

基础的混凝土工程量＝基础底板体积＋基础梁体积

＝15×9.0×0.2＋0.3×0.3×(15×2＋9×3)＝32.13m^3

套用基础定额 5-398

【分析】 算法 1 中计算时漏掉了与基础底板相连的梁的工程量，造成了计算结果错误，其实有梁式满堂基础就类似有梁板的工程量计算，必须把梁的工程量考虑进去。

算法 2 中计算时虽然考虑了梁的部分，但计算时产生了错误，把梁与梁交接处的重叠部分多算了一次，导致结果不正确，要理清思路，分清尺寸界线。

76. 带牛腿的柱计算混凝土工程量时，是否包括牛腿部分？若包括，其工程量该如何计算？

是包括牛腿部分，因为依附柱上的牛腿虽然是用来支撑吊车梁的，但是它并不属于吊车梁，而是属于柱子的一部分，所以带牛腿的柱计算工程量要加上牛腿部分。

【例 5-79】 如图 5-81 所示，求带牛腿柱的混凝土工程量。

【解】 (1) 正确的计算方法 1：把该牛腿柱体积计算分成四部分：1—1 截面上柱，牛腿部分，3—3 截面下柱，H 形凹槽部分。

1—1 截面上柱体积 V_1＝3.0×0.4×0.4＝0.48m^3

牛腿部分体积 V_2＝0.3×0.4×0.4＋$\frac{1}{2}$×0.4×0.4×0.4＝0.08m^3

3—3 截面下柱体积 V_3＝0.65×0.4×(0.3＋0.4＋0.3＋3.9＋0.9)＝1.51m^3

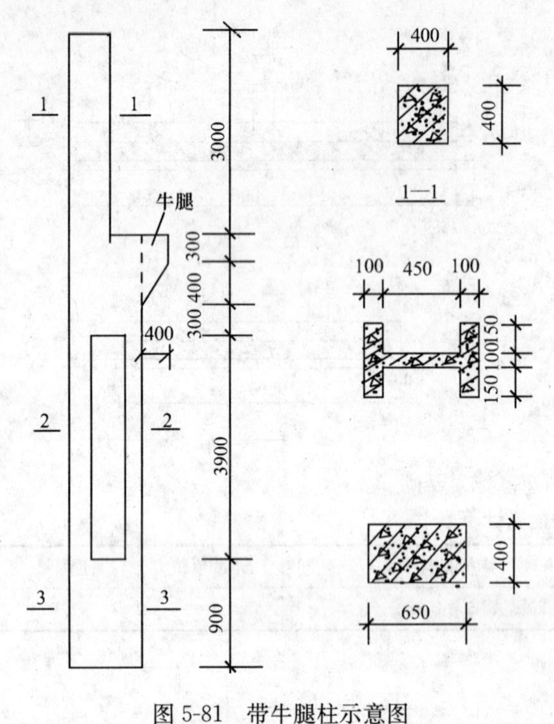

图 5-81 带牛腿柱示意图

H 形凹槽部分的体积 V_4

$=0.45\times0.15\times3.9\times2=0.53\text{m}^3$

则带牛腿柱的混凝土工程量

$=V_1+V_2+V_3-V_4$

$=0.48+0.08+1.51-0.53=1.54\text{m}^3$

套用基础定额 5-402

正确的计算方法 2：把体积还是分成四部分：上柱 1—1 截面体积 V_1，牛腿体积 V_2，下柱 H 形部分柱的体积 V_3，下柱除去 H 形部分后的柱体积 V_4。

$V_1=0.4\times0.4\times3.0=0.48\text{m}^3$

$V_2=0.3\times0.4\times0.4+\frac{1}{2}\times0.4\times0.4\times0.4=0.08\text{m}^3$

$V_3=(0.1\times0.4+0.45\times0.1+0.1\times0.4)\times3.9=0.49\text{m}^3$

$V_4=0.65\times0.4\times(0.3+0.4+0.3+0.9)=0.49\text{m}^3$

则牛腿柱的混凝土工程量 $=V_1+V_2+V_3+V_4=0.48+0.08+0.49+0.49=1.54\text{m}^3$

套用基础定额 5-402

清单工程量计算见下表：

清单工程量计算表

项目编码	项目名称	项目特征描述	计量单位	工程量
010409002001	异形柱	牛腿柱	m^3	1.54

【分析】 正确算法 1 和算法 2 只不过是对 H 形柱部分的体积换了一种算法，本质上没有太大的区别，但算法 2 更直接一些，更清楚。

(2) 错误的计算方法 1：

牛腿柱的混凝土工程量 $=0.4\times0.4\times3.0+0.65\times0.4\times(0.3+0.4+0.3+3.9+0.9)-1\times2\times0.45\times0.15\times3.9=1.46\text{m}^3$

套用基础定额 5-402

错误的计算方法 2：

1—1 截面上柱体积 $V_1=0.4\times0.4\times3.0=0.48\text{m}^3$

牛腿部分体积 $V_2=0.3\times0.4\times0.4+\frac{1}{2}\times0.4\times0.4\times0.4=0.08\text{m}^3$

3—3 截面下柱体积 V_3 ＝0.4×0.65×(0.3＋0.4＋0.3＋3.9＋0.9)

＝1.51m^3

H 型凹槽部分的体积 V_4 ＝0.45×0.15×3.9

＝0.26m^3

则牛腿柱的混凝土工程量＝0.48＋0.08＋1.51－0.26

＝1.81m^3

套用基础定额 5-402

【分析】 算法 1 计算时没有加上牛腿部分的体积，漏算了，这是不符合工程量计算规则的。

算法 2 计算时只扣除了一边凹槽的体积，少扣了另外一边的体积，从而导致计算错误，这是很容易犯的毛病。

总之，推荐选择正确算法 2 来计算，这样更明了，更直接。

77. 什么是叠合板？其工程量该如何计算，怎样套用定额？

所谓叠合板，是指预制板上再浇灌一定厚度的现浇层。叠合板又分为有肋叠合板和无肋叠合板。其工程量均为其体积以 m^3 来计算。套用定额时应执行楼地面相应的整体面层定额，而不是套取板的定额。

【例 5-80】 如图 5-82 所示：求叠合板的工程量。

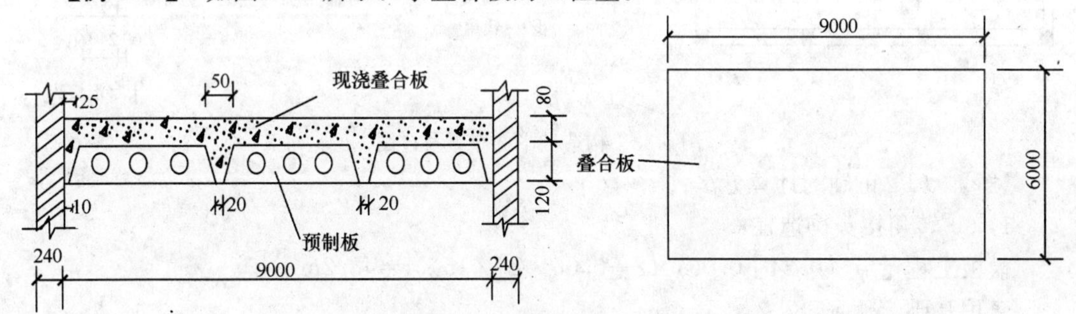

图 5-82　现浇叠合板示意图

【解】 (1) 正确的计算方法：

现浇叠合板的工程量＝9.0×6.0×0.08＝4.32m^3

套用基础定额 8-23

(2) 错误的计算方法：

$$现浇叠合板的工程量＝9.0×6.0×0.08+\frac{1}{2}×0.12×(0.025+0.01)×2×6.0+\frac{1}{2}×0.12×(0.05+0.02)×2×6.0$$

＝4.40m^3

【分析】 计算时把预制板板缝间的部分也算进去了，这是错误的，因为本题预制板缝下口宽度为 20mm，在 40mm 以内，该叠合板为无肋叠合板，计算其工程量时，应用叠合板面积乘以板厚，以 m^3 计算，其预制板缝，已包括在预制板接头灌缝项目内，只得套接头灌缝部分的空心板一栏，不得重复计算。只有当预制板缝下口缝宽在 150mm 以上时，为有肋叠合板，此时工程量为叠合板和肋的总体积，以 m^3 计算。有肋和无肋，大家一定要区分清楚。

78. 在混合结构房屋中，为了提高房屋的抗震能力，常常在房屋的拐角或纵横墙交接处设置构造柱，那么这些地方构造柱的工程量该如何计算呢？

在房屋建筑中，设构造柱的位置很多，比如说：90°转角处，T 形接头处，十字形接头处，一字形接头处等，根据工程量计算规则可知，构造柱的模板工程量是按构造柱外露面面积计算的，构造柱与墙接触面是不计算模板面积的。构造柱的混凝土工程量是按其混凝土体积以 m^3 计算，墙内的马牙槎并入构造柱内计算。

【例 5-81】 如图 5-83 所示，构造柱柱高均为 15.0m，求构造柱工程量计算。

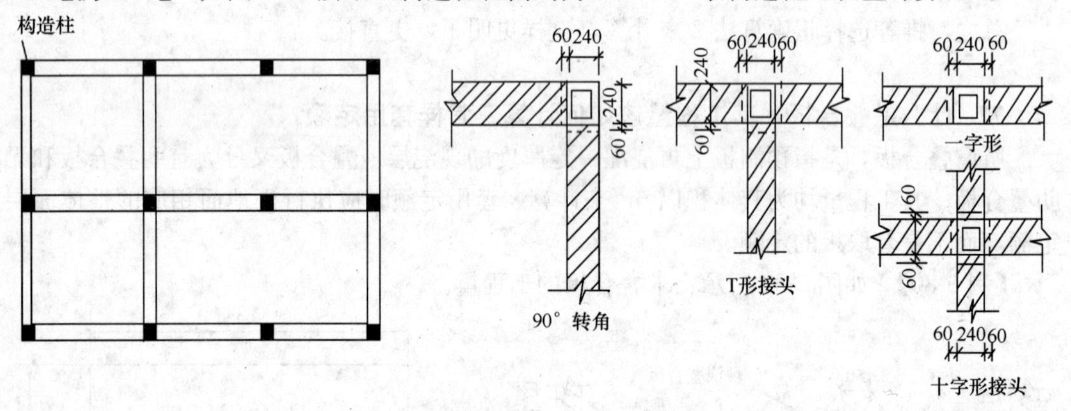

图 5-83 构造柱平面布置及详图

【解】 (1) 正确的计算方法：

1) 90°转角接头构造柱：

模板工程量 $=[(0.24+0.06)\times2+0.06\times2]\times15\times4=43.2m^2$

套用基础定额 5-58

混凝土工程量 $=15\times(0.24\times0.24+\frac{1}{2}\times0.06\times0.24\times2)\times4=4.32m^3$

套用基础定额 5-403

2) T 形接头构造柱：

模板工程量 $=(0.24+0.06\times2+0.06\times4)\times15\times4=36.0m^2$

套用基础定额 5-58

混凝土工程量 $=(0.24\times0.24+\frac{1}{2}\times0.06\times0.24\times3)\times15\times4=4.75m^3$

套用基础定额 5-403

3) 一字形处构造柱

模板工程量 $=(0.24+0.06\times2)\times2\times15\times3=32.4m^2$

套用基础定额 5-58

混凝土工程量 $=(0.24\times0.24+\frac{1}{2}\times0.06\times0.24\times2)\times15\times3=3.24m^3$

套用基础定额 5-403

4）十字形处构造柱

模板工程量＝0.06×8×15×1＝7.2m^2

套用基础定额 5-403

混凝土工程量＝(0.24×0.24＋$\frac{1}{2}$×0.06×0.24×4)×15×1＝1.30m^3

套用基础定额 5-58

则构造柱的模板总工程量＝43.2＋36.0＋32.4＋7.2＝118.8m^2

混凝土总工程量＝4.32＋4.75＋3.24＋1.30＝13.61m^3

清单工程量计算见下表：

清单工程量计算表

项目编码	项目名称	项目特征描述	计量单位	工程量
010402001001	矩形柱	柱高为 15m	m^3	13.61

(2) 错误的计算方法 1：

90°转角处构造柱模板工程量＝[(0.24＋0.06)×2＋0.06×2]×15×4＝43.2m^2

套用基础定额 5-403

混凝土工程量＝15×4×(0.24＋0.03)×(0.24＋0.03)＝4.37m^3

套用基础定额 5-58

T 形接头处构造柱模板工程量＝(0.24＋0.06×2＋0.06×4)×15×4＝36.0m^2

套用基础定额 5-403

混凝土工程量＝(0.24＋0.03×2)×(0.24＋0.03)×15×4＝4.86m^3

套用基础定额 5-58

一字形处构造柱模板工程量＝(0.24＋0.06×2)×2×15×3＝32.4m^2

套用基础定额 5-403

混凝土工程量＝(0.24＋0.03×2)×0.24×15×3＝3.24m^3

套用基础定额 5-58

十字形处构造柱模板工程量＝0.06×8×15×1＝7.2m^2

套用基础定额 5-403

混凝土工程量＝(0.24＋0.03×2)×(0.24＋0.03×2)×15×1＝1.35m^3

套用基础定额 5-58

则构造柱的模板总工程量＝43.2＋36.0＋32.4＋7.2＝118.8m^2

混凝土总工程量＝4.37＋4.86＋3.24＋1.35＝13.82m^3

错误的计算方法 2：

90°转角处构造柱模板工程量＝(0.24＋0.24)×15×4＝28.8m^2

套用基础定额 5-403

混凝土工程量＝0.24×0.24×15×4＝3.46m^3

套用基础定额 5-58

T 形接头处构造柱模板工程量＝0.24×15×4＝14.4m^2

套用基础定额 5-403

混凝土工程量＝0.24×0.24×15×4＝3.46m³

套用基础定额 5-58

一字形接头处构造柱模板工程量＝0.24×2×15×3＝21.6m²

套用基础定额 5-403

混凝土工程量＝0.24×0.24×15×3＝2.59m³

套用基础定额 5-58

十字形接头处构造柱模板工程量＝0m²

套用基础定额 5-403

混凝土工程量＝0.24×0.24×15×1＝0.86m³

套用基础定额 5-58

则构造柱模板总工程量＝28.8＋14.4＋21.6＋0＝64.8m²

混凝土总工程量＝3.46＋3.46＋2.59＋0.86＝10.37m³

【分析】 算法 1 的模板工程量计算正确，但混凝土工程量计算错误，其在考虑马牙槎的体积时计算方式不正确，应该与原构造柱体积分开来计算，这样思路比较清晰，才不会混淆导致错误。

算法 2 模板和混凝土工程量都计算错误，模板计算时没有考虑马牙槎部分，因为这部分也是外露的，应该计算模板面积，混凝土计算时，把马牙槎部分的体积也漏掉了，整个算法 2 根本就没考虑马牙槎部分，这是有违计算规则，应该加以注意。

79. 计算现浇钢筋混凝土楼梯的工程量时，并不包括楼梯栏板的工程量，那么现浇钢筋混凝土楼梯栏板工程量该怎样计算?

楼梯栏板的工程量是另外计算的，并套用栏板对应的定额子目。根据工程量计算规则可知，栏板的模板工程量是按侧模接触面积来计算，混凝土工程量是按体积来计算的，包括栏板伸入墙内的部分。

【例 5-82】 如图 5-84 所示，求栏板的工程量计算：

【解】 (1) 正确的计算方法：

栏板的模板工程量＝(3.6×1.15×2＋0.2＋0.08＋1.85)×0.9×2
＝18.74m²

套用基础定额 5-124

栏板的混凝土工程量＝(3.6×1.15×2＋0.2＋1.85)×0.9×0.08＋0.9×0.12×0.06
＝0.75m³

套用基础定额 5-425

注：计算式中出现的 1.15 系数为楼梯栏板的斜长系数。

清单工程量计算见下表：

清单工程量计算表

项目编码	项目名称	项目特征描述	计量单位	工程量
010405006001	栏板	栏板厚度为 80mm，高度为 900mm	m³	0.75

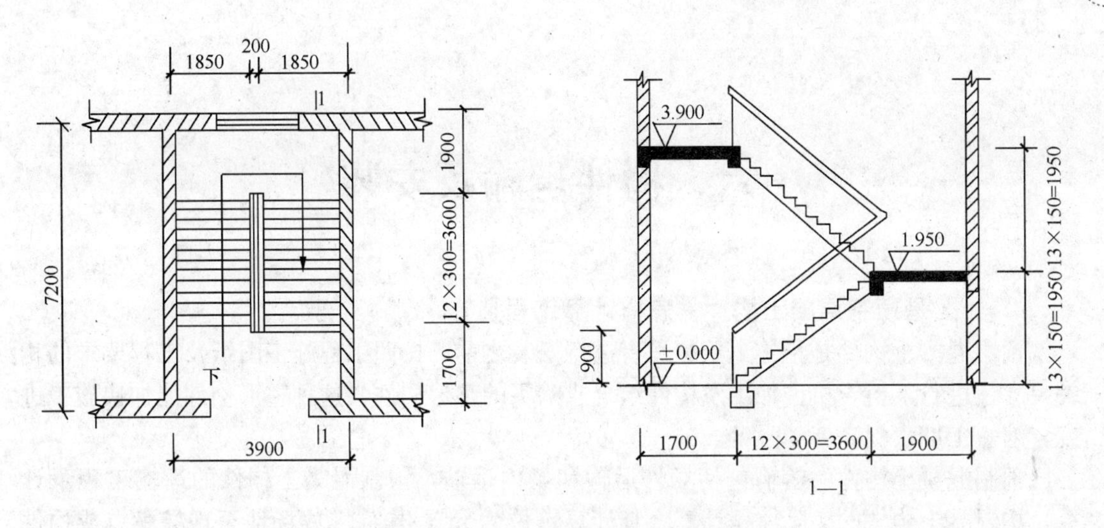

图 5-84　楼梯栏板示意图

（栏板厚度为 80mm，高度为 900mm）

(2) 错误的计算方法：

栏板的模板工程量$=(\sqrt{(3.6)^2+(1.95)^2}\times2+0.2+1.85+0.08)\times0.9$

$=9.29\text{m}^2$

套用基础定额 5-124

栏板的混凝土工程量$=(\sqrt{(3.6)^2+(1.95)^2}\times2+0.2+1.85)\times0.9\times0.08$

$=0.74\text{m}^3$

套用基础定额 5-425

【分析】 栏板的模板工程量和混凝土工程量计算时，栏板斜边的长度是用勾股定理算出来的，这种做法一般都不采用，只用水平投影长度乘以斜长系数即可，简单快捷。另外，模板工程量计算时只算了栏板的一面模板，要知道栏板的两侧面都需要支模的，计算混凝土工程量时没有考虑伸入墙内的栏板头部分，导致计算出错，这部分容易被遗忘。

六、构件运输及安装

1. 什么是预制混凝土构件？怎样计算工程量？

预制混凝土构件是指施工单位没有进行安装之前，按照工程施工图纸及工程要求的相关尺寸，进行下料，机械加工及构件组合或购买的整形构件，这种整形构件能加快施工进度，缩短工期，提高劳动强度。

预制混凝土构件的运输包括场外运输和场内运输，预制混凝土构件的运输工程量计算，按混凝土构件的实际体积计算。其计算单位为 m^3，构件堆放场地至现场吊点或构件加工工厂至现场堆放点的运输。构件在吊装机械起吊点半径 15m 范围内的地面移动和就位，已包括在安装子目内。大于 15m 时的地面移动，则按构件运输 1km 以内子目计算场地内运输。除预制混凝土屋架、托架、桁架及长度在 9m 以上的板、柱、梁以外，各类预制构件及预制桩都应计运输、堆放及安装损耗。

【例 6-1】 如图 6-1 所示，求预制钢筋混凝土矩形板运输、安装的工程量？

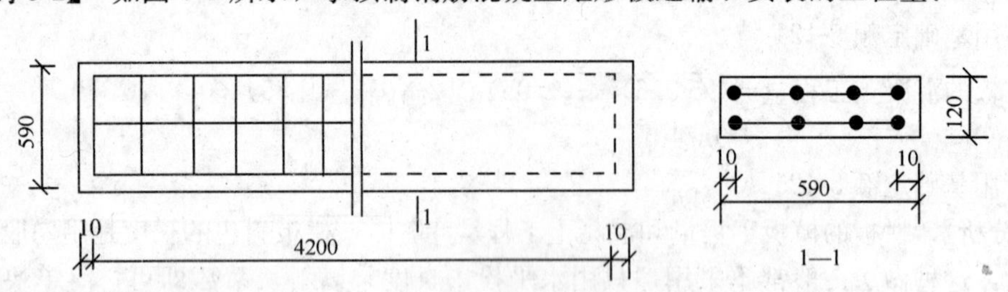

图 6-1 预制钢筋混凝土矩形板

【解】 预制钢筋混凝土矩形板的运输和安装工程量均按构件实体积计算。

矩形板的实体积＝0.59×0.12×4.18

＝0.296m^3

由于矩形板的长度不够 9m，应计算损耗：安装损耗为 0.0007m^3；运输损耗为 0.0011m^3，安装工程量＝0.296＋0.0007＝0.2967m^3，由于安装过程中损耗的工程量也是要运输到现场的，所以矩形板的实际运输工程量＝0.296＋0.0007＋0.0011＝0.2978m^3

由上题可知预制混凝土构件的运输、安装的工程量以实体积进行计算。

【例 6-2】 某建筑工地需要安装预制钢筋混凝土槽形板 50 块，如图 6-2 所示，预制厂距施工现场 8km，采用塔式起重机运输，试计算运输、安装工程量。

【解】 (1) 正确的计算方法：

1) 预制钢筋混凝土槽形板体积(大棱台体积减小棱台体积)：

单体体积＝$(0.12/3)\times[(0.57\times4.1+0.55\times4.08)+\sqrt{0.57\times4.1\times0.55\times4.08}-(0.08/3)]$

$\times[(0.47\times4+0.45\times3.88)+\sqrt{0.47\times4.1\times0.45\times3.88}]$

＝0.275－0.146＝0.129m^3

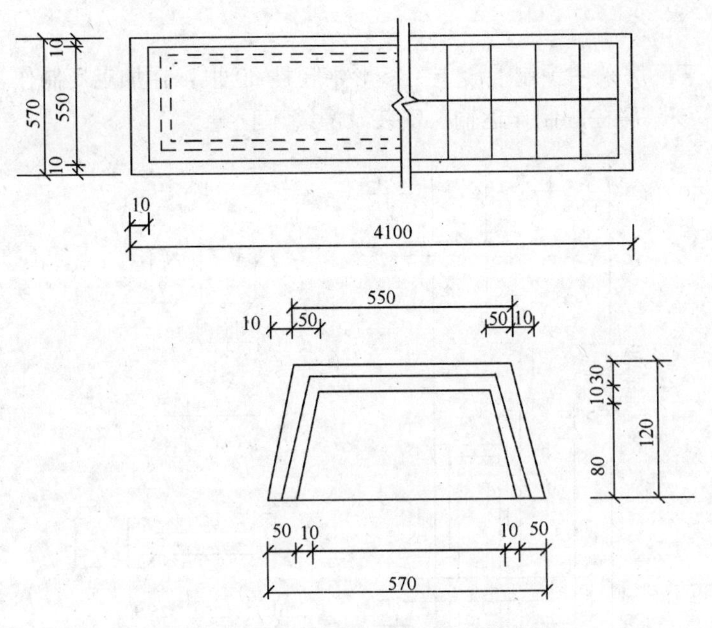

图 6-2　预制钢筋混凝土槽形板

50 块体积为 $50\times0.129=6.45\text{m}^3$

2）场外运输工程量：

$$6.45\times(1+0.8\%+0.5\%)=6.458\text{m}^3$$

套用基础定额 6-16

3）安装槽形板工程量

$$6.45\times(1+0.5\%)=6.453\text{m}^3$$

套用基础定额 6-303

（2）错误的计算方法：

1）预制钢筋混凝土槽形板的体积

由图 6-2 所示：

$$\text{单体体积}=(0.12/3)\times[(0.57\times4.1+0.55\times4.08+\sqrt{0.57\times4.1\times0.55\times4.08}]$$

$$=0.04\times(4.581+2.290)$$

$$=0.275\text{m}^3$$

50 块体积为 $50\times0.275=13.75\text{m}^3$

2）场外运输工程量：

$$13.75\times(1+0.8\%+0.5\%)=13.768\text{m}^3$$

套用基础定额 6-16

3）安装槽形板工程量：

$$13.768\times(1+0.5\%)=13.775\text{m}^3$$

套用基础定额 6-303

【分析】 构件的运输及安装是以构件的实际体积进行计算的，构件的堆放地至现场吊点或构件加工工厂至现场堆放点的运输等都是以构件的实体积进行计算的，所以上述解法

(2)是错误的。

【例 6-3】 某厂房采用预制混凝土工字形牛腿柱 20 根，在加工厂制作，柱截面如图 6-3 所示，试计算该厂房柱的制作运输、安装及灌缝工程量。

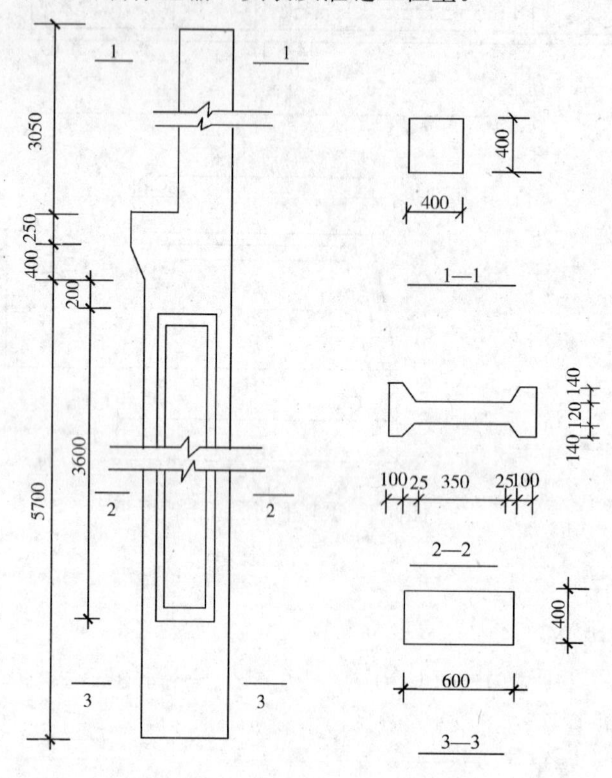

图 6-3 钢筋混凝土工字形柱

【解】 (1) 正确的计算方法：

1) 单一根柱的体积

$$V=6.35\times0.6\times0.4+3.05\times0.4\times0.4+(0.25+0.65)\times0.4\times0.4/2-1/3\times0.14\times(0.35\times3.55+0.4\times3.6+\sqrt{0.35\times3.55\times0.4\times3.6})\times2=1.709\text{m}^3$$

2) 柱的制作工程量查表 6-1、表 6-2 得

预制混凝土构件安装操作损耗率 **表 6-1**

构件类别 \ 定额内容	运输	安装	构件类别 \ 定额内容	运输	安装
预制加工厂预制	1.013	1.005	现场就地预制	0	1.005
现场(非就地)预制	1.010	1.005	成品构件	0	1.010

$$V'=1.709\times20\times1.015=34.69\text{m}^3$$

套用基础定额 5-438

3) 柱的安装工程量

$$V''=1.709\times1.005\times20=34.35\text{m}^3$$

套用基础定额 6-97

4）柱的灌缝工程量 V'''

$$V'''=1.709\times20=34.18\text{m}^3$$

套用基础定额 5-517

5）柱的运输

$$V'''=1.709\times1.013\times20=34.62\text{m}^3$$

套用基础定额 6-21

预制混凝土构件的制作、运输及安装工程量系数 **表 6-2**

类　别	制作工程量	运输工程量	安装工程量
所有预制构件	1.015	1.013	1.005
预制桩	1.02	1.019	1.015

（2）错误的计算方法：

1）一根柱的体积

$$V=[6.35\times0.6\times4+3.05\times0.4\times0.4+(0.25+0.65)\times0.4\times0.4/2-\frac{1}{3}\times0.14\times[0.35\times3.55+0.4\times3.6+0.35\times3.55\times0.4\times3.6)\times2]=1.709\text{m}^3$$

2）柱的制作工程量：V'

$$V'=1.709\times1.015\times20=34.69\text{m}^3$$

套用基础定额 5-438

3）柱的运输工程量 V''

$$V''=1.709\times20=34.18\text{m}^3$$

套用基础定额 6-21

4）柱的安装工程量 V'''

$$V'''=1.709\times1.005\times20=34.35\text{m}^3$$

套用基础定额 6-97

5）柱灌缝工程量 V''''

$$V''''=1.709\times1.005\times20=34.35\text{m}^3$$

套用基础定额 6-21

【分析】 由解法(2)知这种做法是错误的，因为运输包括场内运输和场外运输，而场内运输的系数是不计的，所以场外运输的工程量是钢筋混凝土构件运输工程量＝图示工程量×(1＋0.8%＋0.5%)＝图示工程量×1.013，因此上述解法是错误的，另外钢筋混凝土预制构件安装内容包括翻身、就位、加固、安装、校正、垫实、结点，焊接或紧固螺栓等，但是不包括构件连接灌缝。所以上述解法(2)中柱的灌缝工程量 $V''''=1.709\times1.005\times20=34.34\text{m}^3$ 是错误的，因此，解法(1)是正确的。

2. 什么是构件运输？

是指从加工厂将预制钢筋混凝土或金属构件运输到安装施工现场的装运、卸过程的统称。

3. 如何计算门窗运输工程量？

门窗运输工程量，以门窗洞口面积为基数，分别乘以下列系数：木门 0.975，木窗 0.9715，铝合金门窗 0.9668。

【例 6-4】 某铝合金窗如图 6-4 所示，求铝合金窗的运输工程量。

【解】 (1) 正确的计算方法：

$$S=1.5\times1.8=2.7\text{m}^2$$

由于窗运输工程量以门窗洞口面积为基数，乘以铝合金门窗 0.9668，所以可知：

运输工程量 $=2.7\times0.9668=2.610\text{m}^2$

套用基础定额 6-74

(2) 错误的计算方法：

$$S=1.5\times1.8=2.7\text{m}^2$$

所以运输工程量 2.7m^2

套用基础定额 6-74

【分析】 (2) 的做法是错误的，因为没有乘以运输工程量的系数 0.9668。此处，容易忘记乘以运输工程量系数，而把实际面积作为运输工程量。

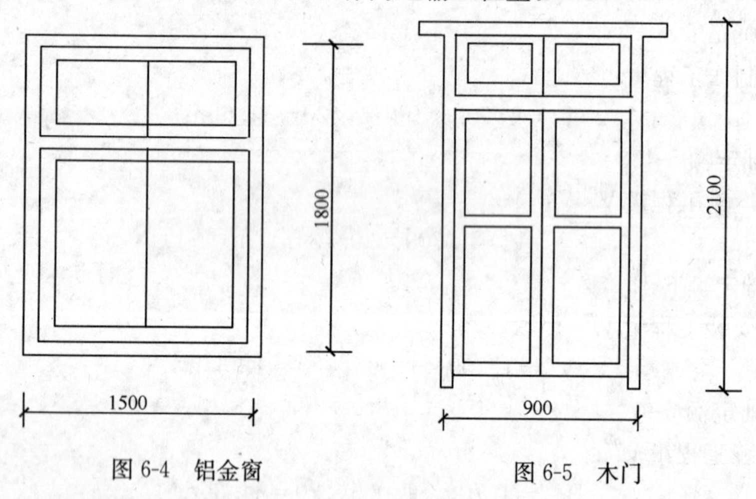

图 6-4 铝金窗　　图 6-5 木门

【例 6-5】 如图 6-5 所示，试求木门的运输工程量。(木门 30 个)

【解】 (1) 正确的计算方法：

单个木门的工程量

$$S=0.9\times2.1=1.89\text{m}^2$$

$$S=1.89\times30=56.7\text{m}^2$$

单个木门运输工程量 $=1.89\times0.975=1.84\text{m}^2$

套用基础定额 6-92

30 个木门运输工程量 $=56.7\times0.975=55.28\text{m}^2$

(2) 错误的计算方法：

木门工程量 $S=0.9\times2.1=1.89\text{m}^2$

木门运输工程量：＝1.89×0.975＝1.84m²

套用基础定额 6-74

【分析】 由解法(2)可知这种做法是错误的，因为上题要求是 30 个木门，而解法(2)只求单一一个木门的运输工程量，漏掉了 29 个木门，所以上述解法(2)是错误的。

钢筋混凝土预制构件的制作、运输、安装损耗率按规定进行计算并以构件工程内其中预制混凝土屋架、桁架，托架及长度在 9m 以上的梁、板、柱不计算损耗率，见表 6-3。

钢筋混凝土预制构件的制作、运输、安装损耗率表　　表 6-3

名　称	制作废品率	运输堆放损耗	安装打桩损耗
各类预制构件	0.2%	0.8%	0.5%
预制钢筋混凝土桩	0.1%	0.4%	1.5%

4. 拼装与构件安装如何区别：

钢筋混凝土预制构件进行起吊、就位、校正、固定等整个操作过程，叫做构件安装。由于有些构件结构复杂或杆件较多或加工工艺要求等因素，不能整体制作只能分件加工制作，在安装前将各个杆件组装成为符合设计要求的完整构件的过程称拼装。

因此安装是直接将构件固定于设计规定的位置上，拼装是经过组装后，再固定于设计规定的位置上，这是两者间的区别之一。

【例 6-6】 预制钢筋混凝土空心板的体积 2.78m³，运输 16km，不焊接，如图 6-6 所示，试计算板的制作、运输、安装工程量。

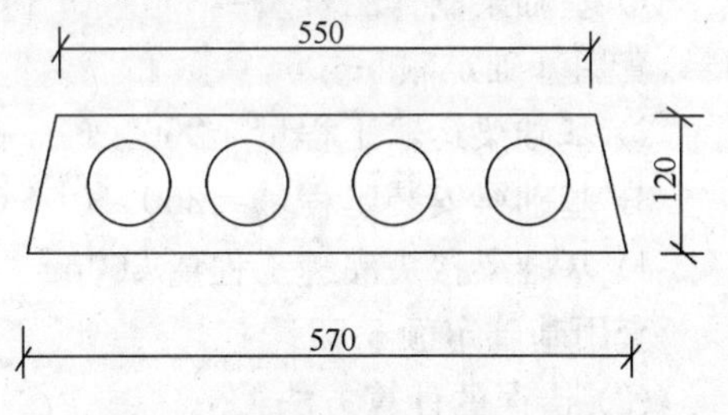

图 6-6　预制钢筋混凝土空心板

【解】 (1) 正确的计算方法：

1) 空心板制作工程量＝2.78×(1＋1.5%)＝2.780417m³

套用基础定额 5-453

2) 空心板运输工程量＝2.78×(1＋1.3%)＝2.7803614m³

套用基础定额 6-18

3) 空心板安装工程量＝2.78×(1＋0.5%)＝2.78139m³

套用基础定额 6-310

(2) 错误的计算方法：

1) 空心板制作工程量＝2.78×(1＋1.5%)＝2.780417m³

套用基础定额 5-453

2) 空心板运输工程量＝2.78×(1＋1.019%)＝2.7805m³

套用基础定额 6-18

3) 空心板安装工程量＝2.78×(1＋0.5%)＝2.78139m³

套用基础定额 6-310

【分析】 综上所述，上述解法(1)中所得是正确的，而解法(2)中出现了错误，在空心板运输工程量计算中空心板的耗损率错用了桩的耗损率 1.019%，而空心板的运输耗损率应是 1.13%而不是 1.019%，导致了这题的错误。

所以在以后的计算中要分清楚构件的类别以免出现类似的错误。

5. 什么是构件接头灌缝？

在钢筋混凝土预制构件吊装过程中，把分段和分部位预制的构件用相应强度等级混凝土浇筑然后振捣连接的全过程，叫构件接头灌缝。

6. 如何计算钢筋混凝土构件接头灌缝工程量？

①梁与梁基础的灌缝，按首层梁体积计算，首层以上梁灌缝按各层梁体积计算。

②钢筋混凝土预制框架梁现浇接头按设计规定断面和长度以体积 m^3 计算。

③空心板堵孔的人工材料已包括在定额内如果不堵孔时应按定额规定扣除相应的费用。

其中工程量计算时均按钢筋混凝土预制构件的实体积计算，计算单位以 m^3。

【例 6-7】 某建筑施工现场需购基础梁，由某预制厂预制，工程量 260m^3，试求基础梁制作、运输、安装、接头灌缝等工程量。

【解】 (1) 正确的计算方法：

基础梁制作废品率 0.2%，运输堆放耗损率 0.8%，安装损耗率 0.5%。

1) 基础梁制作工程量＝260×(1＋0.2%＋0.8%＋0.5%)＝263.9m^3

套用基础定额 5-405

2) 基础梁运输工程量＝260×(1＋0.8%＋0.5%)＝263.38m^3

3) 基础梁安装工程量＝260×(1＋0.5%)＝261.3m^3

4) 基础梁接头灌缝工程量 260m^3

套用基础定额 5-521

(2) 错误的计算方法：

1) 基础梁制作工程量＝260×(1＋0.2%＋0.8%＋0.5%)＝263.9m^3

套用基础定额 5-405

2) 基础梁运输工程量＝260×(1＋0.8%＋0.5%)＝263.38m^3

3) 基础梁安装工程量＝260×(1＋0.5%)＝261.3m^3

4) 基础梁接头灌缝工程量＝260×(1＋0.5%)＝261.3m^3

套用基础定额 5-521

【分析】 综上所述在钢筋混凝土预制构件吊装过程中，把分段和分部位预制的构件用相应强度等级混凝土浇筑然后振捣连接。

扣除空心板堵孔的人工、材料已包括在定额以外，其他各类预制构件安装定额均不包括灌缝内容，这项内容按混凝土及钢筋混凝土工程中的钢筋混凝土构件接头灌缝，分项定额执行。

7. 什么叫构件拼装？

将单个构件、杆件组装成整体构件的施工过程叫构件的拼装。

8. 金属构件的运输、安装、拼装工程量怎样计算？

金属构件除制作、其运输、安装及刷油的工程量；铆接结构乘 1.02 系数，增加铆钉与螺栓的重量，焊接件乘 1.05 系数，增加焊条重量。

定额中有哪些构件需拼装后再安装，在《全国统一建筑工程基础定额》中有构件需要先拼装后再安装，钢筋混凝土预制三角形组合屋架，天窗架及端壁板、钢屋架、钢天窗、钢网架等，在进行预算中要考虑这些问题，不能忽略的，所以在以后的计算中要认真、细心。

【例 6-8】 如图 6-7 所示试计算组合式钢木檩条的运输和安装工程量。

【解】 (1) 正确的计算方法：

钢檩条的运输、安装工程量均按质量计算。

钢檩条运输、安装工程量＝4.2×2.49×2＝20.916kg≈0.02t

套用基础定额 6-448

(2) 错误的计算方法：

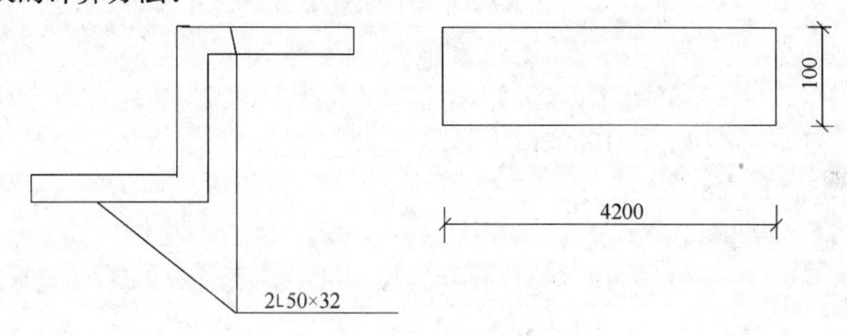

图 6-7 组合式钢檩条

钢檩条运输＝4.2×2.49×1.013＝10.59m^3

钢檩条的安装工程量＝4.2×2.49×1.005＝10.51m^3

套用基础定额 6-448

【分析】 解法(2)的计算是错误的，因为钢檩条的安装运输是在施工现场进行完成的，所以运输工程量是不计算的，不能乘以 1.013，还有安装工程量也不应该乘以 1.005m^2，应是乘以它的质量的，因为钢檩条的安装是以 t 为单位的，而不是以 m^3 为单位的，所以是错误的。

【例 6-9】 如图 6-8 所示，试计算预制框架柱运输和安装工程量。(柱高 3.9m)

【解】 (1) 正确的计算方法：

柱的工程量：

$$V=0.6\times0.6\times3.9\times12=16.85m^3$$

套用基础定额 5-437

框架柱运输工程量：

$$V=16.85\times(1+0.8\%+0.5\%)$$
$$=16.85\times1.013=17.069m^3$$

框架柱安装工程量：

$$V=16.85\times(1+0.5\%)=16.93m^3$$

套用基础定额 6-132

(2) 错误的计算方法：

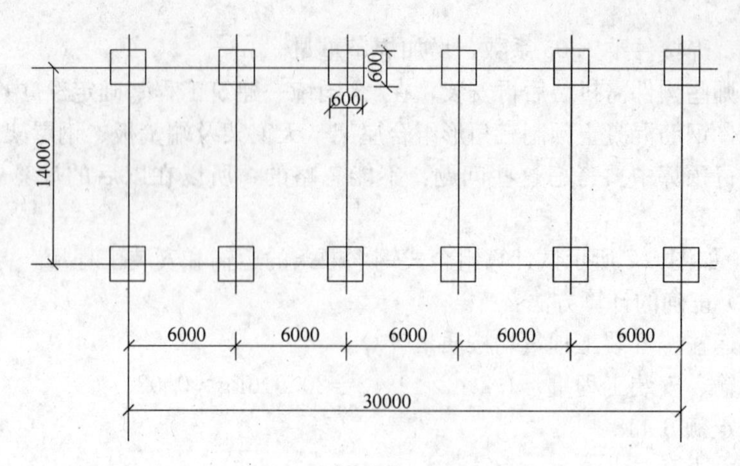

图 6-8 框架柱示意图

柱的工程量：

$$V = 0.6 \times 0.6 \times 3.9 \times 12$$
$$= 16.85\text{m}^3$$

套用基础定额 6-448

框架柱运输工程量：

$$V = 16.85 \times (1 + 0.8\% + 0.5\%) \times 12$$
$$= 204.83\text{m}^3$$

框架柱安装工程量：

$$V = 16.85 \times (1 + 0.5\%) \times 12$$
$$= 203.21\text{m}^3$$

套用基础定额 6-132

【分析】 解法(2)的计算是错误的，因为在柱的工程量中已算出 12 根柱的工程量，而在计算框架柱运输工程量时又乘以 12，多计算了运输工程量，还有在计算框架柱安装工程量中也多计算了工程量，所以上述计算是错误的。解法(1)是正确的。

【例 6-10】 如图 6-9 所示，(*a*)、(*b*)不规则钢板为桁架连接板，板厚 6mm，焊接法连接，共 40 块，计算其工程量。

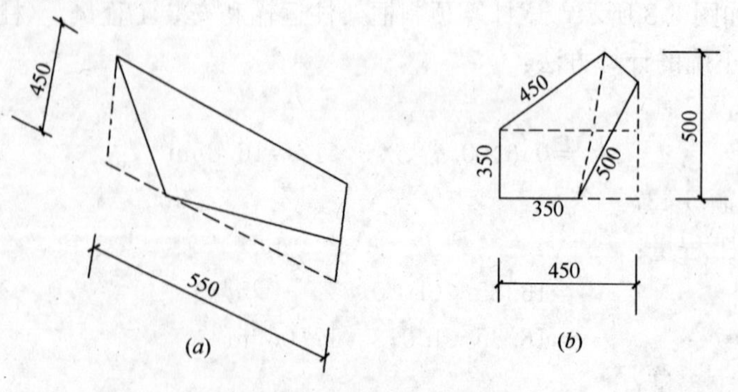

图 6-9 不规则多边形钢板

【解】 (1) 正确的计算方法：

按照计算规则，对不规则多边形钢材面积的计算单位 m^2，应以设计尺寸中互不垂直的最大尺寸为矩形边长，算出矩形面积，然后计算按钢材板单位面积重量计算钢材重量，如图 6-9(*a*)所示，如果遇到某种棱角较多的不规则多边形，可以用多边形中最长的对角线，乘以与之垂直的最大宽度来计算钢板面积。

如图 6-9(*a*)所示钢板的面积安装工程量：

钢板总面积＝0.45×0.55×40＝9.9m^2

按照《钢板每平方米面积理论重量表》6mm 钢板的重量为 47.10kg/m^2。

钢板安装工程量＝9.9×47.1

＝466.29kg

套用基础定额 6-442

则如图 6-9(*b*)所示：

0.5×0.45×40×47.1＝423.9kg

套用基础定额 6-442

(2) 错误的计算方法：

钢板总面积＝0.45×0.55×40＝9.9m^2

钢板安装工程量＝0.45×0.5×40＝9.9m^2

如图 6-9(*b*)所示钢板安装工程量＝0.5×0.45×40＝9m^2

【分析】 解法(2)是错误的，因为计算金属构件工程量时是以 kg 或 t 为单位，而不是以 m^2 为单位的，在计算构件的工程量时是计算构件的重量的，所以在计算过程中应乘以每平方米的单位重量，因在按照《钢板每平方米面积理论重量表》中 6mm 钢板的重量为 47.1kg/m^2，所以应乘以 47.1kg/m^2。

【例 6-11】 某厂房复式柱间支撑用的钢支撑共有 50 副，每一副制作工程量为 76.5kg，运距 12km，试求运输和安装工程量？

【解】 (1) 正确的计算方法：

根据定额规定：该钢支撑运输和安装工程量，因系数焊接结构，应按照制作工程量增加1.5%的焊条重量计算。

钢支撑运输工程量：

＝50×76.5×(1＋1.5%)＝3882.375kg＝3.88t

套用基础定额 6-77

钢支撑运输工程量 3.88t。

钢支撑安装工程量 3.88t。

套用基础定额 6-478

(2) 错误的计算方法：

钢支撑运输工程量＝50×76.5×1.013＝3874.7kg

套用基础定额 6-77

钢支撑安装工程量＝50×76.5×1.005＝3844.1kg

套用基础定额 6-478

【分析】 上述解法(2)是错的，因为金属构件是应乘以(1＋1.5%)的而不应该乘以 1.013，按照规定：该钢支架支撑运输及安装工程量，因是焊接结构应按制作工程量另加

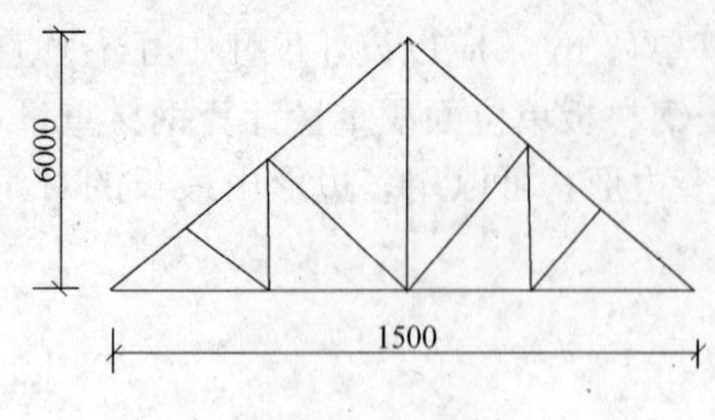

图 6-10 钢屋架

1.5%的焊条重量计算，所以钢支撑安装工程量也不应该乘以 1.005，因此是错误的。

【例 6-12】 如图 6-10 所示，钢屋架 12 榀，每榀制作工程量 1.3t，由加工厂制作，工地拼、安装，工厂到工地 6km，拼装地点到安装地点 40m，试计算由制作到安装完毕的工程量。

【解】 (1) 正确的计算方法：

1）钢屋架制作工程量： 1.3×12=15.6

套用基础定额 12-7

2）钢屋架制作平台摊销工程量：

同制作工程量 15.6t

套用基础定额 12-47

3）钢屋架厂外运输工程量：15.6×1.015=15.834t

套用基础定额 6-76

4）钢屋架拼装工程量

同运输工程量 15.834t

套用基础定额 6-409

5）钢屋架场内运输量

同运输工程量 15.834t

套用基础定额 6-73

6）钢屋架安装工程量

同运输工程量 15.834t

套用基础定额 6-415

(2) 错误的计算方法：

1）钢屋架制作工程量

$$1.3\times12=15.6t$$

套用基础定额 12-7

2）钢屋架制作平台摊销工程量：

同制作工程量 15.6t

套用基础定额 12-47

3）钢屋架厂外运输工程量

$$15.6\times1.015=15.834t$$

套用基础定额 6-76

4）钢屋架拼装工程量

同运输工程量 15.834t

套用基础定额 6-409

5）钢屋架场内运输工程量

同运输工程量 15.834t

套用基础定额 6-73

6）钢屋架安装工程量

$$15.834\times1.005=15.91t$$

套用基础定额 6-415

【分析】 解法(2)是错误的，因为在 6)钢屋架安装工程量计算中，不应该乘以 1.005，即安装工程量同运输工程量。

七、金属结构工程

1. 实腹柱、吊车梁、H型钢按图7-1所示尺寸计算，其中腹板及翼板宽度按每边增加25mm计算，在实际的预算中，往往会直接按图示尺寸计算，而忽略每边增加的25mm。

【例7-1】 如图7-1所示的H型钢计算其工程量。

【解】 (1) 正确的计算方法：

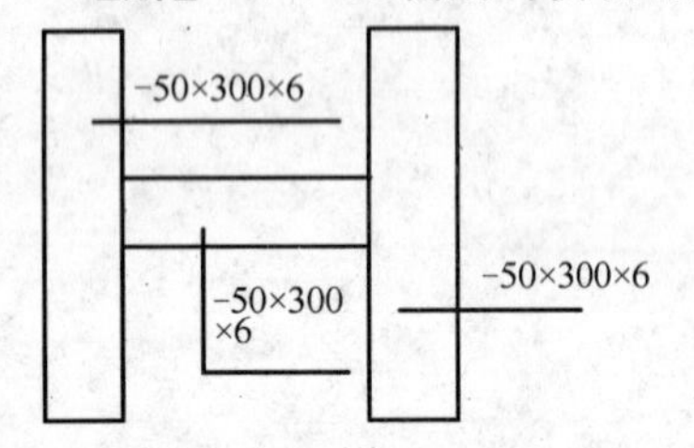

图7-1 H型钢示意图

$$3\times(0.05+0.025\times2)\times0.3\times47.1=4.23\text{kg}$$

套用基础定额12-45

(2) 错误的计算方法：

$$0.05\times0.3\times47.1=0.71\text{kg}$$

套用基础定额12-45

【分析】 正确答案和错误答案的结果是不同的，其错误的原因就在于没能彻底的理解定额。应将定额的计算规则熟记于心。

2. 在计算不规则或多边形钢板重量时均以其最大对角线乘最大宽度的矩形面积计算，在实际的预算中，很多人往往会犯想当然的错误。

【例7-2】 如图7-2所示的一不规则钢板，计算其工程量。

【解】 (1) 正确的计算方法：

$\sqrt{(0.3+0.08)^2+0.5^2}\times(0.3+0.08\times2)\times47.1=13.61\text{kg}$

(2) 错误的计算方法：

1) $(0.3+0.08\times2)\times0.5\times47.1=10.83\text{kg}$

2) $0.45\times0.5\times47.1\text{kg}=10.6\text{kg}$

3) $\sqrt{(0.3+0.08)^2+0.5^2}\times0.45\times47.1=13.31\text{kg}$

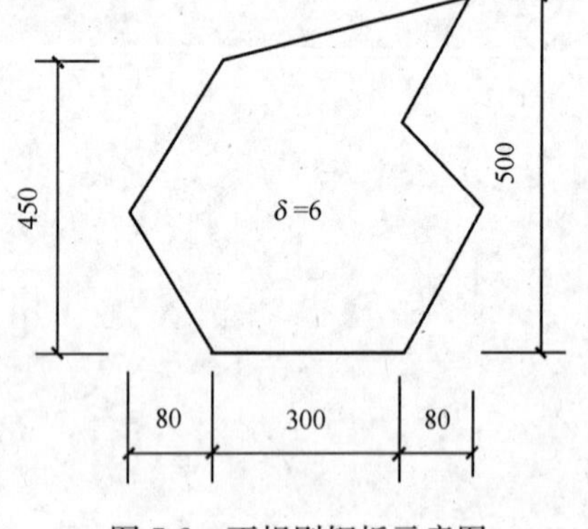

图7-2 不规则钢板示意图

【分析】 错误的原因在于没能正确掌握最大对角线和最大宽度的意义。

3. 还要提醒大家在做预算时，金属结构制作工程中的铁栏杆制作，仅适用于工业厂房中平台、操作台的钢栏杆，民用建筑中铁栏杆等按本定额其他章节有关项目计算。

4. 制动梁的制作工程量包括制动梁、制动桁架、制动板重量；墙架的制作工程量

包括墙架柱、墙架梁及连接柱杆重量；钢柱制作工程量包括依附于柱上的牛腿及悬臂梁重量。大家在预算中千万不要漏算项，造成错误。

【例 7-3】 图 7-3 所示的钢柱，计算其工程量。

【解】 (1) 正确的计算方法：

钢管及加劲板的工程量同(2)____2)。

牛腿的工程量$\sqrt{0.2^2+0.2^2}\times0.2\times7.85\times10=4.44$kg

总工程量：116.91+4.44=121.35kg

套用基础定额 12-4

清单工程量计算见下表：

清单工程量计算表

项目编码	项目名称	项目特征描述	计量单位	工程量
010603003001	钢管柱	单根柱重 0.121t	t	0.121

(2) 错误的计算方法：

1) 钢管工程量：26.04×(3+0.2)=83.33kg

上、下顶板的工程量 0.24×0.24×(7.85×8)+0.54×0.54×(7.85×10)=26.51kg

总工程量 83.33+26.5=109.83kg

套用基础定额 12-4

2) 加劲板的工程量：$0.15\times\sqrt{0.15^2+0.2^2}\times(7.85\times6)\times4=7.07$kg

总工程量 109.83+7.07=116.91kg

套用基础定额 12-4

【分析】 错误原因：第一种错误漏算了加劲板及牛腿的工程量，第二种错误漏算了牛腿的工程量，这两种解法都是不全面的。

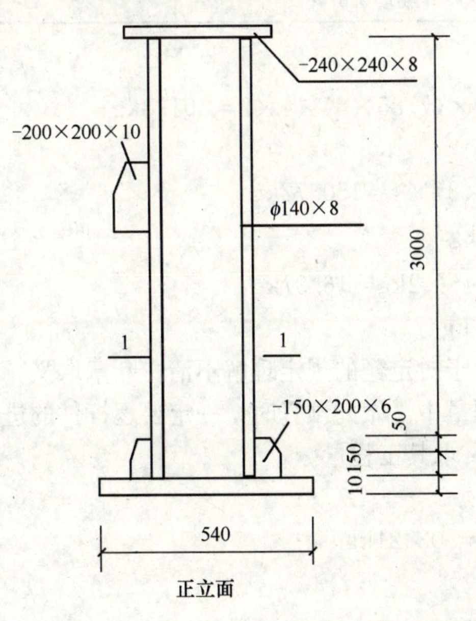

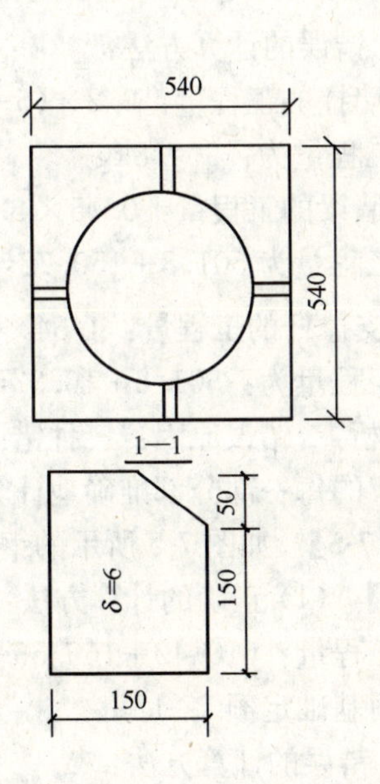

图 7-3　钢柱示意图

【例 7-4】 如图 7-4 所示的钢墙架，计算其工程量。

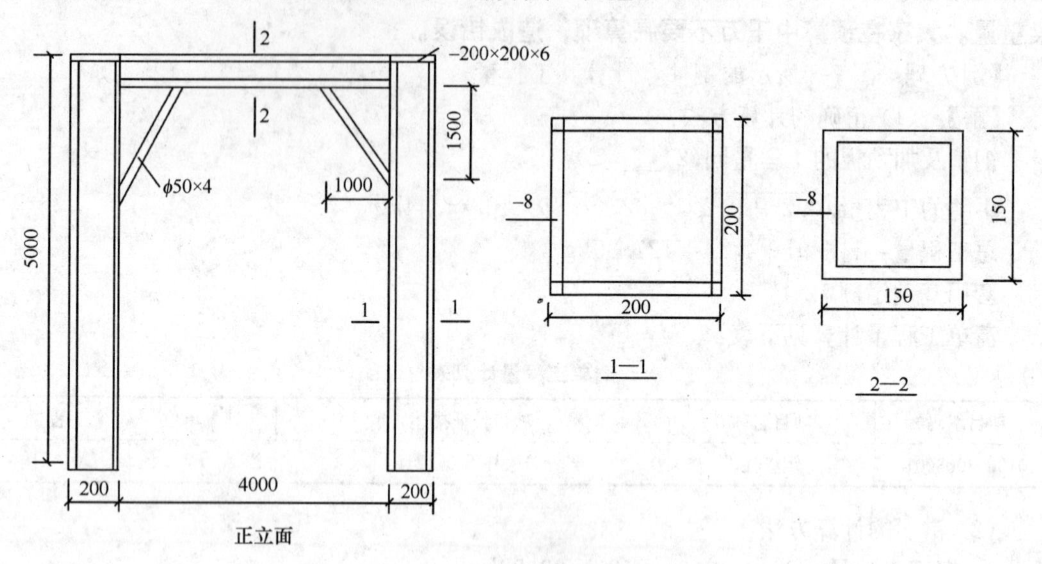

图 7-4 钢墙架示意图

（1）正确的计算方法为：

压顶板的工程量为：0.2×0.2×7.85×6=1.88kg

总工程量为：501.8+150.72+16.37+1.88=670.77kg

套用基础定额 12-34

清单工程量计算见下表：

清单工程量计算表

项目编码	项目名称	项目特征描述	计量单位	工程量
010606005001	钢墙架	单榀重 0.671t	t	0.671

（2）错误的计算方法：

1）墙柱的工程量：0.2×(5−0.006)×(7.85×8)×4×2=501.8kg

总工程量为：501.8kg

2）墙梁的工程量：0.15×4×(7.85×8)×4=150.72kg

总工程量为 501.8+150.72=652.52kg

3）支撑杆的工程量：$4.54\times\sqrt{1.5^2+1^2}\times 2\text{kg}=16.37\text{kg}$

总工程量为：501.8+16.37=518.17kg

【分析】 错误原因：三种错误均是由于对定额的规定理解不清，断章取义，没能完全地将墙架的每一部分都准确地计算入工程量中。做此预算时，一定要逐杆件的进行计算。

【例 7-5】 如图 7-5 所示的钢制动梁，求其工程量。

【解】（1）正确的计算方法：

总工程量：610.42+169.56+23.23=803.21kg

套用基础定额 12-17

（2）错误的计算方法：

1）吊车梁工程量：[(0.25+0.025×2)×2×5.4+(0.25+0.025×2)×5.4]×2×

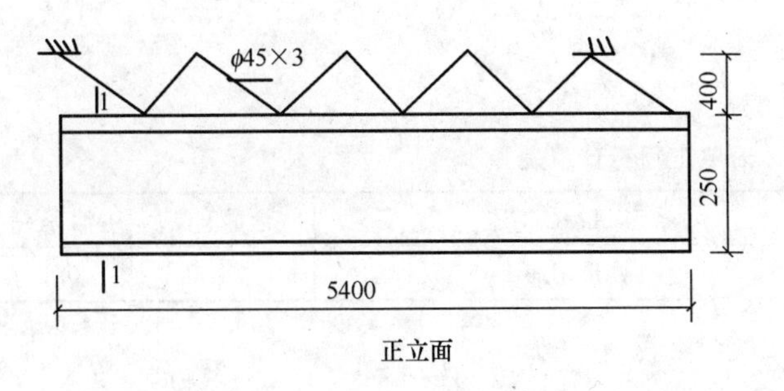

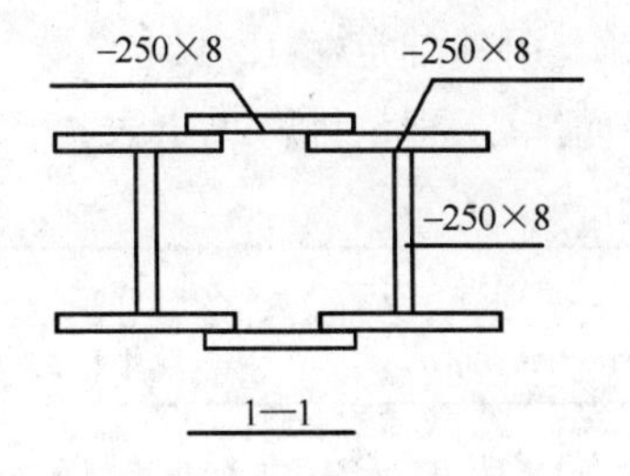

图 7-5　钢制动梁示意图

(7850×0.008)＝610.42kg

套用基础定额 12-14

总工程量：610.42kg

2）吊车梁工程量同上

制动桁架工程量：$3.58\times\sqrt{0.6^2+0.4^2}\times 9=23.23$kg

总工程量：610.42＋23.23＝328.44kg

3）制动板工程量：0.25×5.4×7.85×8×2＝169.56kg

总工程量：610.42＋169.56＝474.77kg

【分析】 错误原因：犯这三种错误，皆是没能分清楚制动梁计算工程量时，所要包含的项目。

5. 钢漏斗制作工程量，矩形按图示分片，圆形按图示展开尺寸，并依钢板宽度分段计算，每段均以其上口长度(圆形以分段展开上口长度)与钢板宽度，按矩形计算，在实际的计算中，很容易将长度取错。

【例 7-6】 如图 7-6 所示的圆形钢漏斗，计算其工程量。

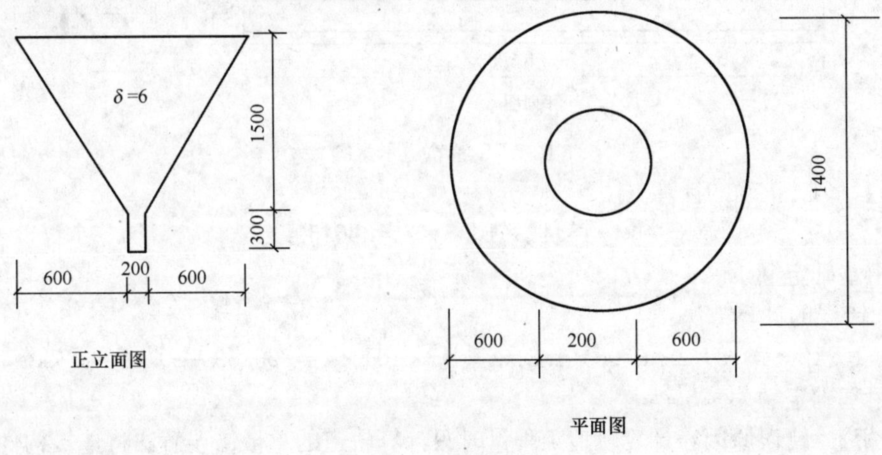

图 7-6　圆形钢漏斗示意图

【解】（1）正确的计算方法：

$$\frac{3.14\times1.4^2}{4}\times1.5\times(7.85\times6)+\frac{3.14\times0.2^2}{4}\times0.3\times(7.85\times6)$$

$$=109.14\text{kg}$$

套用基础定额 12-44

清单工程量计算见下表：

清单工程量计算表

项目编码	项目名称	项目特征描述	计量单位	工程量
010606010001	钢漏斗	圆形钢漏斗	t	0.109

（2）错误的计算方法：

1）$\frac{3.14\times1.4^2}{4}\times\sqrt{1.5^2+0.6^2}\times(7.85\times6)=117.08\text{kg}$

套用基础定额 12-44

2）$\frac{3.14\times1.4^2}{4}\times\sqrt{1.5^2+0.6^2}\times(7.85\times6)+\frac{3.14\times0.2^2}{4}\times0.3\times(7.85\times6)$

$=117.52\text{kg}$

套用基础定额 12-44

【分析】 错误原因：定额中规定，钢板的宽度是按矩形取，并非其实际宽度，在计算中也不可以丢掉下面的小漏口。

6. 定额中规定轨道制作工程量，只计算轨道本身重量，不包括轨道垫板、压板、斜垫、夹板及联接角钢等重量，在实际的计算中，一定要注意，这里不要犯如下错误。

【例 7-7】 如图 7-7 所示的钢轨道，计算工程量。

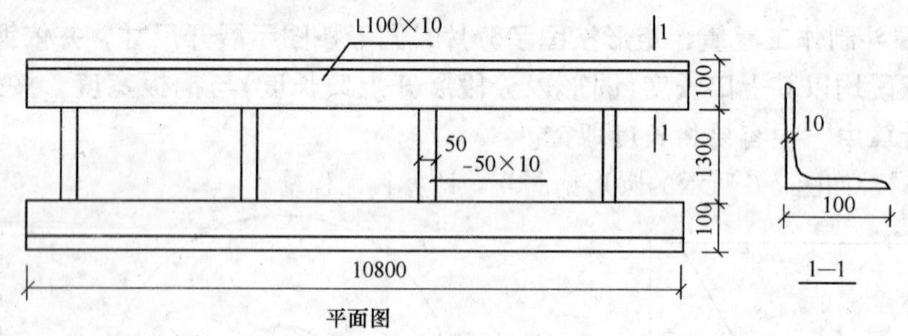

图 7-7 钢轨道示意图

【解】 （1）正确的计算方法：

$$15.12\times10.8\times2=326.59\text{kg}$$

套用基础定额 12-26

（2）错误的计算方法：

$$15.12\times10.8\times2+0.05\times1.3\times(7.85\times10)\times4=326.59+20.41=347\text{kg}$$

套用基础定额 12-26

【分析】 错误原因：计算轨道工程量时只计算轨道的重量错误解法将连接构件的重量也算进去了。

7. 定额中规定拉条(LT)的长度计算规则是：轴线长+2×50，实际的计算中一定不要忘记两端各加 50mm。

【例 7-8】 如图 7-8 所示的工业厂房的屋架，计算其工程量。

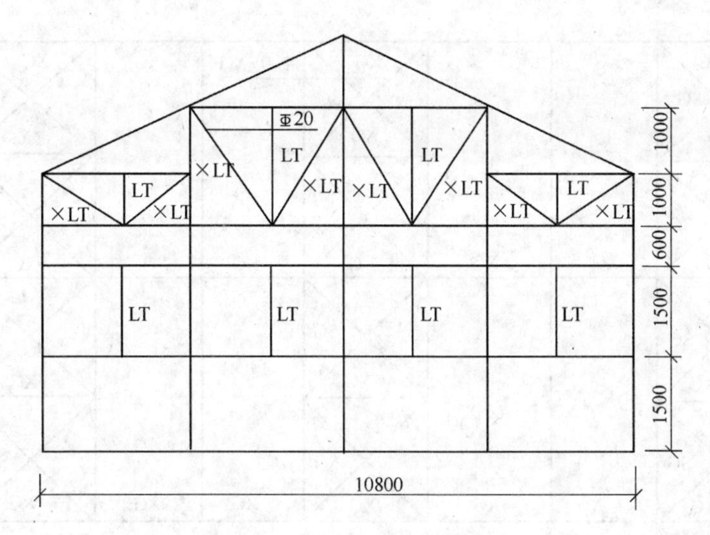

图 7-8 工业厂房屋架示意图

【解】 (1) 正确的计算方法：

[(1+0.05×2)×2+(2+0.05×2)×2+(1.5+0.05×2)×4]×2.466

=(2.2+4.2+6.4)×2.466=31.56kg

套用基础定额 12-6

(2) 错误的计算方法：

2.466×(1×2+2×2+1.5×4)=29.59kg

套用基础定额 12-6

【分析】 错误原因：计算中直接取了轴线长，没有加上两端的连接长度。

8. 定额中规定计算 XLT 时的计算规则是轴线长+2×100。

【例 7-9】 如图 7-8 所示，计算 XLT 的工程量。

【解】 (1)正确的计算方法：$2.466\times[(\sqrt{1.35^2+1^2}+0.1\times2)\times4+(\sqrt{1.35^2+2^2}+0.1\times2)\times4]$

$=2.466\times(7.52+10.45)=44.31\text{kg}$

套用基础定额 12-6

(2) 错误的计算方法：

$2.466\times(\sqrt{1.35^2+1^2}\times4+\sqrt{1.35^2+2^2}\times4)$

$=2.466\times(6.72+9.65)=40.37\text{kg}$

套用基础定额 12-6

【分析】 错误原因：从上述正误两种计算可以看出，结果相差了好多，故在计算中，万不可因一时疏忽而将计算规则忘掉。

9. 在定额的计算规则系杆（XG）长度的计算规则是：轴线长−2×10，一般人计算时都会取轴线长。

【例 7-10】 如图 7-9 所示的厂房屋架，求系杆的工程量。

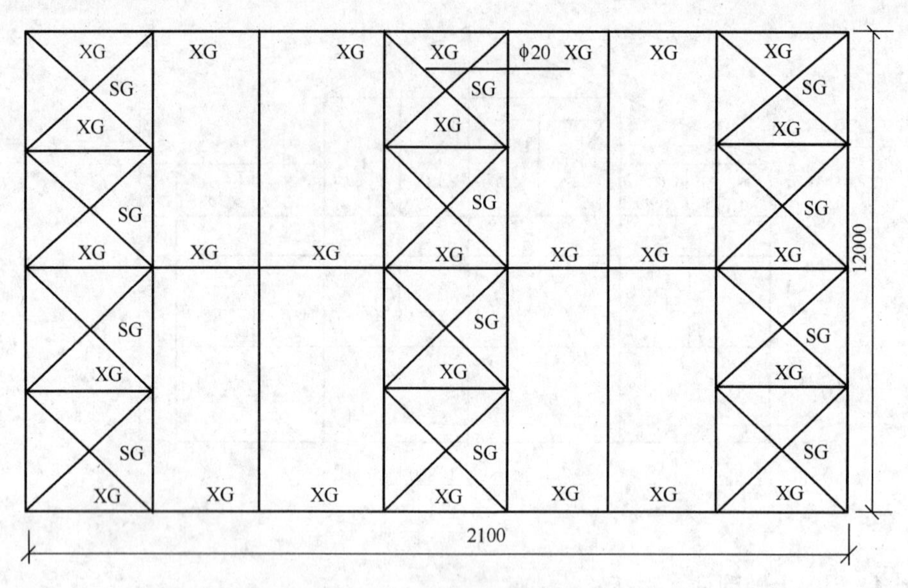

图 7-9 厂房屋架正立面图

【解】 (1) 正确的计算方法：

$$2.466\times(3-0.01\times2)\times(3\times7+2\times3)=198.41\text{kg}$$

套用基础定额 12-6

(2) 错误的计算方法：

$$2.466\times3\times(3\times7+2\times3)=199.75\text{kg}$$

套用基础定额 12-6

【分析】 错误原因：在进行计算时，没能将计算规则熟记于心，而按一般计算规则进行了计算，造成不可避免的错误。

10. 定额计算规则中规定水平支撑（SC）在长度计算中，两头应该各加 250mm，很多人习惯性的会取轴线长。

【例 7-11】 如图 7-9 所示，计算水平支撑的工程量。

【解】 (1) 正确的计算方法：

$$2.466\times(\sqrt{3^2+3^2}+0.25\times2)\times(6\times4)=280.69\text{kg}$$

套用基础定额 12-30

清单工程量计算见下表：

清单工程量计算表

项目编码	项目名称	项目特征描述	计量单位	工程量
010606001001	钢支撑	水平支撑	t	0.281

(2) 错误的计算方法：

$$2.466\times\sqrt{3^2+3^2}\times(6\times4)=251.1\text{kg}$$

套用基础定额 12-30

【分析】 错误原因：同上例一样，犯了想当然的错误，用一般计算规则去计算特殊的情况，要避免这样的错误，首先要将计算规则掌握的很熟练，其次在计算中要非常地小心，不可犯会做的错误，这是一个预算员最基本的素质。

11. 定额的计算规则中规定柱间支撑（ZC）的长度计算规则是按轴线长计算，两头各加250mm。

【例7-12】 如图7-10所示的柱，计算该图所示的柱间支撑的工程量。

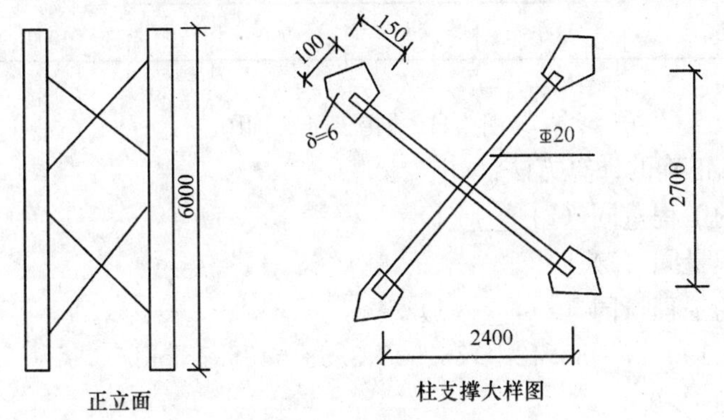

图7-10 柱间支撑示意图

【解】 (1) 正确的计算方法：

支撑杆的工程量同（2）____ 2)

连接板的工程量：0.15×0.1×（7.85×6）×8=5.65kg

总的工程量：40.57+5.65=46.22kg

套用基础定额12-28

清单工程量计算见下表：

清单工程量计算表

项目编码	项目名称	项目特征描述	计量单位	工程量
010606001001	钢支撑	柱间支撑	t	0.046

(2) 错误的计算方法：

1) 支撑杆的工程量：$2.466\times\sqrt{2.7^2+2.4^2}\times4=35.63$kg

总的工程量：35.63kg。

套用基础定额12-28

2) 支撑杆的工程量：$2.466\times(\sqrt{2.7^2+2.4^2}+0.25\times2)\times4=40.57$kg

总的工程量：40.57kg

套用基础定额12-28

【分析】 错误原因：计算柱间支撑时，错误方法1）没有按计算规则，取轴线长，两边各加250mm，错误方法2）没有将连接板的工程量计算到柱间支撑里。

12. 求屋架的工程量就是将各构件的工程量累加，各构件的计算长度取轴线长，在实际的预算工程中，很容易漏解，取错长度。

【例7-13】 如图7-11所示的钢屋架，求其工程量。

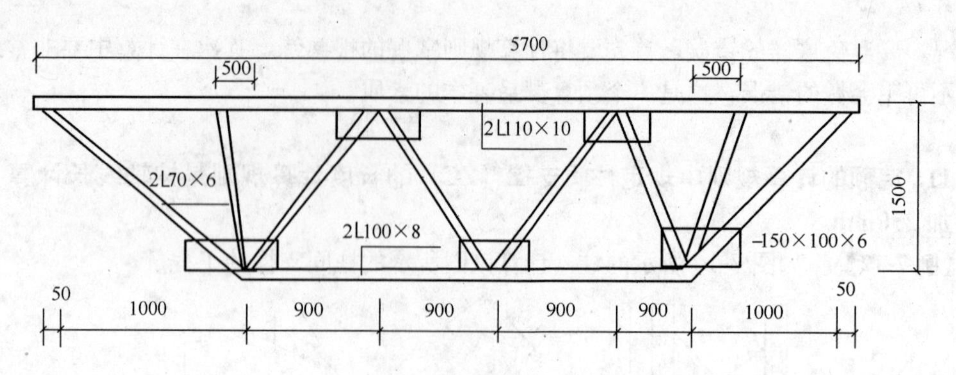

图 7-11　钢屋架正方面图

【解】　(1) 正确的计算方法：

上、下弦杆的工程量同（2）＿＿1）

连接板的工程量同（2）＿＿2）

斜向支撑杆的工程量同（2）＿＿1）

总的工程量：190.27＋88.42＋176.53＋3.53＝458.75kg

套用基础定额 12-6

清单工程量计算见下表：

清单工程量计算表

项目编码	项目名称	项目特征描述	计量单位	工程量
010601001001	钢屋架	钢屋架规格如 7-11 所示，屋架跨度为 5.7m	t	0.459

(2) 错误的计算方法：

1) 上弦杆工程量：16.69×5.7×2＝190.27kg

下弦杆工程量：12.28×（0.9×4）×2＝88.42kg

斜向支撑杆的工程量：$6.41\times(\sqrt{1^2+1.5^2}\times2+\sqrt{0.9^2+1.5^2}\times4+\sqrt{1.5^2+0.5^2}\times2)\times2$

$=6.41\times(3.61+7.0+3.16)\times2=176.53\text{kg}$

总的工程量：190.27＋88.42＋176.53＝455.22kg

套用基础定额 12-6

2) 上、下弦杆的工程量同 1)

连接板的工程量：0.15×0.1×（7.85×6）×5＝3.53kg

斜向支撑杆的工程量：$6.41\times(\sqrt{1^2+1.5^2}\times2+\sqrt{0.9^2+1.5^2}\times4+1.5\times2)\times2]$ kg

$=6.41\times(3.61+7+3)\times2=174.48\text{kg}$

总的工程量：190.27＋88.42＋3.53＋174.48＝456.7kg

套用基础定额 12-6

【分析】　这种题看似很简单，但在实际的操作中，就会出现各种各样的错误，如错误解法 1）是忘记了加入连接板的工程量，错误解法 2）是将微斜的斜向支撑杆当作一根竖向支撑杆进行了计算，这都是极易忽略的错误，应引起重视。

13.【例 7-14】如图 7-12 所示的雨篷，雨篷的支撑梁都是由 8mm 厚的钢板围成的方形钢管，计算其工程量。

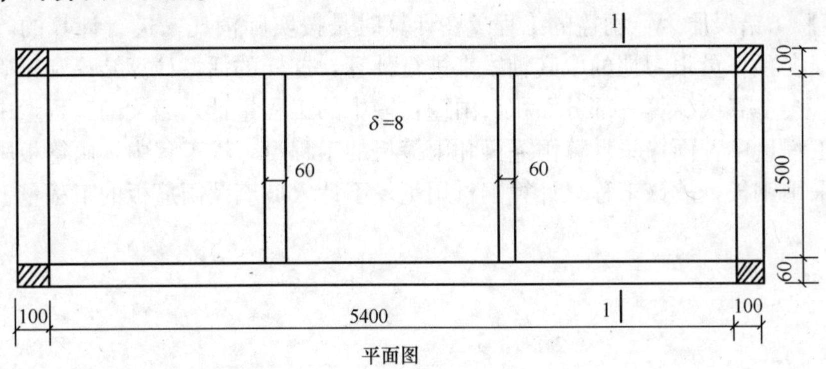

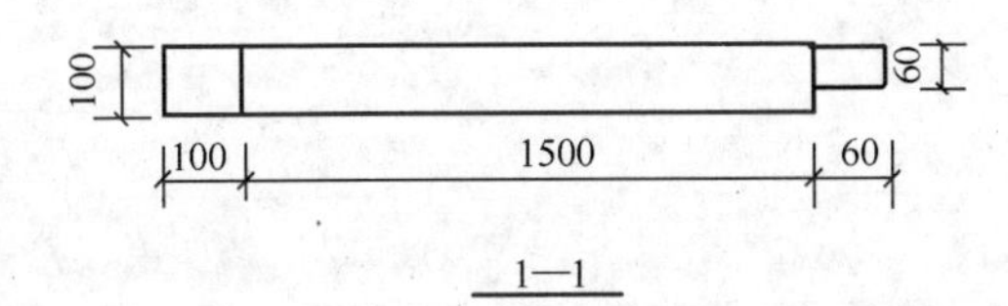

图 7-12　雨篷支撑示意图

【解】（1）正确的计算方法：

1）纵向梁的工程量：0.1×（5.4＋0.1×2）×（7.85×8）×2＋0.1×0.1×2×（7.85×8）＋0.06×（5.4＋0.1×2）×（7.85×8）×2＋0.06×0.06×（7.85×8）×2

＝70.34＋1.26＋42.2＋0.45＝114.25kg

2）横向梁的工程量：0.1×1.5×（7.85×8）×4＋0.06×1.5×（7.85×8）×4

＝37.68＋22.61＝60.29kg

总的工程量：（114.25＋60.29）kg＝174.54kg

套用基础定额 12-14

清单工程量计算见下表：

清单工程量计算表

项目编码	项目名称	项目特征描述	计量单位	工程量
010604001001	钢梁	8mm 厚钢板围成的方形钢管的支撑梁	t	0.175

（2）错误的计算方法：

纵向梁的工程量：0.1×（5.4＋0.1）×（7.85×8）×2＋0.06×（5.4＋0.1）×（7.85×8）×2＝69.08＋41.45＝110.53kg

横向梁的工程量：$0.1\times\left(1.5+\dfrac{0.1+0.06}{2}\right)\times(7.85\times8)\times4+0.06\times\left(1.5+\dfrac{0.1+0.06}{2}\right)\times(7.85\times8)\times4$

＝39.69＋23.81＝63.5kg

总的工程量：110.54＋63.5＝174.04kg

套用基础定额 12-14

【分析】 错误原因：雨篷的工程量在计算时是按实际消耗来进行计算的，在实际的预算中，很多预算员很习惯的取其轴线来进行计算，这样的话，计算结果和正确结果有很大的偏差，会多算或少算一部分面积，雨篷在墙中的工程量计入墙梁的工程量中，而不计入雨篷的工程量中，雨篷只计算雨篷梁和雨篷板的工程量，该工程中，雨篷板采用钢化玻璃板，不采用钢板，故该工程只计算钢材用量，不计入玻璃及雨篷板的工程量。

八、屋面及防水工程

1. 带有天窗的屋面，它的找坡层、保温层、防水层等各项工程的工程量应如何计算?

计算屋面的工程量时，要遵循一个原则：即不扣除面积，也不增加面积，房屋上的烟囱、风帽底座、风道、屋面小气窗、斜沟等结构所占的面积不予以增加和扣除。屋面天窗和屋面小气窗的出檐部分面积也不增加，如屋顶结构图 8-1 所示屋面上有天窗和小气窗结构，屋面的工程量计算中屋面小气窗不扣除，而且与屋面重叠部分的面积也不能增加，天窗出檐部分与屋面重叠的面积，并入相应的屋面工程量内计算。

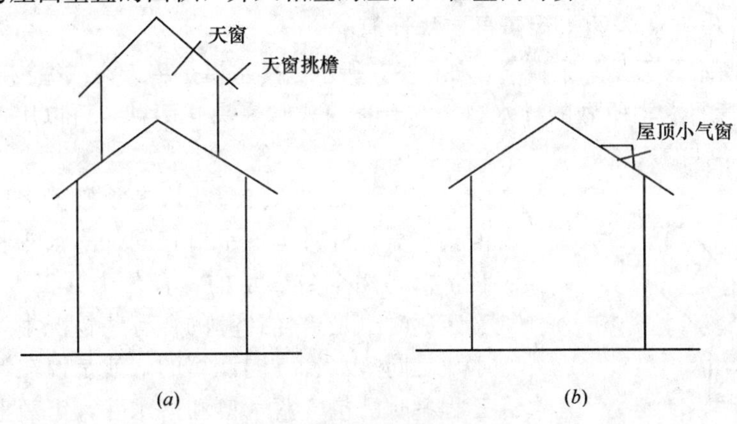

图 8-1　窗示意图

(*a*) 天窗示意图；(*b*) 屋顶小气窗示意图

带有天窗和小气窗的屋面工程量计算方法就与平屋面的计算方法相同了，根据屋面的实际面积或者根据屋面的计算面积来确定工程量，比如：屋面找坡层根据屋面外墙内边线的面积计算，屋面的保温层的工程量按外墙内边线计算，而屋面的防水层是根据外墙的外边线确定。

【分析】　带有天窗的屋面工程量计算中，天窗及小气窗的面积不扣除也不增加，那么它的算法就和平屋面的计算是一样的，而容易出现的错误也与计算平屋面时所容易犯的错误相同，这里不再强调具体的内容。

2. 屋面隔热层，架空层的工程量是怎样计算的?

屋面的隔热层，架空层用屋面的面积计算，在这里要强调的是，屋面隔热层，架空层的工程量只等于屋面宽与屋面长的乘积，如果是上人屋面有女儿墙，或者有天沟的结构、其天沟板宽，女儿墙厚、伸缩缝，天窗等结构的尺寸也不能计算在内，屋面隔热层，架空层的工程量在数值上就等于纯粹的屋面长与屋面宽的乘积，不再将其他结构的尺寸计算在内。

【分析】 屋面的隔热层，架空层的工程量计算与屋面的找坡层，防水层等其他工程量计算是不同的，不能将其混为一团，计算时要分清所要求的对象包含的边界情况。

屋面的构造措施多种多样，对于不同的构造措施要掌握其计算方法，相似的工程不能混淆。

3. 刚性屋面的工程量是如何计算的？

刚性屋面和柔性屋面都是针对平屋面中的防水层而定义的，刚性屋面指的是在平屋面的结构层上，采用防水砂浆或细石混凝土并配置钢丝网片浇捣而成的屋面，这样说来，刚性屋面的工程量计算就转化为平屋面防水层的工程量计算。

【分析】 有些读者并不清楚刚性屋面的内容，在刚性屋面工程量计算中造成理解性的错误，知道了刚性屋面的实际含义以后，便可很熟练地计算其工程量。对于一些专业性的术语，要明确它所指代的具体内容，就不会出现很多理解性的错误了。

4. 落水口和落水斗的工程量是怎样计算的？

落水口和落水斗不是一个概念，如图 8-2 所示。落水口是将天沟或檐沟收集的屋面雨水导引到水落管的水斗所做的导水口，它有直筒式和变头式两种，可以用镀锌薄钢板敲制，也可以用铸铁的。

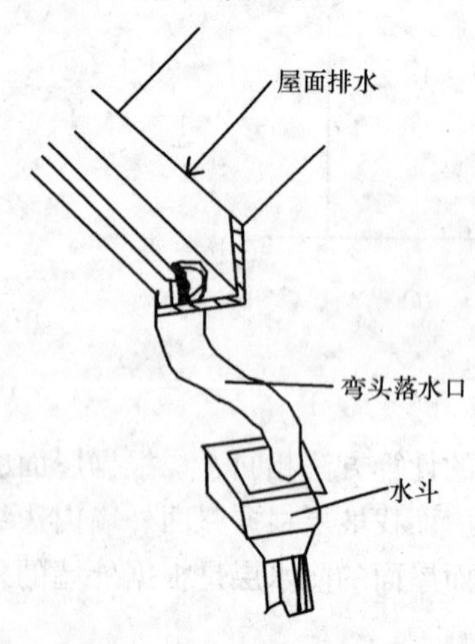

图 8-2 落水口和落水斗示意图

落水斗又称承接漏斗，是承接落水口导来的雨水的接水器，材料与落水口相同，落水斗和落水口的工程量都是用个数表示的，有几个其工程量就是几个，套定额时也是这样计算的，有些情况下，落水口与落水斗是同落水管一同计算的，就是说在计算落水管的工程量时已包含落水口和落水斗，定额上也允许这样计算，这样落水口和落水斗就不需要另行计算。

5. 在瓦屋面的工程量计算中，有些瓦的实际使用规格与定额规格是不相同的。其中有些瓦可以换算，那么是哪些瓦可以换算？换算的方法又是怎样的呢？

瓦屋面所使用的瓦中，石棉瓦、PVC 瓦、玻璃钢瓦使用规格与定额规格不同时是可以换算的，通常按照下列公式进行换算：

$$瓦数量=\frac{100}{(瓦长-长边搭接长度)\times(瓦宽-短边搭接长度)}\times(1+损耗率4\%)$$

其中短边搭接长度：红泥浪瓦、玻璃钢瓦为 0.11m，小波石棉瓦为 0.095m，中波石棉瓦为 0.09m，大波石棉瓦为 0.15m，其他工料不予换算，中波石棉瓦按小波石棉瓦子目换算。

比如：水泥瓦定额取 385mm×235mm，长向搭接 85mm，宽向搭接 33mm，则每 $100m^2$ 耗瓦用量为 $\frac{100}{(0.385-0.085)\times(0.235-0.033)}\times(1+3.5\%)=1708$ 块，脊瓦规格取 450mm×195mm，搭接长 55mm，每 $100m^2$ 综合脊长取 11.00m，则脊瓦为 29 块，

即每 100m² 耗用瓦量$=\frac{11}{(0.45-0.055)}\times(1-3.5\%)=27$块。

【分析】 瓦的用量换算是一个比较常见和容易的问题，只要弄清楚定额和实际用瓦的规格与搭接的长度，则很容易换算，只要把换算的式子记住就行了。

事实上，在预算中实际使用材料的规格与定额规格不相同是比较常见的，但有些情况下可以换算，有些情况下则不能换算，要套用相应的定额才可以，因此本章讲述了一些关于屋面工程的分项工程的工程量计算，分别举例说明了找坡层，屋面防水层，屋面的保温层，屋面找平层，各种坡面的工程量计算方法，在例题的后面又讲述了一些容易犯的错误以及错误出现的原因，纠正错误算法、列举正确算法。

6. 屋面找坡层的工程量如何计算?

屋面找坡层的工程量以面积为计量单位时，应该等于屋面的实际面积，即长、宽两方向墙的中线线长度乘积，如图 8-3 所示为例：

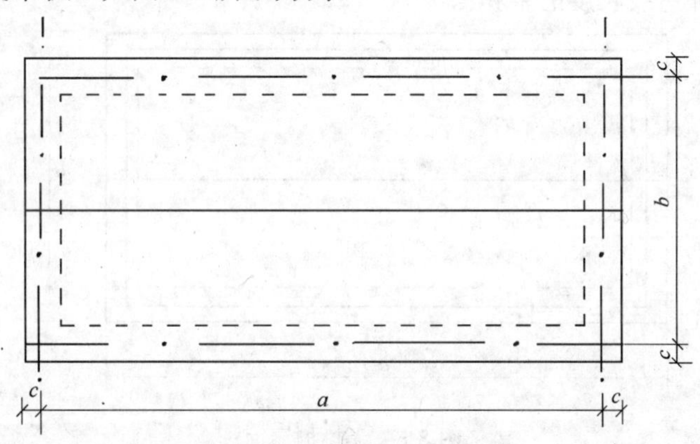

图 8-3 屋面找坡层示意图

找坡层的工程量为 $S=a\cdot b$

常见错误：找坡层的工程量不能计算为：

$$S_1=(a+2c)(b+2c)\text{ 或者 }S_2=(a-2c)(b-2c)$$

【分析】 因为这时候的面既不是以内边线长也不是以外边线长来计算，而是由边墙中线来确定的。

当找坡层的工程量以体积为计量时，其工程量等于 $a\cdot b\cdot d$，其中 a、b 如前图所示，d 为找坡层平均厚度。

7. 屋面找坡层的厚度即平均厚度是怎样确定的?

对于找坡层的平均厚度这个问题，求解的方法通常有两种：如图 8-4 所示为例。

方法 1：$h=\frac{1}{2}(d_1+d_2)$，其中，h 即为找坡层的平均厚度，d_1、d_2 分别为最厚处和最薄处的厚度。

方法 2：$h=d_1+\frac{1}{2}\times a\times 2\%$，(2%可换为任意坡度)，这种方法与前一种的道理是一样的，其结果也是一致的。

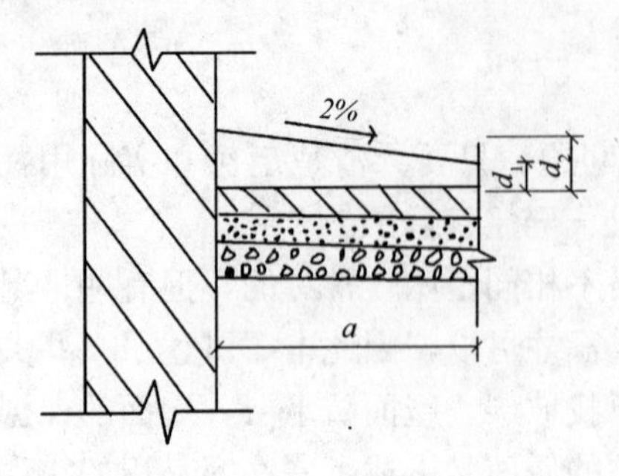

图 8-4 屋面找坡层示意图

【分析】 多数初学者搞不清从哪开始是找坡，其实这在建筑施工图上都是表示得很清楚的，看清楚具体数字表达的具体内容，问题就迎刃而解了。

8. 在平屋顶卷材屋面中，卷材防水层的工程量应如何计算？

在平屋顶的卷材屋面防水层的工程量计算中，有挑檐的按挑檐外皮尺寸的水平投影面积计算，无挑檐时则按照屋面投影图中外墙外边线计算，另外，在计算总的工程量时，要以所计算的工程量乘以工程量系数 1.13 后以平方米计算，以图 8-5、图 8-6 所示为例：

对于图 8-5 来说，是一个无挑檐的屋面形式，卷材防水层的工程量应为 $(a+2c)\times(b+2c)$，即外墙外边线长度的乘积。

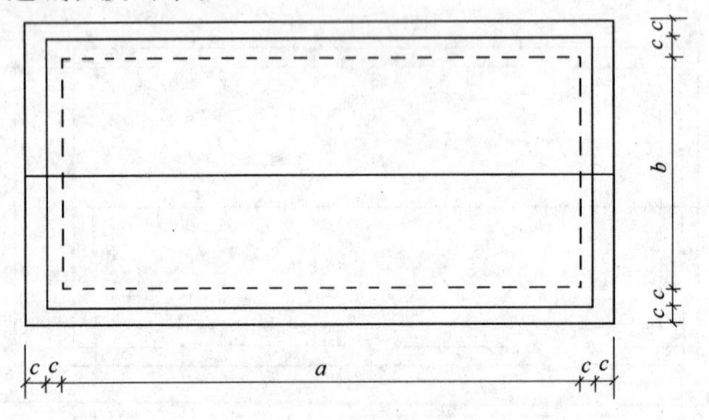

图 8-5 无挑檐屋面

【分析】 初学者经常会把这一项计算为 $a\times b$ 或 $(a+c)\times(b+c)$。这是很明显的错误，因为没有挑檐的情况下，防水卷材要铺贴至外墙的外边缘，自然的其工程量应为外墙外边线的距离乘积。

对于图 8-6 来讲，是一个有挑檐的屋面形式，这时，屋面的防水卷材不仅要覆盖至外

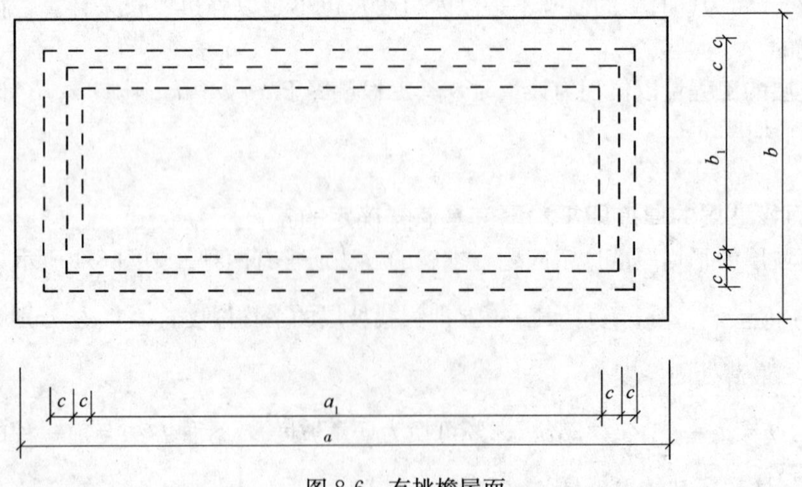

图 8-6 有挑檐屋面

墙边缘，还应延伸至挑檐的边缘，因此，这时的工程量应计算为 $a\times b$，即屋面与屋檐的总投影的面积。

【分析】 如果将有挑檐形式屋面的防水卷材的工程量计算为 $a_1\times b_1$ 或计算成$(a_1+2c)(b_1+2c)$则意为防水卷材只铺贴至外墙内边缘或外墙外边缘，而挑檐部分则不铺贴防水卷材，这显然是错误的，既然挑檐的部分也要铺防水卷材，计算防水层工程量就要将其计算在内，因此前面的算法才是正确的，以前面计算的结果乘以工程量系数 1.13 即为最后的总结果。

9. 落水管的管长究竟如何确定?

落水管起到引导屋面积水下流的作用，多从屋顶一直通到地面，但是要想计算落水管的工程量，应该从哪开始计算呢，如图 8-7 所示为例，落水管的长应自漏斗底部算起，即漏斗底至接水槽之间的距离，长度 $L=h_1-h_2-0.1$，h_2 前用负号是因为在 h_2 处，标高为负。

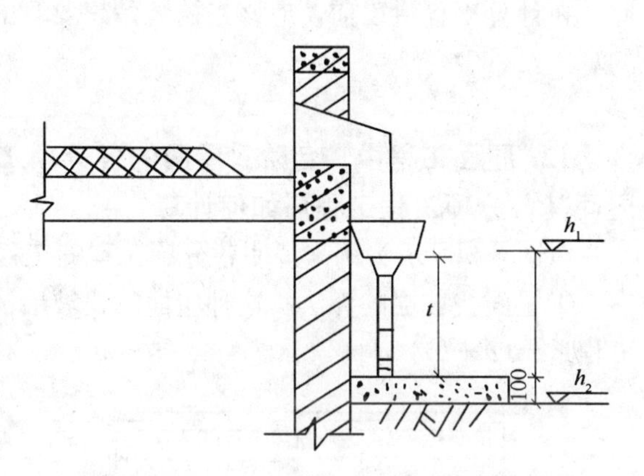

图 8-7 屋面排水落水管示意图

【分析】 屋面排水中，落水管的工程量是一个细节的问题，错误的算法都是没有将落水管的实际长度明确地表示出来，只算 $L=h_1$，则忽略了水管伸到下面的地方，若算成$L=h_1+h_2$，则忽略了水槽的部分，因此正确的算法应为 $L=h_1-h_2-0.1$。

如果要计算落水管的体积工程量，则以此计算的管长来计算体积。

10. 屋面排水中落水管的体积工程量是怎样确定的?

在这里仍以图 8-7 中的排水管为例，水管的长 $L=h_1-h_2-0.1$，而要想计算其体积，则要参考如图 8-8 所示落水管的断面形式。

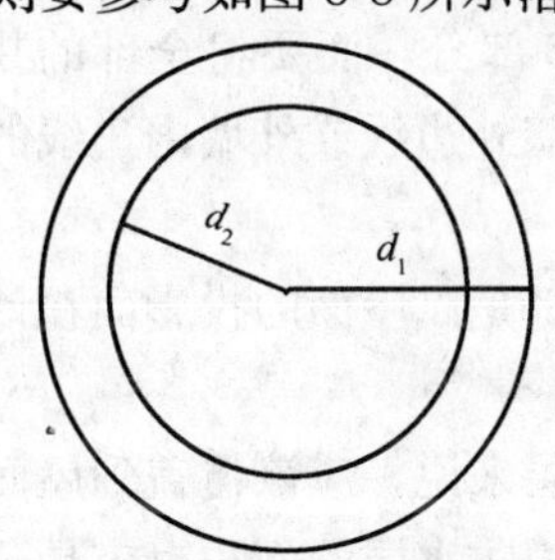

图 8-8 落水管断面示意图

落水管的截面面积应为 $S=\pi d_1^2-\pi d_2^2$，由此求得落水管的体积是 $SL=(\pi d_1^2-\pi d_2^2)(h_1-h_2-0.1)$。

【分析】 在进行落水管的体积计算过程中，除了在计算其长度时易发生错误以外还应正确计算水管的断面面积，例如在这个例子中，断面面积要计算为 πd_1^2 或 πd_2^2 都是错误的，正确的结果应为两者之差，因为落水管的空心部分要除去。

11. 如屋面工程中，要做水泥砖面，那么，其工程量(净空面积)是怎样计算的?

对于这个问题，仍分为有挑檐屋面和无挑檐屋面，图形参照第三题中有挑檐屋面和无挑檐屋面的形式。

如图 8-5 所示的无挑檐屋面，在这种情况下，工程应算为 $a\times b$，如图 8-6 所示，虽为有挑檐屋面形式但其工程量的正确算法仍为 $a_1\times b_1$，这是因为，水泥砖在屋面工程中，只铺砌在屋面的有效面上。

【分析】 有些读者会将屋面的水泥面砖工程量与屋面防水卷材的工程量等同考虑，即认为图 8-5 无挑檐屋面的水泥砖工程量为$(a+2c)\times(b+2c)$，图 8-6 有挑檐形式屋面的工程量 $a\times b$，其实这是不对的，因为防水卷材要求覆盖至整个屋面，而且要铺至屋面的边缘，水泥砖则不同，它不需要铺砌至墙的边缘，只需铺砌在外墙内边线以内即可，与防水卷材的要求是不一样的，因此正确的工程量应表达为图 8-5：$a\times b$，图 8-6：$a_1\times b_1$

事实上，对于水泥砖面这项屋面工程来说有挑檐形式与无挑檐形式是一样的，因为不论是有挑檐屋面还是无挑檐屋面，水泥砖只砌在外墙内边线的边缘而不再向外延伸。因此，在计算工程量以前，应该先搞清楚想要算的是哪一步工程量，对不同的分项选择正确的算法。

12. 屋面工程中，台阶式屋面的各分项工程量应该如何计算？即局部高层的建筑屋面其各分项工程工程量如何计算？

以图 8-9 所示为例来说明各分项工程的工程量的计算方法：

①屋面找坡层的算法。这种屋面的找坡层的算法与平屋面找坡层的工程量是一致的，工程量$=(a+b)\times d$

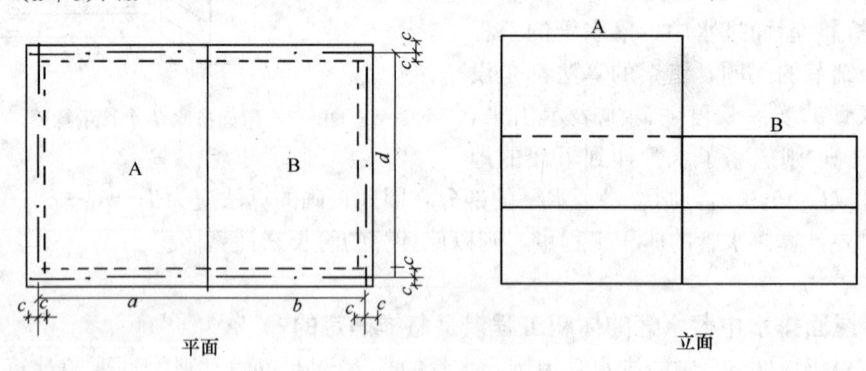

图 8-9 台阶式屋面示意图

【分析】 在这一步的计算中，不能只计算 A 部分或者只算 B 部分，而要将全部的找坡层都计算在内；另外，面积要以外墙中线为准，不能计算为外墙外边线或外墙内边线的面积。

事实上，不论是台阶式屋面还是平屋面，它的找坡层工程量都是以屋面的投影面积计算的，而且以外墙的中心线为准。

②台阶式屋面的防水层的工程量是怎样的。对于屋面的防水层来说，应该覆盖到屋面的全部露天部分，因此应该以露在上面的最大面积为准，也就是说防水层的面积也应是 A 部分和 B 部分的面积之和，但是，这时所计算的面积应为$(a+b+2c)\times(d+2c)$，才符合防水层的施工要求。

【分析】 本书强调，防水层的施工与找坡层的施工是不同的，要认真分析哪一个分别对应哪一条边界线。

③台阶式屋面的防滑地砖(上人屋面)的工程量计算方法。在台阶式屋面中，较高阶往常是不上人的，而较低阶通常是上人的屋面，因此防滑地砖只铺砌在上人部分，如图 8-9

所示，就铺砌在B部分，B部分的面积$=(b-c)\times(d-2c)$，这与水泥砖面的施工是一样的，以外墙内边线的面积为准。

【分析】 这个计算过程容易出现的错误主要是搞不清楚哪个部分是不上人的，哪个部分是上人的，而对于面积则是以外墙的内边线为准的。

对于台阶式屋面而言，主要是对高、低两部分屋面分开进行计算，分析在什么分项工程下对哪一部分进行计算就可以了，不要考虑得过于复杂。

九、防腐、保温、隔热工程

1. 保温隔热屋面在计算定额工程量时，是按女儿墙中心线计算还是按净长线计算？

保温隔热屋面定额工程量是屋面建筑面积乘以屋面保温层的平均厚度以“m^3”计算。

其中，有女儿墙时，算至女儿墙内侧，无女儿墙时，算至外墙皮，若屋面设有天沟时，屋面保温隔热层应扣除天沟部分，在一般计算中都是按净长线或中心线计算，很少注意无女儿墙时算至外墙皮，这也是经常犯的错误。

【例 9-1】 如图 9-1 所示，为无女儿墙屋面采用 100mm 厚加气混凝土保温层，根据图示尺寸计算其工程量。

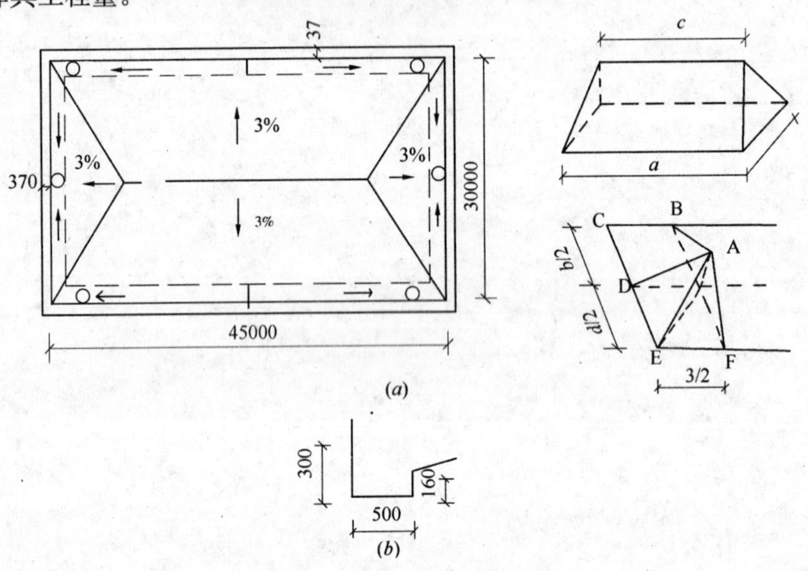

图 9-1 屋面示意图

(a)屋面示意图；(b)天沟示意图

【解】 屋面保温隔热层工程量应区别不同保温隔热材料，除另有规定外，均按设计实铺厚度以“m^3”计算。

(1) 正确的计算方法：

此题为无女儿墙屋面，则算至外墙皮，且设有天沟，计算保温层时应扣除天沟部分，其工程量计算式如下：

$$V=\text{屋面保温层面积}\times\text{平均厚度}$$

1) 屋面保温层面积

$$(45+0.37\times2)\times(30+0.37\times2)=1406.048\text{m}^2$$

2) 保温层平均厚度为：

$$\delta=\delta_1+\frac{L}{4}i=[0.1+\frac{(30+0.37\times2)}{4}\times3\%]=0.33\text{m}$$

3）天沟面积

$45\times0.5\times2+30\times0.5\times2+[(45+0.37\times2)\times2+(30+0.37\times2)\times2]$

$\times0.3+(45+30)\times2\times0.16$

$=75+45.888+24$

$=144.888\text{m}^2$

则屋面保温层的工程量为：

$$(1406.048-144.888)\times0.32=403.57\text{m}^3$$

套用基础定额 10-196

清单工程量计算见下表：

清单工程量计算表

项目编码	项目名称	项目特征描述	计量单位	工程量
010803001001	保温隔热屋面	无女儿墙屋面，100mm 厚加气混凝土保温层	m^2	1261.17

（2）错误的计算方法：

错误做法 1：屋面保温层面积

$$45\times30=1350\text{m}^2$$

保温层的平均厚度与天沟面积不变

则屋面保温层的工程量为

$$(1350-144.888)\times0.32=385.636\text{m}^3$$

套用基础定额 10-196

错误做法 2：屋面保温层面积

$$(45+0.37)\times(30+0.37)=1377.887\text{m}^2$$

保温层的平均厚度与天沟面积不变

则屋面保温层的工程量为

$$(1377.887-144.888)\times0.32=394.56\text{m}^3$$

套用基础定额 10-196

错误做法 3：屋面面积、天沟面积均不变，保温层厚度改变

则屋面保温层的工程量为：

$$(1406.048-144.888)\times0.1=126.117\text{m}^3$$

套用基础定额 10-196

【分析】 在平常的做题过程中，很容易忽视屋面有无女儿墙，以及屋面的坡度是由保温隔热层形成的，所以，在计算屋面保温隔热层，有女儿墙时，算至女儿墙内侧，无女儿墙时，算至墙体的外边线，且屋面设天沟时，应扣除天沟部分。

2. 柱包隔热层的工程量如何计算？

柱包隔热层的工程量，按图示柱的隔热层中心线的展开长度乘以图示尺寸高度及厚度以“m^3”计算。虽然看起来比较简单，但是在计算过程中最容易忽视的问题就是隔热层的厚度。

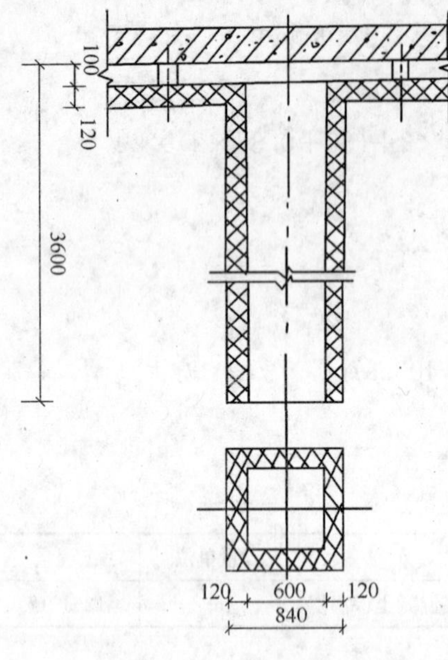

图 9-2　方柱保温层示意图

【例 9-2】 如图 9-2 所示，为一无柱帽的方柱，采用 120mm 厚软木保温层，方柱为 600mm × 600mm，根据图示尺寸计算其工程量。

【解】 (1) 正确的计算方法：

保温隔热方柱的长度：

$$(0.6+0.06\times2)\times4=2.88\text{m}$$

则方柱保温层的工程量为

$$2.88\times(3.6-0.1-0.12)\times0.12=1.168\text{m}^3$$

套用基础定额 10-223

清单工程量计算见下表：

清单工程量计算表

项目编码	项目名称	项目特征描述	计量单位	工程量
010803004001	保温柱	无柱帽方柱，尺寸为600mm×600mm，采用120mm厚软木保温层	m^2	9.73

(2) 错误的计算方法：

保温隔热方柱的长度为：

$$0.6\times4=2.4\text{m}$$

方柱保温隔热层的工程量为

$$2.4\times(3.6-0.1-0.12)\times0.12=0.973\text{m}^3$$

套用基础定额 10-223

【分析】 在计算柱包隔热层时按隔热层中心线的展开长度乘以图示尺寸高度及厚度以 m^3 计算，但是一般说中心线多数会想到墙体的中心线，而不会想到隔热层的中心线，这是最容易忽视的，也是最容易犯的错误。

3. 保温隔热墙体在计算过程中应注意哪些问题？工程量应如何计算？

保温隔热墙体的工程量外墙按中心线，内墙按净长线乘以图示尺寸的高度及厚度以"m^3"计算，对一般房屋的保温隔热墙应扣除门窗洞口的体积，如果是冷库房的保温隔热墙体应扣除冷藏门洞口和管道穿墙洞口所占的体积。

在计算过程中应注意的问题：

①外墙按保温隔热层中心线计算。

②内墙按保温隔热层的净长线计算。

③门窗洞口的体积应扣除，不应该扣的部分不能扣。

【例 9-3】 如图 9-3 所示，墙高为 3.6m，采用 100mm 厚沥青矿渣棉保温层，根据图示尺寸计算保温墙体的工程量。(外墙保温按内保温计算)。

【解】 (1) 正确的计算方法：

1) 保温墙体外墙长

$$[(12.6-0.24-0.1)+(12.6-0.24\times3-0.1)+(7.5-0.24\times2-0.1)\times2]=37.88\text{m}$$

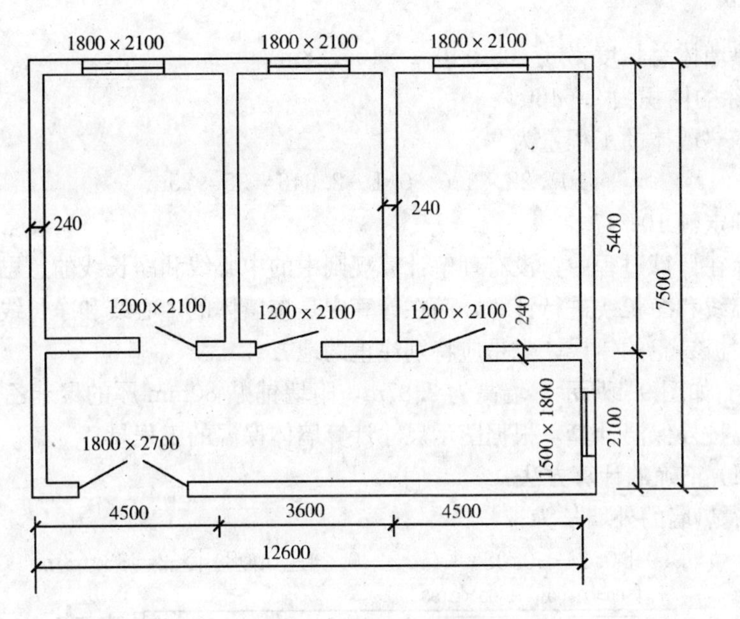

图 9-3 楼层平面图

2）保温墙体内墙长

[(4.5－0.24－0.1×2)＋(5.4－0.24－0.1×2)]×2＋(3.6－0.24－0.1×2)＋(5.4－0.24－0.1×2)×2＋(12.6－0.24－0.1×2)

＝18.04＋3.16＋9.92＋12.16

＝43.28m

则保温隔热墙体的总长度为 37.88＋43.28＝81.16m

3）应扣除的体积：

(1.8×2.7＋1.2×2.1×3＋1.5×1.8＋1.8×2.1×3)×0.1＝2.646m³

则保温隔热墙体的工程量为

81.16×3.6×0.1－2.646＝26.75m³

套用基础定额 10-217

清单工程量计算见下表：

清单工程量计算表

项目编码	项目名称	项目特征描述	计量单位	工程量
010803003001	保温隔热墙	墙高为 3.6m，采用 100mm 厚沥青矿渣棉保温层	m²	264

(2) 错误的计算方法：

1）保温隔热墙外墙长

(12.6＋7.5)×2＝40.2m

2）保温隔热墙内墙长

[(4.5－0.24)＋(5.4－0.24)]×2×2＋[(3.6－0.24)＋(5.4－0.24)]×2＋(12.6－0.24)

＝37.68＋17.04＋12.36

＝67.08m

保温隔热墙体总长度为67.08+40.2=107.28m

3）应扣除的体积为2.646m^3：

则保温隔热墙体的工程量为

$$107.28\times3.6\times0.1-2.646=35.975m^3$$

套用基础定额10-217

【分析】 在计算过程中，没有理解计算规则中的中心线和净长线的意思，规则中是按隔热层的中心线和净长线进行计算，而在计算中是按墙体的中心线和净长线进行计算，这是计算过程中极易犯的错误，也是应特别注重的地方。

【例9-4】 如图9-4所示，墙高为2.87m，附墙铺贴80mm厚的聚苯乙烯泡沫板保温层，外墙保温按外保温计算，根据图示尺寸计算墙体保温的工程量。

【解】（1）正确的计算方法：

1）保温隔热墙的外墙长为

$$[(9+0.24+0.08)+(7.2+0.24+0.08)]\times2=33.68m$$

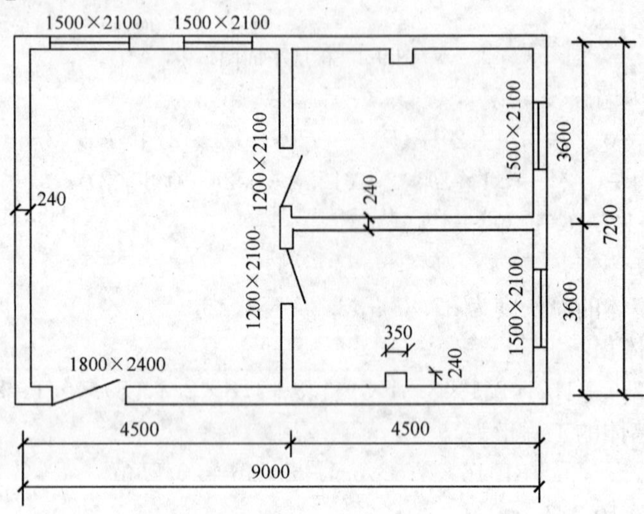

图9-4 楼层平面图

2）保温隔热墙内墙长度为

$$(7.2-0.24)+[(3.6-0.24)+(4.5-0.24)]\times2=22.2m$$

保温隔热墙体的总长度为22.2+33.68=55.88m

3）应扣除的体积为

$$(1.8\times2.4+1.2\times2.1\times2+1.5\times2.1\times4)\times0.08=1.757m^3$$

则保温隔热墙的工程量为55.88×2.87×0.08−1.757=11.07m^3

套用基础定额10-211

清单工程量计算见下表：

清单工程量计算表

项目编码	项目名称	项目特征描述	计量单位	工程量
010803003001	保温隔热墙	墙高为2.87m，外保温方式，附墙铺贴80mm厚的聚苯乙烯泡沫板保温层	m^2	138.38

(2) 错误的计算方法：

错误做法 1：

1) 保温隔热墙外墙长为

$$[(9+0.24+0.08)+(7.2+0.24+0.08)]\times 2=33.68\text{m}$$

2) 保温隔热墙体内墙长度为

$$(7.2-0.24)+[(3.6-0.24)+(4.5-0.24)]\times 2\times 2=37.44\text{m}$$

保温隔热墙体的总长度为 37.44+33.68=71.12m

3) 应扣除的体积为

$$(1.8\times 2.4+1.2\times 2.1\times 2+1.5\times 2.1\times 4)\times 0.08=1.757\text{m}^3$$

4) 增加的体积为

$$0.24\times 2.87\times 0.08\times 4=0.22\text{m}^3$$

则保温隔热墙的工程量为：

$$71.12\times 2.87\times 0.08-1.757+0.22=14.792\text{m}^3$$

套用基础定额 10-211

错误做法 2：

1) 保温隔热墙外墙长为

$$[(9+0.24+0.08)+(7.2+0.24+0.08)]\times 2=33.68\text{m}$$

2) 保温隔热墙体内墙长度为

$$(7.2-0.24)+[(3.6-0.24)+(4.5-0.24)]\times 2\times 2=37.44\text{m}$$

保温隔热墙体的总长度为 37.44+33.68=71.12m

3) 应扣除的体积

$$(1.8\times 2.4+1.2\times 2.1\times 2+1.5\times 2.1\times 4)\times 0.24=5.27\text{m}^3$$

则保温隔热墙的工程量：

$$71.12\times 2.87\times 0.08-5.27=11.06\text{m}^3$$

套用基础定额 10-211

【分析】 墙体保温隔热层的工程量计算规则，外墙按隔热层的中心线，内墙按隔热层的净长线乘以图示尺寸的高度及厚度以 m^3 计算，对一般的保温墙体来说应扣除门窗洞口所占的体积，在扣除门窗洞口的体积时，厚度按保温层的材料的净厚度进行计算，而不是墙体的厚度。

4. 防腐工程的工程量如何计算？应用在哪些工程中？

防腐工程项目应区分不同防腐材料种类及其厚度，按设计实铺面积以"m^2"计算。平面防腐如楼地面防腐等，应扣出凸出地面的构筑物、设备基础等所占的面积；立面防腐如墙裙、墙面、踢脚板等防腐工程，应将砖垛等突出墙面部分按展开面积计算并入墙面防腐工程中。

5. 楼地面防腐工程的工程量应如何计算？

【例 9-5】 如图 9-5 所示，35mm 厚软聚氯乙烯板地面防腐面层，计算楼地面的工程量。

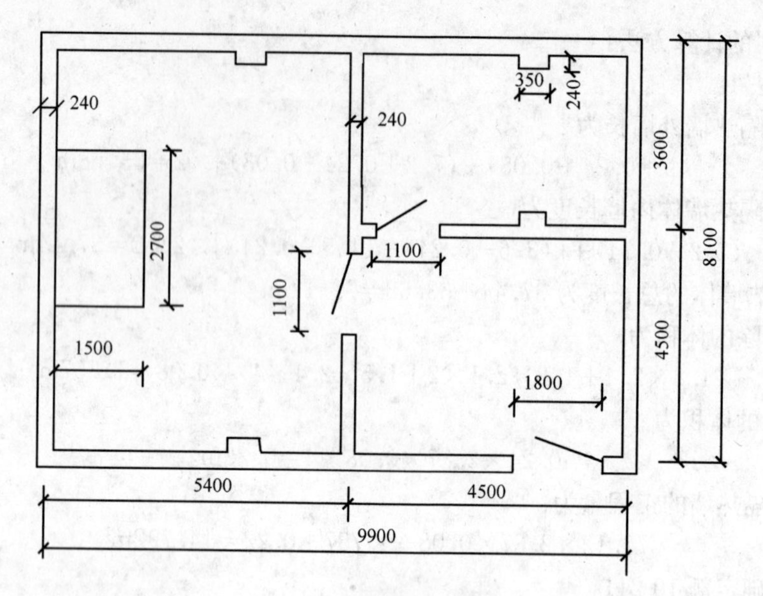

图 9-5 楼地面示意图

【解】 (1) 正确的计算方法：

1) 地面防腐面层的面积为：

$(5.4-0.24)\times(8.1-0.24)+(4.5-0.24)\times(4.5-0.24)$

$+(4.5-0.24)\times(3.6-0.24)$

$=40.558+18.148+14.314$

$=73.02m^2$

2) 应扣除的面积：

$$1.5\times2.7+0.35\times0.24\times4=4.386m^2$$

3) 应增加的面积

$$1.1\times0.24\times2+1.8\times0.12=0.744m^2$$

则聚苯乙烯板防腐地面的工程量为：

$$73.02-4.386+0.744=69.378m^2$$

套用基础定额 10-44

清单工程量计算见下表：

清单工程量计算表

项目编码	项目名称	项目特征描述	计量单位	工程量
010801005001	聚氯乙烯板面层	楼地面，35mm 厚软聚氯乙烯板地面防腐面层	m^2	69.38

(2) 错误的计算方法：

错误做法 1：

1) 防腐地面的面积为：

$(5.4-0.24)\times(8.1-0.24)+(4.5-0.24)\times(4.5-0.24)$

$+(4.5-0.24)\times(3.6-0.24)$

$=40.56+18.15+14.31$

$=73.02m^2$

2）应扣除的面积：

$$1.5\times2.7+0.35\times0.24\times4=4.386\text{m}^2$$

聚苯乙烯板防腐地面的工程量为：

$$73.02-4.386=68.634\text{m}^2$$

套用基础定额 10-44

错误做法 2：

1）防腐地面的面积为：

$$5.4\times8.1+4.5\times4.5+4.5\times3.6=80.19\text{m}^2$$

2）应扣除的面积：

$$1.5\times2.7+0.35\times0.24\times4=4.386\text{m}^2$$

3）应增加的面积

$$1.1\times0.24\times2+1.8\times0.12=0.744\text{m}^2$$

则聚苯乙烯板防腐地面的工程量为：

$$80.19-4.386+0.744=76.548\text{m}^2$$

套用基础定额 10-44

【分析】 在地面做防腐层时，内墙的门洞全做，而外墙只做一半，这部分的面积应加到地面防腐中。在计算楼地面防腐工程量时按设计实铺面积以 m^2 计算，一般计算中均按净长线进行计算，这两个问题在一般计算中是容易忽略的。

6. 在防腐工程中，踢脚板的工程量如何计算？

在防腐工程中，踢脚板的工程量是按实铺长度乘以高度以 m^2 计算的，应扣除门洞所占面积并相应增加侧壁展开面积。而在楼地面工程中，踢脚板是按延长米计算的，这是很容易忽视的，也是比较容易出现错误的地方。

【例 9-6】 如图 9-6 所示，65mm 厚硫磺混凝土踢脚板防腐面层，高 200mm，根据图示尺寸计算踢脚板的工程量。

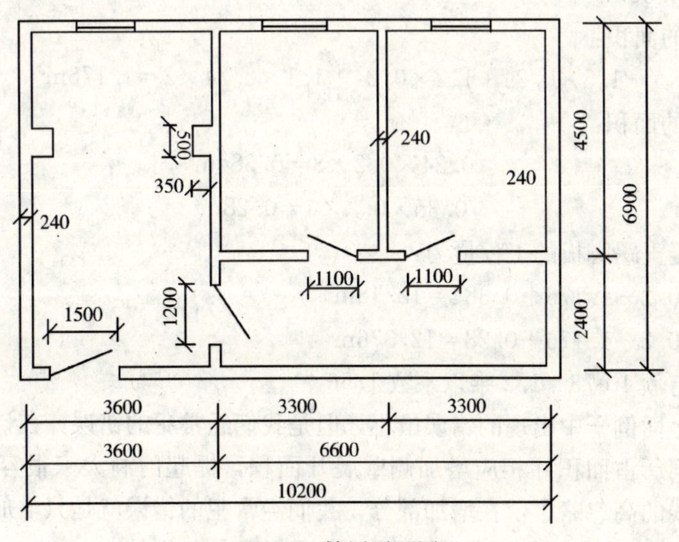

图 9-6 楼层平面图

【解】 (1) 正确的计算方法:

1) 硫磺混凝土踢脚板的长度为

[(3.6−0.24)+(6.9−0.24)]×2+[(6.6−0.24)+(2.4−0.24)]×2
+[(3.3−0.24)+(4.5−0.24)]×2×2
=20.04+17.04+29.28
=66.36m

2) 应扣除的面积:

$$1.5\times0.2+1.1\times0.2\times2+1.2\times0.2=0.98m^2$$

3) 应增加的面积:

$$0.24\times0.2\times6+0.35\times0.2\times4+0.12\times0.2\times2=0.616m^2$$

则硫磺混凝土踢脚板的工程量为:

$$66.36\times0.2+0.616-0.98=12.91m^2$$

套用基础定额 10-75　人工乘以系数 1.56，其他不变

清单工程量计算见下表:

清单工程量计算表

项目编码	项目名称	项目特征描述	计量单位	工程量
010801001001	防腐混凝土面层	65mm 厚硫磺混凝土踢脚板防腐面层，高 200mm	m^2	12.96

(2) 错误的计算方法:

1) 踢脚板的长度为

(3.6−0.24)+(6.9−0.24)×2+[(6.6−0.24)+(2.4−0.24)]×2
+[(3.3−0.24)+(4.5−0.24)]×2×2
=20.04+17.04+29.28
=66.36m

2) 应扣除的面积:

$$1.5\times0.24+1.2\times0.24+1.1\times0.24\times2=1.176m^2$$

3) 应增加的面积:

$$0.24\times0.2\times8=0.384m^2$$

或 $0.35\times0.2\times4=0.28m^2$

则硫磺混凝土踢脚板的工程量为:

①$66.36\times0.2-1.176+0.384=12.48m^2$

②$66.36\times0.2-1.176+0.28=12.376m^2$

套用基础定额 10-75　1.2 乘以系数 1.56

【分析】 上面例子中出现的错误虽小，但是我们经常犯的错误，在计算踢脚板工程量时，应扣除门洞所占面积并相应增加侧壁展开面积，提起门洞大家很容易想到的就是墙厚，而对踢脚线的高忽略了，在增加部分，我们经常犯的错误就是只增加门侧壁或是只增加柱、垛的侧壁面积，这些问题虽然很小，但是最容易忽视的。

7. 池槽保温隔热工程量是如何计算的?

池槽保温隔热层的工程量是按图示池槽保温隔热层的长宽及其厚度以 m^3 计算，其中应注意的是池底按地面计算，池壁按墙面计算。

【例 9-7】 如图 9-7 所示为一池槽，池底、池壁贴耐酸沥青胶泥磁板(150mm×150mm×30mm)面层，池槽内侧做 100mm 厚的沥青软木保温层，计算池槽保温层的工程量。

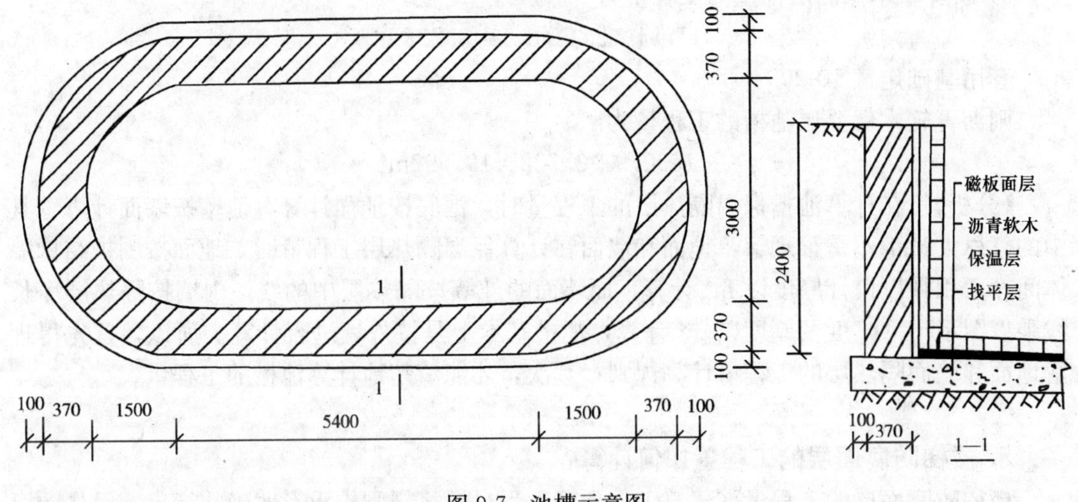

图 9-7 池槽示意图

【解】 (1) 正确的计算方法：

池底隔热层按围护结构墙体间净面积乘以设计厚度以 m^3 计算，池壁按隔热层的中心线，乘以图示尺寸的高度以 m^3 计算：

1) 沥青软木保温层池底的工程量为

$$(5.4\times3+\frac{1}{2}\times3.14\times1.5^2\times2)\times0.1=2.327m^3$$

套用基础定额 10-219

2) 沥青软木保温层池壁的长度为

$$[5.4+\frac{1}{2}\times3.14\times(1.5-0.1)]\times2=15.196m$$

3) 沥青软木保温层池壁的工程量为

$$15.196\times(2.4-0.1)\times0.1=3.495m^2$$

套用基础定额 10-209

则沥青软木保温隔热池槽的工程量为 $2.327+3.495=5.822m^3$

清单工程量计算见下表：

清单工程量计算表

序号	项目编码	项目名称	项目特征描述	计量单位	工程量
1	010803003001	保温隔热墙	池槽池壁，100mm 厚的沥青软木保温层	m^2	34.95
2	010803005001	隔热楼地面	池槽池底，100mm 厚的沥青软木保温层	m^2	23.27

(2) 错误的计算方法：

1) 沥青软木保温层池底的工程量为

$$5.4\times(3-0.1)+\frac{1}{2}\times3.14\times(1.5-0.1)^2\times2\times0.1=16.275\text{m}^3$$

2）沥青软木保温层池壁的长度为

$$(5.4+\frac{1}{2}\times3.14\times1.5)\times2=15.51\text{m}$$

3）沥青软木保温层池壁的工程量为

$$15.51\times2.4\times0.1=3.722\text{m}^3$$

套用基础定额 10-209

则沥青软木保温层池槽的工程量为

$$16.275+3.722=19.997\text{m}^3$$

【分析】 在计算池槽保温隔热层的工程量时，池底按地面计算，池壁按墙面计算，其中的意思大家都不是很理解，地面和墙面在计算保温隔热层工程量时，地面按围护结构墙体间净面积乘以设计厚度以 m^3 计算，而墙面的外墙按隔热层中的线，内墙按隔热层净长线乘以图示尺寸高度及厚度以 m^3 计算，池槽基本上是按外墙进行计算。所以，首先得理解地面和墙面隔热层的工程量计算规则；其次，才能清楚地计算池槽的工程量。

8. 楼梯防腐面层的工程量如何计算？

楼梯防腐面层的工程量在建筑工程预算工程量计算规则中没有明确的指出，但是防腐工程量是按设计实铺面积，以 m^2 计算，所以楼梯的防腐工程量按水平投影面积计算。

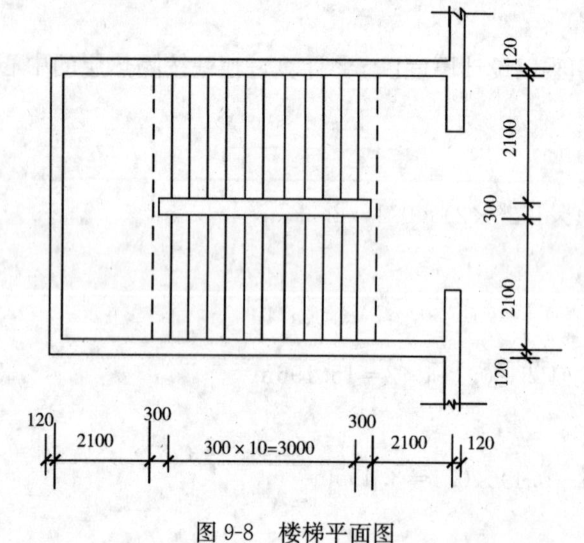

图 9-8 楼梯平面图

【例 9-8】 如图 9-8 所示，60mm 厚水玻璃耐酸混凝土防腐楼梯面层，共五层，根据图示尺寸计算楼梯防腐工程量。

【解】（1）正确的计算方法：

$$(4.5-0.24)\times(2.1-0.12+0.3+3+0.3)\times5$$
$$=118.854\text{m}^2$$

套用基础定额 10-1

清单工程量计算见下表：

清单工程量计算表

项目编码	项目名称	项目特征描述	计量单位	工程量
010801001001	防腐混凝土面层	60mm 厚水玻璃耐酸混凝土防腐楼梯面层	m^2	118.85

（2）错误的计算方法：

$$(2.1\times2+0.3-0.24)\times(2.1\times2-0.24+0.3\times2+3)\times5=161.028\text{m}^2$$

套用基础定额 10-1

【分析】 楼梯的防腐工程量是按水平投影面积计算的，从图上看，大家很容易看成是一个楼梯段，如果按照图中的楼梯平面图进行计算，容易将休息平台算重。在计算楼梯防腐工程或其他工程时，大家不妨结合现实生活中的楼梯来计算，这样就很少出现错误。

9. 重晶石地面和踢脚线的工程量如何计算。

【例 9-9】 如图 9-9 所示为 35mm 厚的重晶石砂浆防腐地面，踢脚线高为 180mm，根据图示尺寸计算地面和踢脚线工程量。

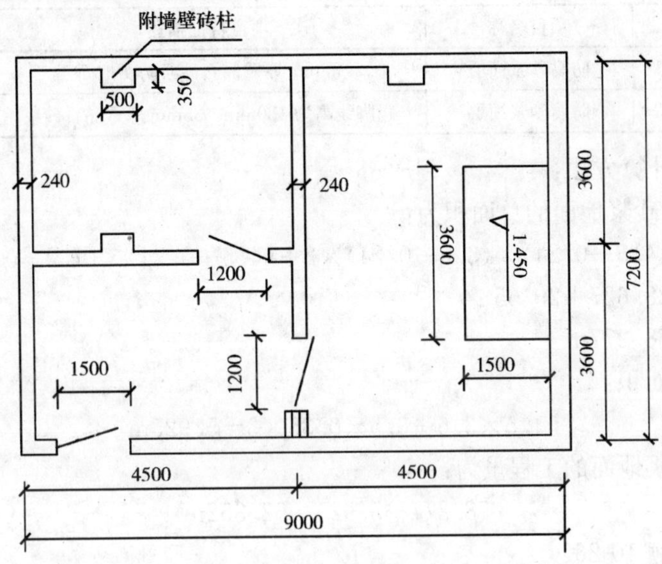

图 9-9 楼层平面图

【解】 (1) 正确的计算方法：

1) ①重晶石砂浆地面的总面积为：

$$(4.5-0.24)\times(3.6-0.24)\times2+(4.5-0.24)\times(7.2-0.24)$$
$$=28.627+29.65$$
$$=58.277\text{m}^2$$

②应扣除的面积：

$$3.6\times1.5+0.35\times0.5\times3=5.925\text{m}^2$$

③应增加的面积：

$$1.2\times0.24\times2+1.5\times0.12=0.756\text{m}^2$$

则重晶石砂浆地面的工程量为：

$$58.277-5.925+0.756=53.108\text{m}^2$$

套用基础定额 10-26

2) ①重晶石砂浆踢脚线的长度为：

$$[(4.5-0.24)+(3.6-0.24)]\times2\times2+[(4.5-0.24)+(7.2-0.24)]\times2$$
$$=30.48+22.44=52.92\text{m}$$

②应扣除的面积：

$$1.5\times0.18+1.2\times0.18\times4=1.134\text{m}^2$$

③应增加的面积：

$0.24\times0.18\times4+0.12\times0.18\times2+0.35\times0.18\times6+1.5\times0.18\times2=1.134m^2$

则重晶石砂浆防腐踢脚板的工程量为：

$$52.92\times0.18-1.134+1.134=9.53m^2$$

套用基础定额 10-26

清单工程量计算见下表：

清单工程量计算表

序号	项目编码	项目名称	项目特征描述	计量单位	工程量
1	010801002001	防腐砂浆面层	35mm 厚重晶石砂浆防腐地面	m^2	53.11
2	010801002002	防腐砂浆面层	踢脚线高为 180mm，35mm 厚重晶石砂浆	m^2	9.53

(2) 错误的计算方法：

1) ①重晶石砂浆地面的总面积为：

$$(4.5-0.24)\times(3.6-0.24)\times2+(4.5-0.24)\times(7.2-0.24)$$
$$=28.627+29.65$$
$$=58.277m^2$$

②应扣除的面积：

$$1.5\times3.6+0.5\times0.35\times3=5.925m^2$$

则重晶石砂浆地面的工程量为：

$$58.277-5.925=52.352m^2$$

套用基础定额 10-26

2) ①重晶石砂浆踢脚线的长度为：

$$[(4.5-0.24)+(3.6-0.24)]\times2\times2+[(4.5-0.24)+(7.2-0.24)]\times2$$
$$=30.48+22.44=52.92m$$

②应扣除的面积：

$$1.5\times0.18+1.2\times0.18\times2=0.702m^2$$

③应增加的面积：

$$1.5\times0.24+1.2\times0.24\times2+1.5\times0.18\times2=1.476m^2$$

则重晶石砂浆防腐踢脚板的工程量为：

$$52.92\times0.18-0.702+1.476=10.3m^2$$

套用基础定额 10-26

【分析】 在计算防腐工程项目时，应区分不同的防腐材料种类及厚度，按设计实铺面积以 m^2 计算，应扣除凸地面的构筑物，设备基础等所占的面积，砖垛等突出墙面部分按展开面积计算并入墙面防腐工程量之内，计算防腐地面工程量时，要看清图纸，尤其是构筑物还是附墙的砖柱，计算防腐踢脚板工程量时，计算增加面积要看清图纸和理解踢脚线的工程量计算规则，不应加的不加，不应扣的不扣。

10. 沥青卷材隔离层的工程量如何计算？

隔离层的工程量计算规则是按设计图示尺寸以“m^2”计算，应扣除突出地面的构筑物，设备基础等所占的面积，砖垛等突出部分按展开面积并入墙面积。

【例 9-10】 如图 9-10 所示，地面为三毡四油耐酸沥青胶泥卷材隔离层，踢脚线高 200mm，根据图示尺寸计算其工程量。

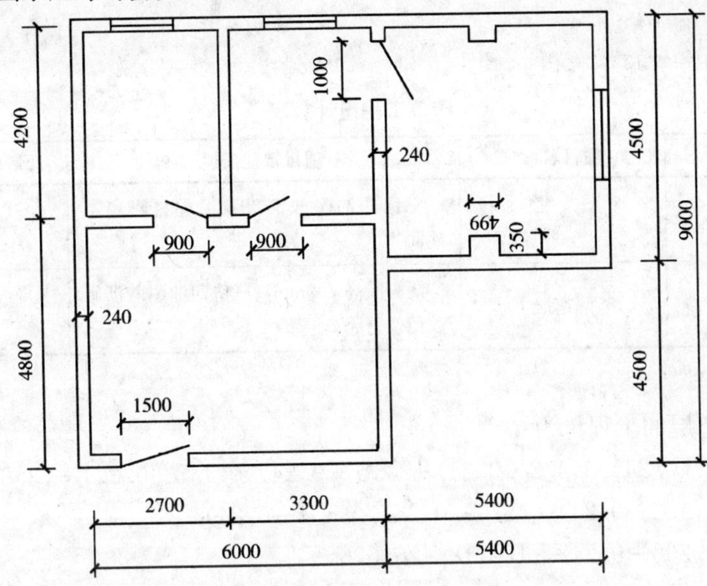

图 9-10 楼层平面图

【解】 (1) 正确的计算方法：

1) ①地面面积为：

$(6-0.24)\times(4.8-0.24)+(2.7-0.24)\times(4.2-0.24)$

$+(3.3-0.24)\times(4.2-0.24)+(5.4-0.24)\times(4.5-0.24)$

$=26.266+9.742+12.118+21.982$

$=70.108\text{m}^2$

②应扣除的面积

$$0.35\times0.49\times2=0.343\text{m}^2$$

③应增加的面积

$$1.5\times0.12+0.9\times0.24\times2+1.0\times0.24=0.852\text{m}^2$$

则地面隔离层的工程量为：

$$70.108-0.343+0.852=70.617\text{m}^2$$

套用基础定额 10-46

2) ①踢脚线的长度

$[(6-0.24)+(4.8-0.24)]\times2+[(2.7-0.24)+(4.2-0.24)]\times2$

$+[(3.3-0.24)+(4.2-0.24)]\times2+[(5.4-0.24)+(4.5-0.24)]\times2$

$=20.64+12.84+14.04+43.96$

$=91.48\text{m}$

②应扣除的面积：

$$1.5\times0.2+0.9\times0.2\times2\times2+1.0\times0.2\times2=1.42\text{m}^2$$

③应增加的面积为：

$$0.35\times0.2\times4+0.24\times0.2\times6+0.12\times0.2\times2=0.616\text{m}^2$$

则踢脚线隔离层的工程量为：

$$91.48\times0.2-1.42+0.616=17.49\text{m}^2$$

套用基础定额 10-46

清单工程量计算见下表：

清单工程量计算表

序号	项目编码	项目名称	项目特征描述	计量单位	工程量
1	010802001001	隔离层	三毡四油耐酸沥青胶泥卷材隔离层地面	m^2	70.62
2	010802001002	隔离层	踢脚线高 200mm，三毡四油耐酸沥青胶泥卷材隔离层	m^2	17.49

(2) 错误的计算方法：

1) 地面隔离层的工程量为

$$(6-0.24)\times(4.8-0.24)+(2.7-0.24)\times(4.2-0.24)+(3.3-0.24)\times(4.2-0.24)+(5.4-0.24)\times(5.4-0.24)$$
$$=26.266+9.742+12.118+26.626$$
$$=74.752\text{m}^2$$

套用基础定额 10-46

2) ①踢脚线隔离层的长度为

$$[(6-0.24)+(4.8-0.24)]\times2+[(2.7-0.24)+(4.2-0.24)]\times2+[(3.3-0.24)+(4.2-0.24)]\times2+[(5.4-0.24)+(5.4-0.24)]\times2$$
$$=20.64+12.84+14.04+20.64$$
$$=68.16\text{m}$$

②应扣除的面积

$$1.5\times0.2+0.9\times0.2\times2+1.1\times0.2=0.88\text{m}^2$$

③应增加的面积为：

$$0.24\times0.2\times8=0.384\text{m}^2$$

则踢脚板隔离层的工程量为

$$68.16\times0.2-0.88+0.384=13.136\text{m}^2$$

套用基础定额 10-46

【分析】 隔离层定额工程量计算在建筑工程预算工程量计算规则中没有明确的提出来，可是在计算中与防腐工程的计算规则一样，应扣除突出地面的构筑物、设备基础等所占的面积，砖垛等突出墙面部分按展开面积计算并入墙面防腐工程量之内，踢脚板是按实铺长度乘以高度以 m^2 计算，应扣除门洞所占面积并相应增加侧壁展开面积，侧壁的展开面积不仅是指门洞侧壁还有突出地面构筑物、设备基础等的侧壁面积，这点是很难理解，也是最容易忽略的部分。

11. 怎样计算干铺细砂屋面保温层的工程量？

保温隔热层应区别不同保温隔热材料，除另有规定者外，均按设计实铺厚度以 m^3 计算，保温隔热层的厚度按隔热保温材料的净厚度计算，其中不包括胶结材料。

【例 9-11】 如图 9-11 所示，100mm 厚干铺细砂屋面保温层，女儿墙高 1200mm，屋面为单坡屋面，根据图示尺寸计算屋面保温层工程量。

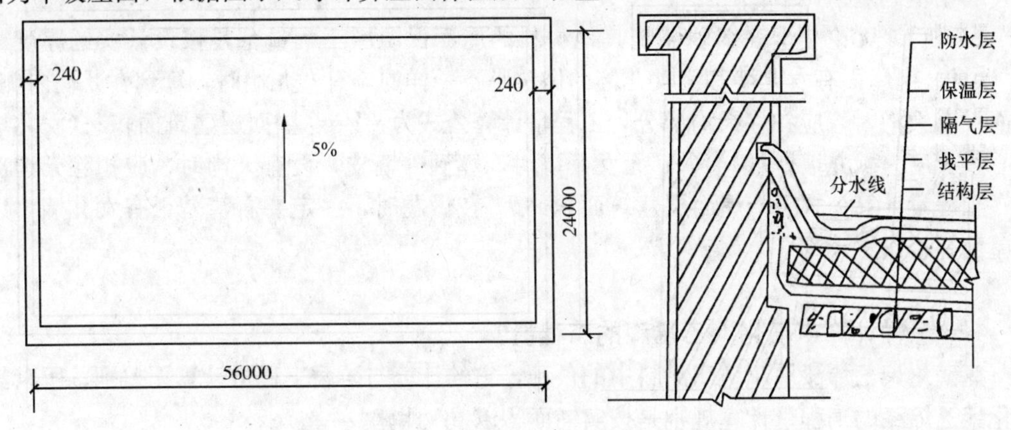

图 9-11 屋面保温层示意图

【解】 (1) 正确的计算方法：

1) 屋面干铺细砂保温层的面积为

$$(56+0.24)\times(24+0.24)=1363.258\text{m}^2$$

2) 屋面保温层的平均厚度为

$$\delta=\delta_i+\frac{L}{4}i=0.1+\frac{(24-0.24)}{4}\times5\%=0.397\text{m}$$

3) 女儿墙中心线长度为

$$56+24=80\text{m}$$

则干铺细砂屋面保温层的工程量为

因为是有女儿墙的屋面，则工程量计算公式为

$$V=[屋面层建筑面积-(女儿墙中心线长度\times女儿墙厚度)]\times\delta$$
$$=(1363.258-80\times0.24)\times0.397$$
$$=533.59\text{m}^2$$

套用基础定额 10-205

清单工程量计算见下表：

清单工程量计算表

项目编码	项目名称	项目特征描述	计量单位	工程量
010803001001	保温隔热屋面	屋面为单坡屋面，女儿墙高 1.2m，100mm 厚干铺细砂屋面保温层	m^2	533.59

(2) 错误的计算方法：

1) 屋面干铺细砂保温层的面积为

$$(56-0.24)\times(24-0.24)=1324.858\text{m}^2$$

2) 屋面保温层的平均厚度为

$$\delta=\delta_i+\frac{L}{2}i=0.1+\frac{(24-0.24)}{2}\times5\%=0.69\text{m}$$

则干铺细砂屋面保温层的工程量

$$V=1324.858\times 0.69=914.152\text{m}^2$$

套用基础定额 10-205

【分析】 无论是干铺细砂还是其他材料的屋面保温层工程量都是按设计实铺厚度以 m^3 计算，但屋面有女儿墙和无女儿墙的做法是不一样的，有女儿墙时，算到女儿墙内侧，屋面设有天沟时，应扣除天沟部分，工程量计算公式为：V=[屋面层建筑面积－(女儿墙中心线长度×女儿墙厚度)]×δ；无女儿墙时，算到外墙皮，设有天沟时，应扣除天沟部分；工程量计算公式 V=屋面层建筑面积×δ。在做题时，一定要看清是否有女儿墙，以及屋面是否设置天沟。

12. 怎样计算氯磺化聚乙烯漆的工程量？

氯磺化聚乙烯漆属于防腐涂料中的一种，它的计算与防腐工程量计算无差别，所以氯磺化聚乙烯漆的工程量计算规则是按实铺面积以 m^2 计算。

【例 9-12】 如图 9-12 所示，设备内部为氯磺化聚乙烯漆混凝土面漆一遍，根据图示尺寸计算其工程量。

【解】 (1) 正确的计算方法：

1) 直径为 500mm 的防腐涂料工程量为

$$S_1=2\pi r_1 h_1=2\times 3.14\times 0.25\times 0.3=0.471\text{m}^2$$

2) 圆台防腐涂料的工程量为

在计算这部分时很多人很难理解，且容易出现错误，比较容易理解的方法就是利用我们学过的几何知识来解决问题，如果我们将圆台展开则它是一个扇形，如图 9-13 所示求圆台面积时只要求出扇面面积就行。

$$CF=\frac{1}{2}\times(5000-500)=2250\text{mm}$$

$$BC=\sqrt{CF^2+BF^2}=\sqrt{1000^2+2250^2}=2462\text{mm}$$

$$\frac{AB}{AC}=\frac{300}{5000}\Rightarrow 3(AB+BC)=50AB$$

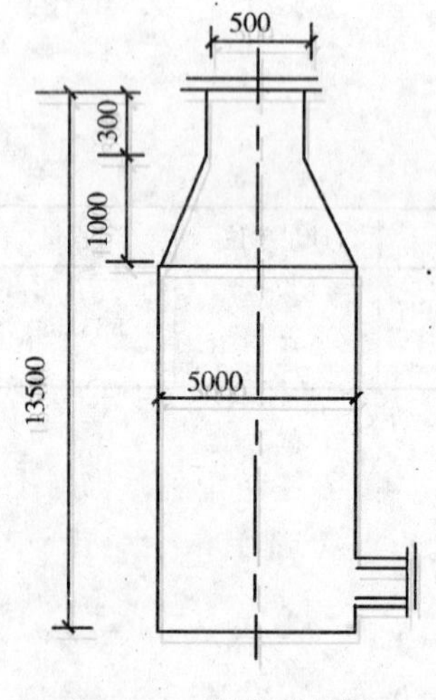

图 9-12 设备示意图

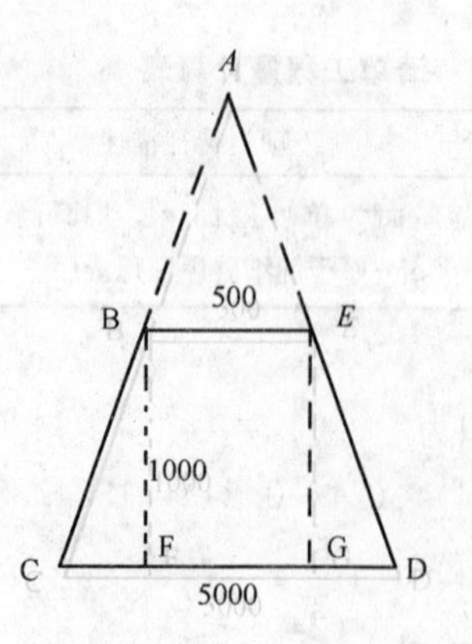

图 9-13 设备圆台示意图

$$47AB=3\times2462\Rightarrow AB=157.15\text{mm}$$

则
$$AC=AB+BC=157.15+2462=2.619\text{m}$$

$$S_{扇}=S_{圆台}=\frac{1}{2}lR-\frac{1}{2}lr=\frac{1}{2}\times2\times3.14\times2.5\times2.619-\frac{1}{2}\times2\times3.14\times0.25\times0.157$$
$$=20.559-0.123$$
$$=20.436\text{m}^2$$

3）筒体部分防腐涂料的工程量为

$$S_3=2\pi Rh_2=2\times3.14\times2.5\times(13.5-1.3)$$
$$=191.54\text{m}^2$$

套用基础定额 10-180

清单工程量计算见下表：

清单工程量计算表

项目编码	项目名称	项目特征描述	计量单位	工程量
010802003001	防腐涂料	设备内部为氯磺化聚乙烯漆混凝土面漆一遍	m^2	0.471+20.436+191.54=212.45

（2）错误的计算方法：

1）直径为 500mm 的防腐涂料工程量为

$$S_1=2\pi r_1h_1=2\times3.14\times0.25\times0.3=0.471\text{m}^2$$

2）圆台防腐涂料的工程量为

$$S_2=(2.5+0.25)\times3.14\times1=8.635\text{m}^2$$

3）筒体部分防腐涂料的工程量为

$$S_3=2\pi Rh_2=2\times3.14\times2.5\times(13.5-1.3)=191.54\text{m}^2$$

套用基础定额 10-180

【分析】 计算防腐涂料工程量时，都是按设计实铺面积以“m^2”计算，比较容易。可是越简单的问题越容易出现错误，在计算圆台防腐涂料工程量时，很多人都会理解成梯形的面积，也有的按圆台的面积计算，但是很难理解。所以，在做题的过程中在看清题的前提下一定要看懂图、理解图，这样做起来即不会出现错误，也不是很难理解。

13. 顶棚保温层的工程量如何计算？

保温隔热层应区别不同保温隔热材料，除另有规定者外，均按设计实铺厚度以“m^3”计算，与清单工程量计算是有区别的，顶棚保温隔热的清单工程量计算是按设计图示尺寸以面积计算的。在计算过程中要看清题，不然很容易混淆它的计算规则。

【例 9-13】 如图 9-14 所示，顶棚混凝土板下铺贴 100mm 厚沥青软木保温层，根据图示尺寸计算带木龙骨顶棚保温层工程量。

【解】 （1）正确的计算方法：

顶棚的面积为

$$(3.9-0.24)\times(2.7-0.24)\times2+(2.4-0.24)\times(5.4-0.24)$$
$$+(2.7-0.24)\times(3.6-0.24)+(3.6-0.24)\times(3.6-0.24)$$
$$=18.007+11.146+8.266+11.29$$

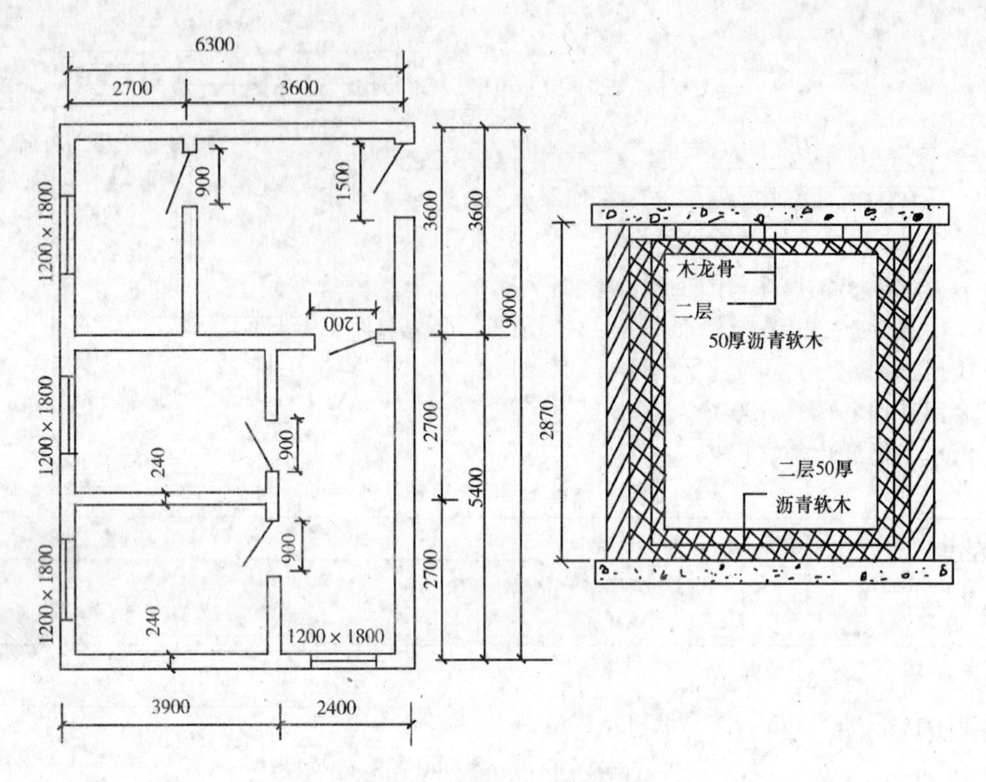

图 9-14　顶棚保温层示意图

$=48.709m^2$

则带木龙骨顶棚保温层的工程量为

$$48.709\times0.1m^3=4.871m^3$$

套用基础定额 10-207

清单工程量计算见下表：

清单工程量计算表

项目编码	项目名称	项目特征描述	计量单位	工程量
010803002001	保温隔热顶棚	顶棚混凝土板下铺贴 100mm 厚沥青软木保温层	m^2	48.71

(2) 错误的计算方法：

顶棚面积：

$$3.9\times2.7\times2+2.4\times5.4+2.7\times3.6+3.6\times3.6$$
$$=21.06+12.96+9.72+12.96$$
$$=56.7m^2$$

则带木龙骨顶棚保温层的工程量为

$$56.7\times0.1=5.67m^3$$

套用基础定额 10-207

【分析】 保温隔热层的工程量除另有规定者外，均按设计实铺厚度以 m^3 计算，计算时一般按围护结构墙体间净长度来计算，其实这种错误并不是很大，但是我们不熟悉计算规则，就很容易犯这样的错误。

十、厂库房、门窗、木结构工程

【例 10-1】 计算门窗贴脸时工程量应包括哪几部分，有哪些地方容易忽视？

通过下面一道例题图 10-1 回答上述问题。

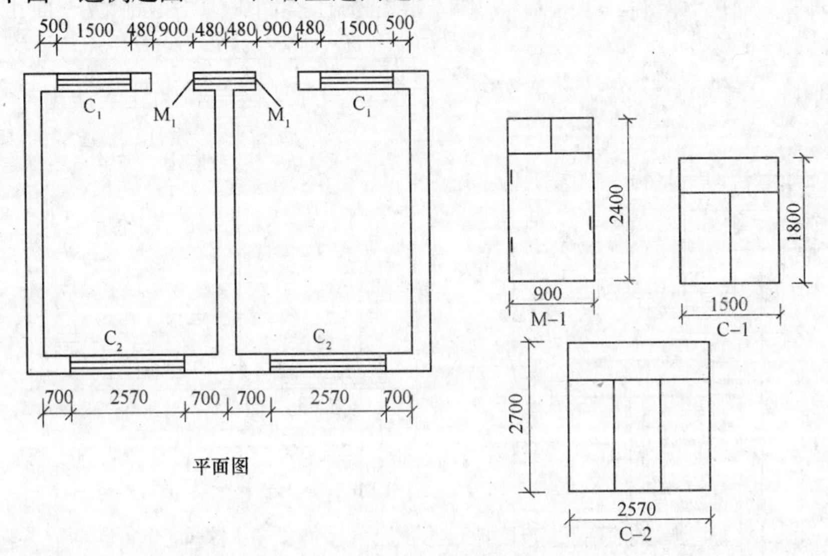

图 10-1 门窗示意图

【解】 (1) 正确的计算方法：

门窗贴脸的工程量＝ (1.5＋1.8)×2×2＋(2.57＋2.7)×2×2＋(0.9＋2.4×2)×2

＝45.68m

套用基础定额 7-357

(2) 错误的计算方法：

门窗贴脸的工程量＝(1.5＋1.8)×2×2＋(2.57＋2.7)×2×2＋(0.9＋2.4)×2

＝47.48m

套用基础定额 7-357

【分析】 在计算门窗贴脸工程量时应该注意窗贴脸应由上槛贴脸、下槛贴脸、两侧边框贴脸组成，门贴脸包括上槛贴脸和两侧边框贴脸，不包括下槛贴脸，本题中人们通常会忽视这个细节，门框贴脸也按四边计算，这样是错误的。

还应该注意的是当双面贴脸时，工程量还应该乘以 2。

【例 10-2】 栏杆扶手制作安装工程量如何计算，应该注意哪些方面？

通过下面一个例题来分析一下正确的做法和错误的做法。

【解】 (1) 正确的计算方法：

铁栏杆木扶手工程量＝$\sqrt{3.3^2+1.8^2}+0.063+1.6=9.187$m

套用基础定额 8-155

清单工程量计算见下表：

清单工程量计算表

项目编码	项目名称	项目特征描述	计量单位	工程量
020107002001	硬木扶手带栏杆、栏板	铁栏杆木扶手	m	9.19

(2) 错误的计算方法：

错误做法 1：

铁栏杆木扶手工程量＝3.3×1.14×2＋0.063

＝7.587m

套用基础定额 8-155

错误做法 2：

铁栏杆木扶手工程量＝3.3×1.14×2＋1.6＝9.124m

套用基础定额 8-155

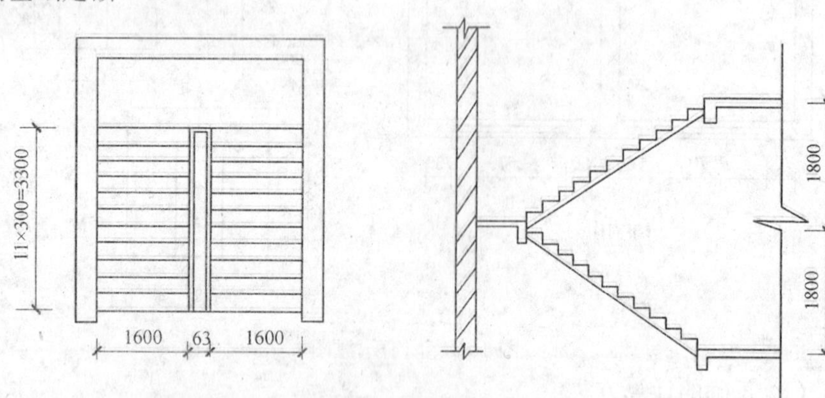

图 10-2　栏杆扶手示意图

【分析】 通过上面这个例题可以发现栏杆扶手工程量应该包括斜向楼梯的栏杆扶手工程量和平台转弯处栏杆扶手以及顶层平台处的栏杆扶手工程量，这个问题很容易，但也是比较容易忽略的地方，往往会漏算后面两部分。

【例 10-3】 单层窗扇和双层窗扇计算工程量一样吗？何为双层普通窗扇？

先看下面一个例题：

某工程窗列表见表 10-1

窗　　表　　　表 10-1

序号	门窗代号	规格(宽×高) /mm²	数量	框	扇
1	C—1	1800×1400	14	四块料、单裁口	普通扇(双层)
2	C—2	1500×1400	6	四块料、单裁口	普通扇(双层)
3	CM—1	750×2300	21	六块料单裁口	带亮子半截玻璃门(双层)
		750×1400			普通扇(双层)

【解】（1）正确的计算方法：

单裁口窗框工程量＝1.8×1.4×14＋1.5×1.4×6＋0.75×1.4×21

＝69.93m²

套用基础定额 7-210

普通窗扇制作、安装工程量＝1.8×1.4×14＋1.5×1.4×6＋0.75×1.4×21

＝69.93m²

套用基础定额 7-212　7-213

清单工程量计算见下表：

清单工程量计算表

项目编码	项目名称	项目特征描述	计量单位	工程量
020405001001	木质平开窗	木质普通窗	m²	69.93

（2）错误的计算方法：

单裁口窗框工程量＝1.8×1.4×14×2＋1.5×1.4×6×2＋0.75×1.4×21×2

＝139.86m²

套用基础定额 7-210

普通窗扇制作、安装工程量＝1.8×1.4×14×2＋1.5×1.4×6×2＋0.75×1.4×21×2

＝139.86m²

套用基础定额 7-212、7-213

通过上面这个例子我们可以发现其实单层扇和双层扇的工程量计算方法是一样的，都是以窗框外围尺寸面积计算，所谓双层是含有两层玻璃的窗，主要用于保温房间，保持热气免于扩散，知道这个定义之后，我们不难发现所谓单层玻璃窗和双层玻璃窗在求工程量时是没有区别的，只是套不同的定额项目而已，这个问题是广大预算员比较容易出错的地方。

【例 10-4】　门窗工程量规定按洞口面积计算，所有门都一样吗？有无特例？

从下面一个例题图 10-3 所示来回答上述问题：

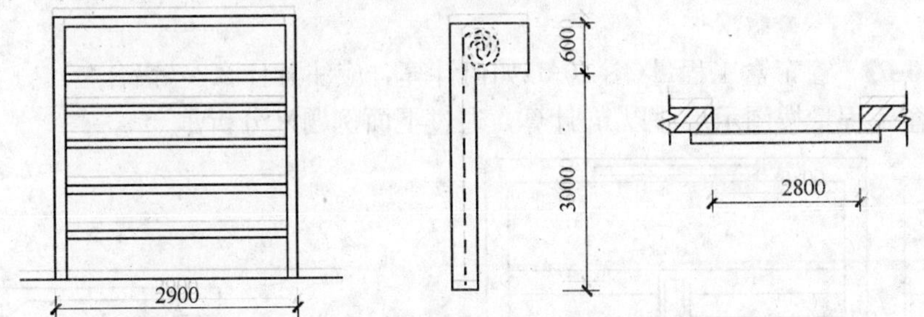

图 10-3　卷闸门示意图

某仓库采用的是如图 10-3 所示卷闸门，尺寸见图。

【解】（1）正确的计算方法：

卷闸门工程量＝(2.8＋0.05＋0.05)×(3＋0.6)

＝10.44m²

套用基础定额 7-164

清单工程量计算见下表：

清单工程量计算表

项目编码	项目名称	项目特征描述	计量单位	工程量
020403001001	金属卷闸门	金属卷闸门	m^2	8.4

(2) 错误的计算方法：

$$卷闸门工程量=2.8\times3.0=8.4m^2$$

套用基础定额 7-164

【分析】 从这个例题可以看出不是所有的门窗都是按洞口尺寸面积计算工程量的，卷闸门的宽度为洞口宽每边加 50mm，卷闸门高度为洞口高度加 600mm，这是通常容易忽略的地方。

【例 10-5】 木楼梯工程量(如图 10-4 所示)按水平投影面积计算，应如何理解？(二等方木)

通过下面一个例题来回答上述问题

【解】 (1) 正确的计算方法：

$$木楼梯工程量=(3.6-0.24)\times(3+1.5)=15.12m^2$$

套用基础定额 7-350

清单工程量计算见下表：

清单工程量计算表

项目编码	项目名称	项目特征描述	计量单位	工程量
010503003001	木楼梯	二等方木	m^2	15.12

(2) 错误的计算方法：

$$木楼梯工程量=3.6\times3=10.8m^2$$

套用基础定额 7-350

【分析】 以例题分析可知，正确做法的木楼梯工程量应该包括梯段工程量和平台工程量，而人们通常容易忽略平台部分工程量，只算梯段部分水平投影面积。

【例 10-6】 窗帘盒工程量(图 10-5)如何计算，应注意什么？(铝合金)

窗帘盒工程量按图示尺寸以 m 计算，通过下面例题来分析。

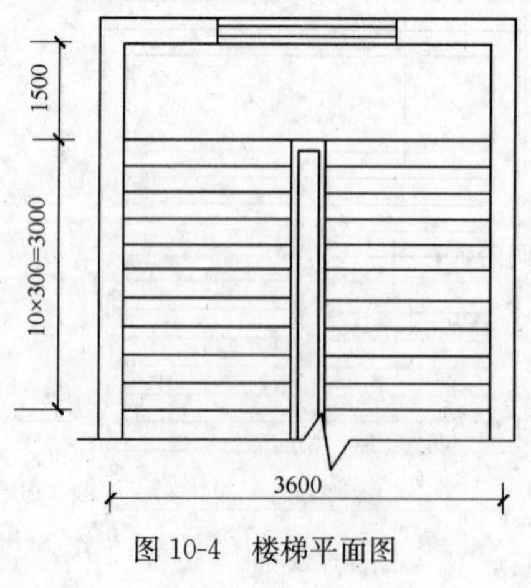

图 10-4 楼梯平面图

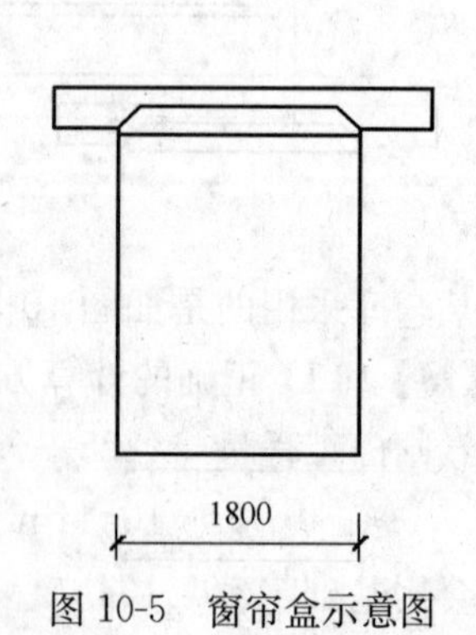

图 10-5 窗帘盒示意图

【解】 (1) 正确的计算方法：

窗帘盒工程量＝1.8＋0.15×2＝2.1m

套用基础定额 11-280

清单工程量计算见下表：

清单工程量计算表

项目编码	项目名称	项目特征描述	计量单位	工程量
020408003001	金属窗帘盒	铝合金	m	2.1

(2) 错误的计算方法：

窗帘盒工程量＝1.8m

套用基础定额 11-280

【分析】 这里要注意的一个小问题是计算窗帘盒工程量时应向两侧各延伸0.15m，通常容易忽略这个问题。

【例 10-7】 计算门窗工程量时，是否门都在一起计算，窗在一起计算？

这是不正确的，对于不同材料的门和窗都应该分别计算，初学者通常会忽视这个问题，请看下一个例题分析，某工程门窗列表见表 10-2。

门　窗　表　　**表 10-2**

序号	门窗代号	规格(宽×高)/mm^2	数量	框	扇
1	C—1	1800×1400	14	四块料、单裁口	普通扇(双层)
2	C—2	1500×1400	6	四块料、单裁口	普通扇(双层)
3	CM—1	750×2300	21	六块料、单裁口	带亮子半截玻璃门(双层)
		750×1400			普通扇(双层)
4	M—1	1500×1900	2	四块料、单裁口	不带亮子木板门(单层)
5	M—2	900×2000	14	四块料、单裁口	不带亮子木板门(单层)
6	M—3	900×2400	21	四块料、单裁口	带亮子半截玻璃门(单层)
7	M—4	800×2000	14	三块料、单裁口	不带亮子半截玻璃门(单层)
8	M—5	750×2400	14	四块料、单裁口	不带亮子木板门(单层)
9	M—6	900×1887	1	四块料、单裁口	不带亮子木板门(单层)

【解】 (1) 正确的计算方法：

不带亮子木板门工程量＝1.5×1.9×2＋0.9×2×14＋0.75×2.4×14＋0.9×1.887
＝57.52m^2

套用基础定额 7-13、7-15

不带亮子半截玻璃门工程量＝2×0.8×14＝22.4m^2

套用基础定额 7-109、7-111

带亮子半截玻璃门工程量＝0.75×2.3×21＋0.9×2.4×21＝117.81m^2

套用基础定额 7-77、7-79

窗工程量＝1.8×1.4×14＋1.5×1.4×6＋0.75×1.4×21＝69.93m^2

套用基础定额 7-202、7-204

清单工程量计算见下表：

清单工程量计算表

序号	项目编码	项目名称	项目特征描述	计量单位	工程量
1	020401002001	企口板板门	不带亮子木板门	m^2	57.52
2	020404007001	半玻门(带扇框)	不带亮子半截玻璃门	m^2	22.4
3	020404007002	半玻门(带扇框)	带亮子半截玻璃门	m^2	117.81
4	020405001002	木质平开窗	单裁口	m^2	69.93

(2) 错误的计算方法：

门工程量$=1.5\times1.9\times2+0.9\times2\times14+0.75\times2.4\times14+0.9\times1.887+0.8\times2\times14$
$+0.75\times2.3\times21+0.9\times2.4\times21$
$=197.73m^2$

窗工程量$=1.8\times1.4\times4+1.5\times1.4\times6+0.75\times1.4\times21$
$=69.93m^2$

套用基础定额 7-202、7-204

【分析】 从例题中可以看出门窗采用不同材料，不同做法时工程量都应分别计算，而不能一起计算，这是比较容易犯的错误。

【例 10-8】 封檐板和博风板工程量如何计算，应当注意什么？

通过下述例题来回答问题，如图 10-6 所示。

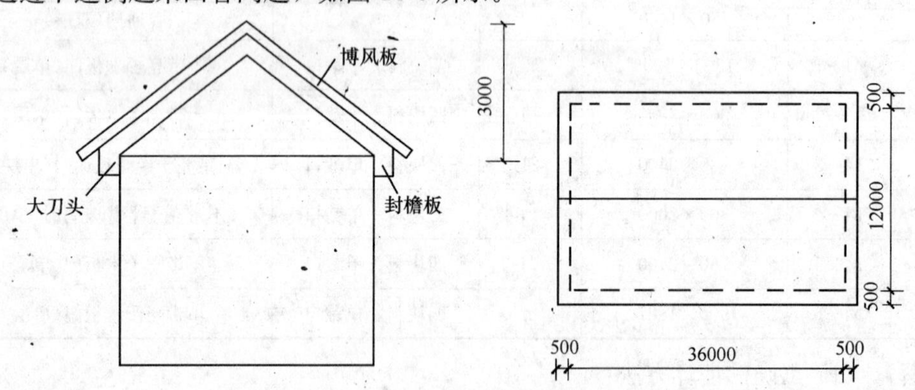

图 10-6 封檐板及博风板示意图

【解】 (1) 正确的计算方法：

$$封檐板工程量=36+0.5\times2=37m$$

套用基础定额 7-348

$$博风板工程量=(12+0.5\times2)\times1.25+0.5\times4=18.25m$$

套用基础定额 7-348

(2) 错误的计算方法：

$$封檐板工程量=36+0.5\times2=37m$$

套用基础定额 7-348

$$博风板工程量=(12+0.5\times2)\times1.25+0.5\times2$$
$$=17.25m$$

套用基础定额 7-348

【分析】 从以上例题可以看出，封檐板工程量按图示檐口外围长度计算，博风板按斜长度计算，每个大刀头增加长度 500mm，这里封檐板工程量一般不会有问题，对于博风板工程量，很多人不知道大刀头的概念，因此不知道有几个大刀头，如图 10-6 所示，知道大刀头后，问题就不难解决了。

【例 10-9】 木门窗通常有单裁口和双裁口两种形式，其计算工程量时有何区别？独立框双裁口的双层普通窗和联二框双裁口的双层扇窗计算工程量又是否一样？

先看下面一个例题来回答问题。

【例 10-10】 某工程的门窗列表见表 10-3，求工程量。

【解】 (1) 正确的计算方法：

$$单裁口窗工程量=1.8\times1.8\times14+1.8\times2.1\times8+1.5\times1.8\times16$$
$$=118.8m^2$$

套用基础定额 7-202、7-204

$$双裁口窗工程量=0.75\times1.4\times8\times2+1.2\times1.5\times4\times2$$
$$=31.2m^2$$

套用基础定额 7-210、7-212

清单工程量计算见下表：

清单工程量计算表

项目编码	项目名称	项目特征描述	计量单位	工程量
020405001001	木质平开窗	普通窗，单(双)裁口	m^2	118.8+31.2=150

(2) 错误的计算方法：

$$单裁口窗工程量=1.8\times1.8\times14+1.8\times2.1\times8+1.5\times1.8\times16$$
$$=118.8m^2$$

套用基础定额 7-202、7-204

$$双裁口窗工程量=0.75\times1.4\times8+1.2\times1.5\times4$$
$$=15.6m^2$$

套用基础定额 7-210、7-212

【分析】 从上面这个例题不难发现，单裁口和双裁口门窗计算工程量时是有区别的，普通门窗的框或门扇工程量，均按图示框外围尺寸以 m^2 为单位计算，对于独立框双裁口的双层玻璃普通窗，其工程量应按单层乘以 2，这是很容易忽视的问题，而对于联二框双裁口的双层扇窗，其计算工程量时和独立框双裁口是一样的，仍按外围面积乘以 2 计算，但应套用不同的定额计项目。

门 窗 列 表 表 10-3

序号	门窗代号	规格/mm×mm	数量	框	扇
1	C—1	1800×1800	14	四块料、单裁口	普通扇(双层)
2	C—2	1800×2100	8	四块料、单裁口	普通扇(双层)
3	C—3	1500×1800	16	六块料、单裁口	普通扇(双层)
4	C—4	750×1400	8	四块料、双裁口	普通扇(双层)
5	C—5	1200×1500	4	四块料、双裁口	普通扇(双层)

【例 10-11】 门窗制作安装工程量按门窗洞口外围面积计算如何理解？

试通过下面一个例题回答上述问题。

门尺寸如图 10-7 所示，已知门框与洞口之间留有 20mm 空隙以便门安装，求门制作安装工程量。

【解】 (1) 正确的计算方法：

$$\text{木门制作安装工程量}=3\times3=9\text{m}^2$$

套用基础定额 7-31、7-32

清单工程量计算见下表：

清单工程量计算表

项目编码	项目名称	项目特征描述	计量单位	工程量
020401001001	镶板木门	门的尺寸 3000mm×3000mm	m²	9

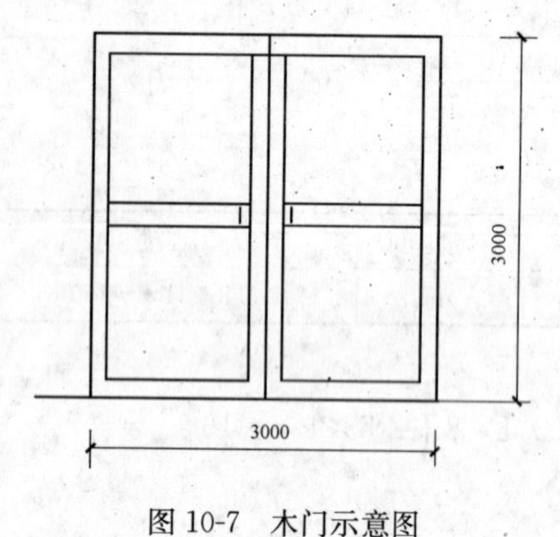

图 10-7 木门示意图

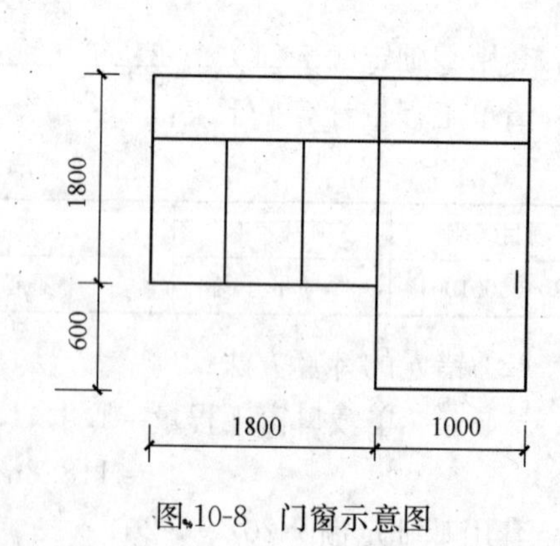

图 10-8 门窗示意图

(2) 错误的计算方法：

$$\text{木门制作安装工程量}=(3+0.02)\times(3+0.02)=9.12\text{m}^2$$

套用基础定额 7-31、7-32

【分析】 正确的做法是按门框外边尺寸面积计算的，而错误的做法是按洞口面积计算的，很多人都忽略了这个问题，其实是有区别的，洞口尺寸等于门框外围尺寸加上缝宽。

【例 10-12】 有些阳台的窗和门是连在一起的，这时应该如何计算工程量，应当注意什么？

试通过以下例题来回答，尺寸如图 10-8 所示。

【解】 (1) 正确的计算方法：

$$窗工程量=1.8\times1.8=3.24m^2$$

套用基础定额 7-176

$$门工程量=1.0\times2.4=2.4m^2$$

套用基础定额 7-19

$$连窗门工程量：3.24+2.4m^2=5.64m^2$$

(2) 错误的计算方法：

$$门窗工程量=1.8\times1.8+2.4\times1.0=5.64m^2$$

套用基础定额 7-123

【分析】 这里容易出错的就是把门窗的工程量一起计算，以为这是一个洞口面积，其实，这种理解是不对的，这种门连窗的工程量应分开计算，再分别套用门和窗相应的定额。

清单工程量计算见下表：

清单工程量计算表

项目编码	项目名称	项目特征描述	计量单位	工程量
020401008001	连窗门	门的尺寸 1000mm×2400mm，窗的尺寸 1800mm×1800mm	m^2	5.64

【例 10-13】 窗台板工程量如何计算，应当注意什么？(方整石材)

先看以下一个例题再回答上述问题(图 10-9)

【解】 (1) 正确的计算方法：

$$窗台板工程量=(1.8+0.05\times2)\times(0.24+0.05)=0.551m^2$$

套用基础定额 5-483 或 11-277

清单工程量计算见下表：

清单工程量计算表

项目编码	项目名称	项目特征描述	计量单位	工程量
020409003001	石材窗台板	方整石材	m	1.9

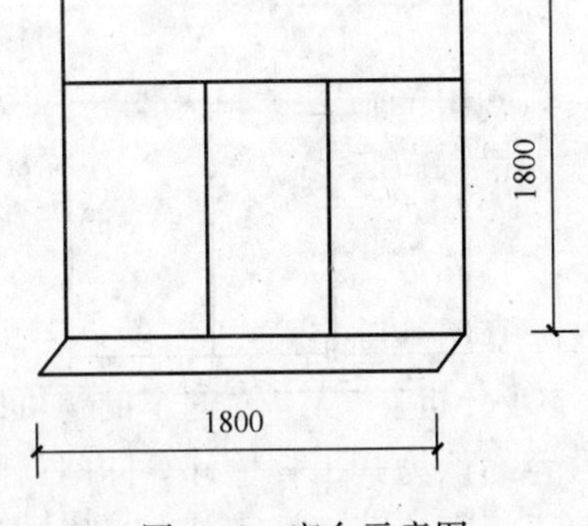

图 10-9 窗台示意图

(2) 错误的计算方法：

$$窗台板工程量=1.8\times0.24=0.432m^2$$

套用基础定额 5-483 或 11-277

【分析】 由以上例题可以知道，窗台板工程量，按板的长宽尺寸以面积计算，若图纸未注明尺寸，长度按窗框外围宽度两端共加 10cm 计算，突出墙面的宽度按墙面外加 5cm 计算，这里容易出错的地方就是窗口板宽度直接按框外围宽度计算，忽略了延长长度，因此这是要注意的地方。

【例 10-14】 何为筒子板，工程量如何计算，应该注意哪些方面？

(1) 筒子板是在门窗洞口的两个立边垂直面，做成与外墙齐平的装饰面。

(2) 通过下面例题如图 10-10 所示看如何计算工程量。(二等方木)

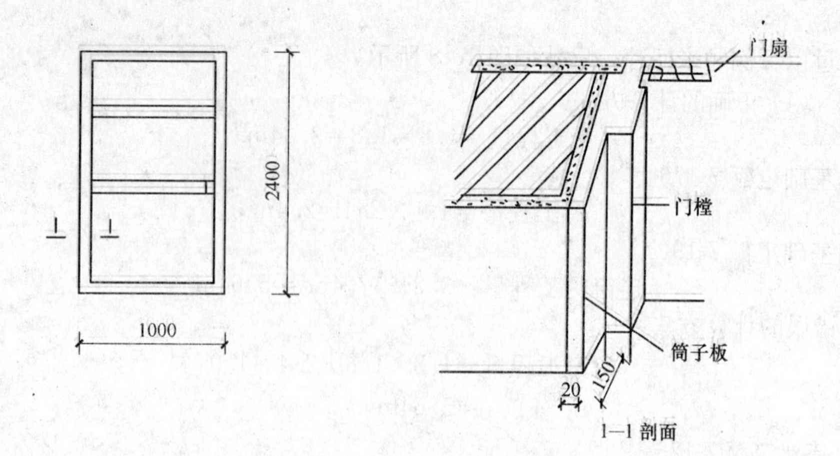

图 10-10 筒子板示意图

【解】（1）正确的计算方法：

筒子板工程量＝0.15×2.4×2＝0.72m²

套用基础定额 11-278

清单工程量计算见下表：

清单工程量计算表

项目编码	项目名称	项目特征描述	计量单位	工程量
020407005001	硬木筒子板	二等方木	m²	0.72

（2）错误的计算方法：

错误做法 1：

筒子板工程量＝2.4×2＝4.8m

套用基础定额 11-278

错误做法 2：

筒子板工程量＝2×0.02×0.15×2.4
＝0.0144m³

套用基础定额 11-278

【分析】 从上面这个例题可以看出，筒子板工程量按实际长宽尺寸以面积计算，很多人容易认为其工程量计算同门窗贴脸一样，以延长米计算，这是不对的，还有要注意的是筒子板宽从门樘处算起，外边同外墙平齐，不能算整个墙宽。

【例 10-15】 玻璃黑板工程量如何计算，需要注意什么？

从下面例题来回答上述问题，如图 10-11 所示黑板，试求其工程量。

【解】（1）正确的计算方法：

玻璃黑板工程量＝3×1.5
＝4.5m²

套用基础定额 11-220

（2）错误的计算方法：

黑板工程量＝(3＋0.03×2)×(1.5＋0.03×2)
＝4.77m²

套用基础定额 11-220

【分析】 从上面这个例题不难发现黑板工程量按垂直投影面积，玻璃黑板所用的边框条镶面条，粉笔槽等都不用单独计算。

【例 10-16】 木地板适用于木楼面还是木地面，如图 10-12 所示，其工程量如何计算？注意哪些地方？(刷两遍油漆)

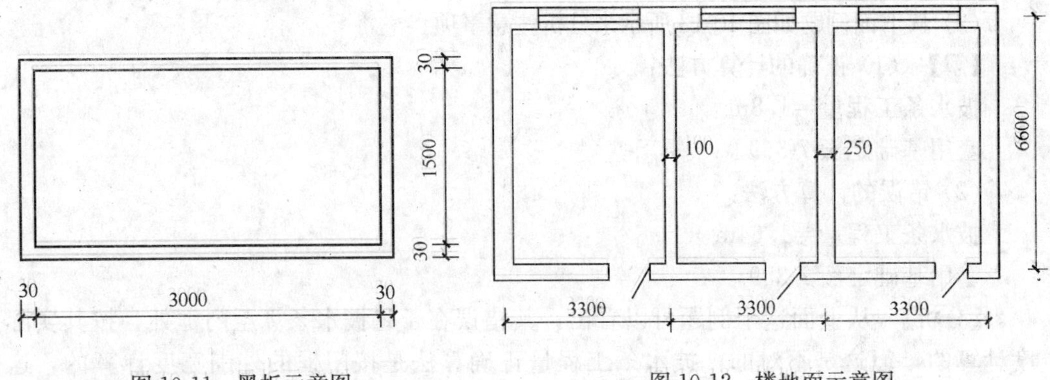

图 10-11 黑板示意图 图 10-12 楼地面示意图

(1) 木楼板板面，木地面都是在阁栅上钉铺木板而成，故两者都适用。

(2) 通过下面例题来看工程量如何计算。

【解】 (1) 正确的计算方法：

木地板工程量＝(9.9－0.24)×(6.6－0.24)－0.25×(6.6－0.24)

＝59.85m²

套用基础定额 8-127

清单工程量计算见下表：

清单工程量计算表

项目编码	项目名称	项目特征描述	计量单位	工程量
020104002001	竹木地板	刷两遍油漆	m²	59.85

(2) 错误的计算方法：

错误解法 1：

木地板工程量＝(9.9－0.24)×(6.6－0.24) ＝61.44m²

套用基础定额 8-127

错误做法 2：

木地板工程量＝(3.3－0.12－0.05)×(6.6－0.24)＋(3.3－0.05－0.125)

×(6.6－0.24)＋(3.3－0.125－0.12)×(6.6－0.24)

＝59.21m²

套用基础定额 8-127

【分析】 从上述例题可以看出，木地板工程量按主墙间的净面积计算，但不扣除小于 12cm 的间壁墙和穿过地板的柱垛附墙烟囱所占的面积，但门洞和空圈的开口部分的面积也不增加，计算木地板工程量时经常容易出错，有的人直接按净面积计算，有的人直接按轴线间面积计算，这都是错误，需要注意哪部分面积需扣除，哪部分面积不能扣除。

【例 10-17】 何为披水条，计算其工程量应注意哪些地方？

(1) 披水条是指为防止雨水从内向开启的门窗上冒头缝或下冒头缝流入室内，在冒头缝口处装钉的挡水条。

(2) 从下面例题如图 10-13 所示来分析注意事项。

【解】 (1) 正确的计算方法：

披水条工程量＝1.8m

套用基础定额 7-359

(2) 错误的计算方法：

披水条工程量＝1.64m

套用基础定额 7-359

【分析】 从上面这个例题可以看出，其错误在于将披水条算至门框处，按其实际长度计算的，但这是不对的，披水条工程量正确算法是按门框的外围宽度计算的，这是需要注意的地方。

【例 10-18】 木楼梯工程量应由哪些部分组成，如图 10-14 所示，如何计算工程量？(二等方木)

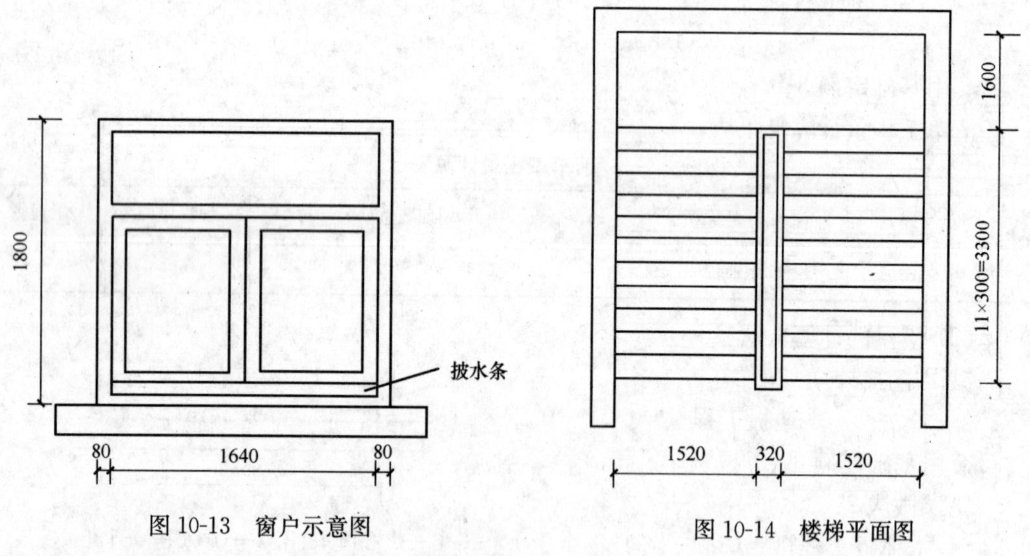

图 10-13 窗户示意图

图 10-14 楼梯平面图

(1) 木楼梯工程量应由踏步板、踢脚板、踏步梁、平台板等组成。

(2) 先看下面一个例题看工程量算法。

【解】 (1) 正确的计算方法：

木楼梯工程量＝(1.52×2＋0.32)×(3.3＋1.6)－0.32×3.3

$\qquad\qquad$＝15.07m²

套用基础定额 7-350

清单工程量计算见下表：

清单工程量计算表

项目编码	项目名称	项目特征描述	计量单位	工程量
010503003001	木楼梯	二等方木	m^2	15.07

(2) 错误的计算方法：

错误解法 1：

$$木楼梯工程量=(3.6-0.24)\times(3.3+1.6)=16.13m^2$$

套用基础定额 7-350

错误解法 2：

$$木楼梯工程量=(3.6-0.24)\times3.3-0.32\times3.3=10.03m^2$$

套用基础定额 7-350

【分析】 (2) 的错误在于其对木楼梯工程量包含哪些部分不明确，忘算了平台部分，(1) 的错误在于其没有将 320mm 宽梯井部分面积减掉，因此木楼梯工程量正确算法应按其水平投影面积计算，若梯井宽度 30cm 时，应扣除梯井空洞面积。

【例 10-19】 连续檩条工程量如何计算，应注意哪些方面?

先看下面例题来分析上述问题。

如图 10-15 所示，连续圆木檩条，共 3 跨 17 根，求工程量。

【解】 (1) 正确的计算方法：

$$连续檩条工程量=\frac{3.14}{4}\times0.01^2\times3.9\times3\times(1+5\%)\times17$$
$$=0.016m^3$$

套用基础定额 7-338

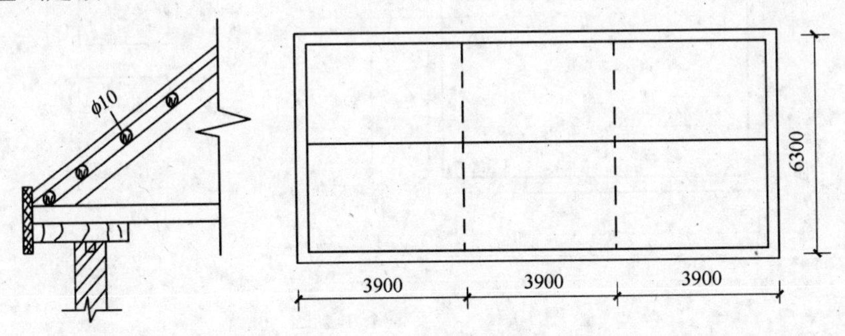

图 10-15 檩条示意图

清单工程量计算见下表：

清单工程量计算表

项目编码	项目名称	项目特征描述	计量单位	工程量
010503004001	其他木构件	连续圆木檩条，ϕ10	m^3	0.02

(2) 错误的计算方法：

$$连续檩条工程量=\frac{3.14}{4}\times0.01^2\times3.9\times3\times17=0.015m^3$$

套用基础定额 7-338

【分析】 例题中的错误在于檩条的长度忘记了考虑两端伸出山墙的长度，这是不正确的，连续檩条工程量正确算法为按檩条的竣工体积计算，总长按增加 5%计算，这是需要注意的地方。

【例 10-20】 简支檩条工程量如何计算，应该注意哪些方面？

先看下面一个例题来分析上述问题。

如图 10-16 所示，简支檩木条，共 17 根，求工程量。

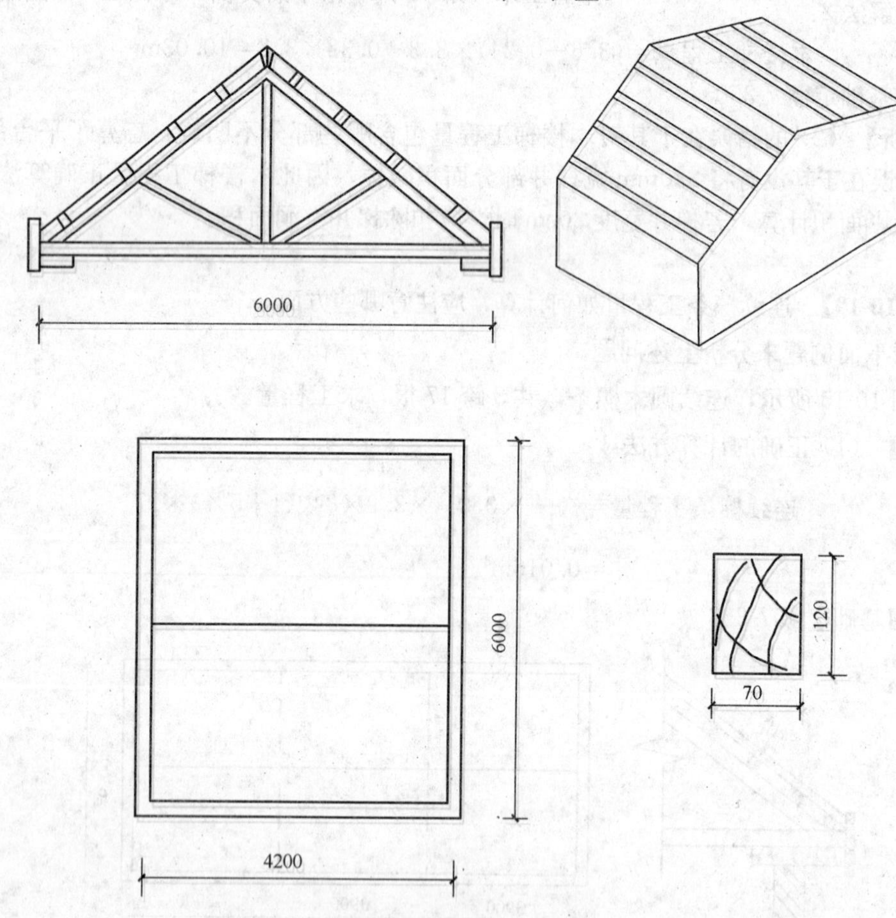

图 10-16 简支檩条示意图

【解】 (1) 正确的计算方法：

$$简支檩木工程量=0.07\times0.12\times(4.2+0.2)\times17=0.63\text{m}^3$$

套用基础定额 7-337

清单工程量计算见下表：

清单工程量计算表

项目编码	项目名称	项目特征描述	计量单位	工程量
010503004001	其他木构件	简支檩条，截面为 70mm×120mm	m^3	0.63

（2）错误的计算方法：

$$简支檩木工程量 = 0.07 \times 0.12 \times 4.2 \times 17 = 0.60\text{m}^3$$

套用基础定额 7-337

【分析】 从上述例题可以看出，错误算法错在其未考虑檩条两端伸出山墙的长度，这是不对的，正确的工程量计算方法是按竣工体积计算，长度按屋架或山墙中距增加 20cm 计算。

【例 10-21】 木间壁墙工程量如何计算，应注意什么？

通过下面例题如图 10-17 所示回答上述问题。

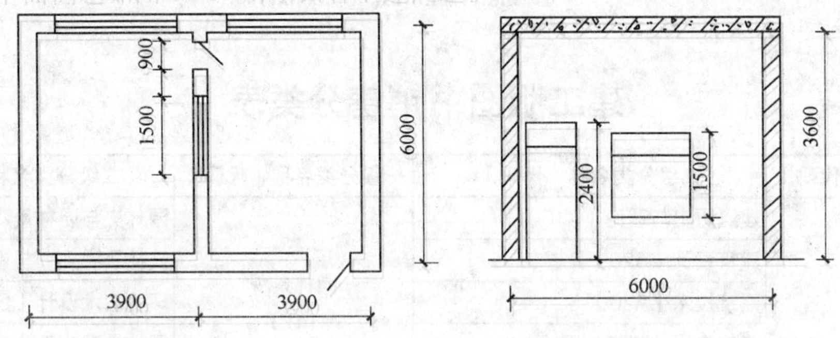

图 10-17 间壁墙示意图

【解】 （1）正确的计算方法：

$$木间壁墙工程量 = (6.0-0.24) \times 3.6 - 0.9 \times 2.4 - 1.5 \times 1.5 = 16.33\text{m}^2$$

套用基础定额 7-361

清单工程量计算见下表：

清单工程量计算表

项目编码	项目名称	项目特征描述	计量单位	工程量
010503004001	其他木构件	木间壁墙，墙高 3.6m	m^2	16.33

（2）错误的计算方法：

$$木间壁墙工程量 = 6.0 \times 3.6 - 0.9 \times 2.4 - 1.5 \times 1.5 = 17.19\text{m}^2$$

套用基础定额 7-361

【分析】 错误的算法在于其将间壁墙长度按照轴线间距计算，这是不对的，正确算法是间壁墙的长度按净长计算，高度按图示尺寸计算，扣除门窗洞口和 0.3m^2 以上的孔洞面积。